"十二五"职业教育国家规划教材（经全国职业教育教材审定委员会审定）

高等职业教育精品示范教材（信息安全系列）

网络安全系统集成

主　编　鲁先志　唐继勇

副主编　武春岭　龚小勇

U0387364

中国水利水电出版社
www.waterpub.com.cn

内 容 提 要

本书以一个真实的网络安全系统集成案例为项目教学情境,详细阐述了网络安全系统集成项目开发的全过程,内容包括 11 个工作项目:网络安全系统集成项目概述、企业网络 IP 地址规划、网络设备的基本配置与管理、企业部门网络隔离与互通、管理交换网络中的冗余链路、实现企业总公司与分公司的网络连通、构建跨区域的互联网络、部署安全访问企业资源策略、实现企业内网接入 Internet、提高企业内网数据传输的安全性和保护企业网络设备的安全等。

本书适合作为高等院校及高职高专院校"信息安全技术"、"计算机网络技术"等专业学生的教材,同时也可以作为"计算机"、"电子信息"等相关专业大学生学习的参考书和作为社会培训机构对信息安全技术、网络工程技术人员培训的教材。

本书配有电子教案,读者可以从中国水利水电出版社网站和万水书苑免费下载,网址为:http://www.waterpub.com.cn/softdown/和 http://www.wsbookshow.com。

图书在版编目(CIP)数据

网络安全系统集成 / 鲁先志, 唐继勇主编. -- 北京:
中国水利水电出版社, 2014.11(2023.2 重印)
"十二五"职业教育国家规划教材. 高等职业教育精
品示范教材. 信息安全系列
ISBN 978-7-5170-2640-2

Ⅰ. ①网… Ⅱ. ①鲁… ②唐… Ⅲ. ①计算机网络—
安全技术—高等职业教育—教材 Ⅳ. ①TP393.08

中国版本图书馆CIP数据核字(2014)第248244号

策划编辑:祝智敏 责任编辑:赵佳琦 加工编辑:宋 杨 封面设计:李 佳

书 名	"十二五"职业教育国家规划教材(经全国职业教育教材审定委员会审定)高等职业教育精品示范教材(信息安全系列)**网络安全系统集成**
作 者	主 编 鲁先志 唐继勇 副主编 武春岭 龚小勇
出版发行	中国水利水电出版社 (北京市海淀区玉渊潭南路 1 号 D 座 100038) 网址:www.waterpub.com.cn E-mail:mchannel@263.net(答疑) sales@mwr.gov.cn 电话:(010) 68545888(营销中心)、82562819(组稿)
经 售	北京科水图书销售有限公司 电话:(010) 68545874、63202643 全国各地新华书店和相关出版物销售网点
排 版	北京万水电子信息有限公司
印 刷	三河市鑫金马印装有限公司
规 格	184mm×240mm 16 开本 19.5 印张 428 千字
版 次	2015 年 1 月第 1 版 2023 年 2 月第 3 次印刷
印 数	5001—6000 册
定 价	39.00 元

高等职业教育精品示范教材（信息安全系列）

丛书编委会

序　言

　　随着信息技术和社会经济的快速发展,信息和信息系统成为现代社会极为重要的基础性资源。信息技术给人们的生产、生活带来巨大便利的同时,计算机病毒、黑客攻击等信息安全事故层出不穷,社会对于高素质技能型计算机网络技术和信息安全人才的需求日益旺盛。党的十八大明确指出:"高度关注海洋、太空、网络空间安全",信息安全被提到前所未有的高度。加快建设国家信息安全保障体系,确保我国的信息安全,已经上升为我国的国家战略。

　　发展我国信息安全技术与产业,对确保我国信息安全有着极为重要的意义。信息安全领域的快速发展,亟需大量的高素质人才。但与之不相匹配的是,在高等职业教育层次信息安全技术专业的教学中,还更多地存在着沿用本科专业教学模式和教材的现象,对于学生的职业能力和职业素养缺乏有针对性的培养。因此,在现代职业教育体系的建立过程中,培养大量的技术技能型信息安全专业人才成为我国高等职业教育领域的重要任务。

　　信息安全是计算机、通信、数学、物理、法律、管理等学科的交叉学科,涉及计算机、通信、网络安全、电子商务、电子政务、金融等众多领域的知识和技能。因此,探索信息安全专业的培养模式、课程设置和教学内容就成为信息安全人才培养的首要问题。高等职业教育信息安全系列丛书编委会的众多专家、一线教师和企业技术人员,依据最新的专业教学目录和教学标准,结合就业实际需求,组织了以就业为导向的高等职业教育精品示范教材(信息安全系列)的编写工作。该系列教材由《网络安全产品调试与部署》、《网络安全系统集成》、《Web 开发与安全防范》、《数字身份认证技术》、《计算机取证与司法鉴定》、《操作系统安全（Linux）》、《网络安全攻防技术实训》、《大型数据库应用与安全》、《信息安全工程与管理》、《信息安全法规与标准》、《信息安全等级保护与风险评估》等组成,在紧跟当代信息安全研究发展的同时,全面、系统、科学地培养信息安全类技术技能型人才。

　　本系列教材在组织规划的过程中,遵循以下几个基本原则:

　　（1）体现就业为导向、产学结合的发展道路。学科和专业同步加强,按企业需要、岗位需求来对接培养内容。既能反映信息安全学科的发展趋势,又能结合信息安全专业教育的改革,且及时反映教学内容和教学体系的调整更新。

　　（2）采用项目驱动、案例引导的编写模式。打破传统的以学科体系设置课程体系、以知识点为核心的框架,更多地考虑学生所学知识与行业需求及相关岗位、岗位群的需求相一致,坚持"工作流程化"、"任务驱动式",突出"走向职业化"的特点,努力培养学生的职业素养、职业能力,实现教学内容与实际工作的高仿真对接,真正以培养技术技能型人才为核心。

　　（3）专家和教师共建团队,优化编写队伍。由来自信息安全领域的行业专家、院校教师、企业技术人员组成编写队伍,跨区域、跨学校进行交叉研究、协调推进,把握行业发展和创新教材发展方向，融入信息安全专业的课程设置与教材内容。

（4）开发课程教学资源，推进专业信息化建设。从充分关注人才培养目标、专业结构布局等入手，开发补充性、更新性和延伸性教辅资料，开发网络课程、虚拟仿真实训平台、工作过程模拟软件、通用主题素材库以及名师讲义等多种形式的数字化教学资源，建立动态、共享的课程教材信息化资源库，服务于系统培养技术技能型人才。

信息安全类教材建设是提高信息安全专业技术技能型人才培养质量的关键环节，是深化职业教育教学改革的有效途径。为了促进现代职业教育体系的建设，使教材建设全面对接教学改革、行业需求，更好地服务区域经济和社会发展，我们殷切希望各位职教专家和老师提出建议，并加入到我们的编写队伍中来，共同打造信息安全领域的系列精品教材！

丛书编委会

2014 年 6 月

前　言

　　信息安全产业已成为国家安全的战略性核心产业，正处于扩张上升期，以每年 30%的增长率发展，亟需大量高素质、高技能人才。信息安全行业为技术密集型行业，需要从业人员法制观念强、道德水平高、技术过硬，但目前对学生的培养偏重于技能，对学生全面发展、道德和法制方面的素质培养有一定缺失，使得信息安全人才培养与行业企业结合不够紧密，人才的培养产出与行业的需求之间存在距离，这正是我们筹划并编写本教材的原因。

　　信息安全从业人员本质是属于服务性质的从业者，不仅要技术能力过关，同时还要求有很好的职业素养，尤其要具有良好的职业道德和法制意识。因此，本教材的编写思路是：基于行业人才的实际需求，以综合性工程项目为载体，在教学任务的实施过程中，提高学生灵活运用知识解决实际问题的能力，组织实践活动训练学生的职业素养。

　　本教材围绕一个网络安全系统集成案例展开，对其进行分析和内容选取后，分解成 11 个教学项目情境加以介绍和实现，将网络安全系统集成岗位所需的职业技能和职业素质贯穿于实际工程项目中。本教材组织结构新颖，层次清晰，采用项目式写法。本教材内容按照"网络安全系统集成项目概述→企业网络 IP 地址规划→网络设备的基本配置与管理→企业部门网络隔离与互通→管理交换网络中的冗余链路→实现企业总公司与分公司的网络连通→构建跨区域的互联网络→部署安全访问企业资源策略→实现企业内网接入 Internet→提高企业内网数据传输的安全→保护企业网络设备的安全"11 部分讲解项目的实施，每个项目都设置了 7 个教学环节：项目导引→项目描述→任务分解→预备知识→项目实施→项目小结→过关练习，从项目准备到项目实施到效果检查，过程完整。

　　根据本课程的教学目标，对于本书中涉及的学习情境项目，建议采用项目教学法来实施教学过程，教学组织形式以项目小组为单位，每 4～6 名学生组成一个项目小组，由教师指导学生进行项目分析，拟订项目实施计划，确定项目实施方案，项目小组长负责带领项目小组成员对项目进行任务分析，明确成员的角色分工，组织小组成员积极参与项目实施、项目测试，解决项目存在的问题。并在项目实施过程中培养学生的职业道德、工作作风、相关责任心、文化素养等职业素质。

　　考虑到组建真实网络环境投资大、管理难、操作复杂等原因，本书中项目的实施对实训环境的要求较低，既可在网络安全系统集成实训室中完成，也可在单台 PC 上利用 Cisco 模拟器完成，推荐使用 Cisco 模拟器 Packet Tracer。本书中绝大部分项目已在模拟器 Packet Tracer 6.0.1 中实现。

　　本教材作者均为全国职业院校高职技能大赛信息安全技能竞赛项目的优秀指导教师，具有丰富的教学经验和实践经验。本书由重庆电子工程职业学院鲁先志和唐继勇担任主编，负责制定教材大纲、规划各项目内容并完成本书的统稿和定稿工作。具体分工如下：项目 1～5 由唐继勇编写，项目 6～9 由鲁先志编写，项目 10 由武春岭编写，项目 11 由龚小勇编写。本书在编写过程中参考了网络安全系统集成方面的著作和文献，并查阅了因特网上公布的很多相关资源，由于因特网上的资料引用复杂，所以很难注明原出处，在此对所有作者致以衷心的感谢。

本教材是信息安全技术专业"双平台"、"双核心"、"双情境"人才培养模式的创新与实践改革成果之一，是多年参加全国职业院校高职技能大赛信息安全技术应用竞赛项目所取得成果的总结。本教材在编写过程中得到了"国家示范院校信息安全技术专业重点专业核心课程建设（项目编号：教高函[2008]17 号）"、"国家级教学团队－网络与信息安全创新教学团队建设（项目编号：教高函[2010]12 号）"、"信息安全技术专业人才培养模式研究与实践（项目编号：09-3-145）"和"中国高等职业技术教育研究会课题——职业技能大赛对创新高职计算机网络技术专业实践教学体系的研究与实践（项目编号：GZYLX1213066）"等项目的支持。

本书适合作为高等院校及高职高专院校"信息安全技术"、"计算机网络技术"等专业学生的教材，同时也可以作为"计算机"、"电子信息"等相关专业大学生学习的参考书和作为社会培训机构对信息安全技术、网络工程技术人员培训的教材。

由于网络安全系统集成技术发展迅速，加之编者水平有限，书中不足之处在所难免，敬请读者批评指正。

编者

2014 年 10 月

目　录

1

网络安全系统集成项目概述

项目导引

计算机网络技术是计算机技术和通信技术的融合与交集，涉及多个交叉学科领域。如今，各行各业的大、中、小企事业单位都要组建网络，应当以用户的网络应用需求和投资规模为出发点，综合应用计算机技术和网络通信技术，合理选择各种软硬件产品，通过网络集成商相关技术人员的集成设计、应用开发、安装组建、调试和培训、管理和维护等大量专业性工作和商务工作，使集成后的网络安全系统具有良好的性价比，满足用户的实际需要，成为稳定可靠的计算机网络系统。网络安全系统集成是一项综合性很强的系统工程，本书主要介绍网络安全系统的规划、设计、组建和维护。

通过本项目的学习，读者将达到以下知识和技能目标：
- 了解网络系统集成的基本过程；
- 掌握网络需求分析的内容和方法；
- 掌握网络工程项目规划和实施步骤；
- 具备理论联系实际和团队协作能力。

项目描述

某知名外企 ABC 公司步入中国，在重庆建设了自己的中国总部。为满足公司经营、管理的需要，准备建立公司信息化网络。ABC 公司总部设有市场部、财务部、人力资源部、企划部 4 个部门，并在上海、广州两地各设立一个公司分部。为了业务的开展，需要安全访问公司内部服务器。根据 ABC 公司的建网需求，在经过竞争激烈的招投标后，从事网络工程及系统集成业务的川海高新技术有限公司承接了 ABC 公司网络组建项目，目前进入了项目的启动阶段。按照 ABC 公司网络的设计要求，为了确保网络部署成功，需要分析用户需求、网络设备选型，并制定项目实施流程。在本项目背景下，川海高新技术有限公司将为 ABC 公司的企业网络进行整体规划和设计，本书正是在针对中小型企业网络安全集成的背景下开展网络设计与实施之旅的。

任务分解

根据项目要求，将本项目的工作内容分解为两个任务：

- 任务 1：分析企业网络的需求；
- 任务 2：绘制网络拓扑结构图。

1.1 预备知识

1.1.1 网络系统集成的基本过程

1. 网络系统集成的概念

网络系统集成的概念含有三个层次，即网络、系统、集成。

（1）"网络"的概念。这里提到的网络，针对的是计算机网络，如校园网、园区网、企业网等。从计算机网络的概念来看，它含有系统集成成分，但是不具有更专业的技术和工艺。

（2）"系统"的概念。系统是为实现特定功能以达到某一目标而构成的相互关联的一个集合体。计算机网络中的计算机、交换机、路由器、防火墙、系统软件、应用软件、通信介质等就体现了一个有机的、协调的集合体。

（3）"集成"的概念。集成是将一些孤立的事物和元素通过某种方式集中在一起，产生有机的联系，从而构成一个有机整体的过程和操作方法。因此，集成是一种过程、方法和手段。

到目前为止，关于网络系统集成还没有一个严格的定义。一种较为通用的定义是：以用户的网络应用需求和投资规模为出发点，合理选择各种软件产品、硬件产品和应用系统等，并将其组织为一体，能够满足用户的实际需要，具有性价比优良的计算机网络系统的过程。

从网络系统集成的通用定义可知，网络系统集成包含以下要素：

（1）目标：系统生命周期中与用户利益始终保持一致的服务。

（2）方法：先进的理论+先进的手段+先进的技术+先进的管理。

（3）对象：计算机及通信硬件+计算机软件+计算机使用者+管理。

（4）内容：计算机网络集成+信息和数据集成+应用系统集成。

2．网络系统集成的体系结构

网络系统集成的体系框架用层次结构描述了网络系统集成涉及的内容，目的是给出清晰的系统功能界面，反映复杂网络系统中各组成部分的内在联系，如图 1-1 所示。

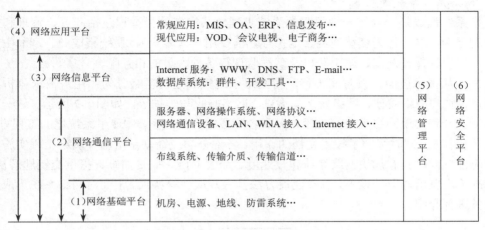

图 1-1　网络系统集成体系架构

（1）网络基础平台。

网络基础平台是指为了保障网络安全、可靠、正常运行所必须采取的环境保障措施。主要考虑计算机网络的结构化布线和机房、电源等环境问题。

（2）网络通信平台。

选择成熟的网络软硬件产品，使用开放的网络通信协议 TCP/IP，依据网络互联规则，进行网络设备的布局和配置，提供数据通信的交换和路由功能。

（3）网络信息平台。

网络信息平台提供支撑网络应用的数据库技术、群件技术和分布式中间件等，以信息沟通、信息发布、数据交换、信息服务为目的，为设计、配置和实现电子邮件（E-mail）、WWW、文件传送（FTP）和域名（DNS）等 Internet 服务。

（4）网络应用平台。

网络应用平台容纳各种应用服务，直接面向网络用户。可以选用成熟的网络应用软件，也可以开发适用的应用软件，例如，用于学校的教学管理系统、企业 OA 系统等。

（5）网络管理平台。

网络管理平台是指网络系统所采用的网络管理措施，涉及网络管理工作站、网管代理、网络管理协议、管理信息库以及有关技术实现。网络管理平台因所采用网络设备的品牌和型号的不同而不同，因此在组建一个网络时，尽量选用同一厂商的网络产品。

（6）网络安全平台。

网络安全贯穿于系统集成体系架构的各个层次。网络的互通性和信息资源的开放性都容易被不法分子钻空子；不断增长的网络应用，使得安全更让人放心不下。作为系统集成商，在网络安全方案中一定要给用户提供明确的、详实的解决方案，其主要内容是防信息泄露和防黑客入侵。

3. 网络系统集成的基本过程

网络系统集成是一项综合性很强的系统工程，其实施的全过程包括商务、管理和技术三大方面的行为，这些行为交替或混合地执行，需要用户（客户）、系统集成商、产品生产商、供货商、应用软件开发商、施工队以及工程监理等各种人员的相互配合。

通常，从技术层面，按时间推移，将网络系统集成过程粗略分为：用户需求分析、逻辑网络设计、物理网络设计、网络安装与调试、网络验收与维护等，如图 1-2 所示。这一划分方法指出了设计和实现网络系统的阶段划分和各阶段之间的联系，体现了系统化的工程方法，方便了设计和施工，同时强调了技术文档的作用，各部分的反馈联系给出了网络工程实施的灵活性和适应性，同时具有加快网络系统建设速度、分工明确、职责清晰、提供交钥匙解决方案，实现标准化配置所选取的设备，以及建设方法具有开放性等特点。下面对网络系统集成过程的各项任务进行介绍。

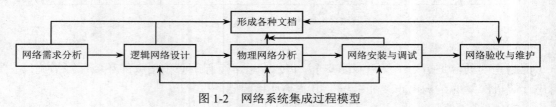

图 1-2　网络系统集成过程模型

（1）网络需求分析。

网络需求分析用来确定该网络系统要支持的业务、要完成的网络功能、要达到的性能等。需求分析的内容涉及到三个方面：网络的应用目标、网络的应用约束、网络的通信特征，这需要全面细致地勘察整个网络环境。网络需求包括：网络应用需求、用户需求、计算机环境需求、网络技术需求。

（2）逻辑网络设计。

什么是逻辑设计？可以用生活中做一双布鞋为例，给出类似的比喻。假设要为某一个人做一双布鞋，则先照他的脚画个"鞋样"，这个形成"鞋样"的过程就是逻辑设计。逻辑设计主要包含四个步骤：确定逻辑设计目标、网络服务评价、技术选项评价、进行技术决策。逻辑网络设计需要确定的内容有：网络拓扑结构是采用平面结构还是采用三层结构、如何规划 IP 地址、采用何种路由协议、采用何种网络管理方案，以及在网络管理和网络安全方面的考虑。

（3）物理网络设计。

什么是物理网络设计？用生活中做布鞋的例子来比喻，就是根据"鞋样"去做鞋子，选择鞋底、鞋面材料，并按工序制作鞋子。物理网络设计涉及网络环境的设计、结构化布线系统设计、网络机房系统设计、供电系统的设计，以及具体采用哪种网络技术，网络设备的选型，选用哪个厂商生产的哪个型号设备。

（4）网络安装与调试。

网络安装与调试是依据逻辑设计和物理设计的结果，按照设备连接图和施工阶段图进行组网。在组网施工过程中进行阶段测试，整理各种技术文档资料，在施工安装、调试及维护阶段做好记录，尤其要记录下每次出现和发现的问题是什么，问题的原因是什么，问题涉及到哪些方面，解决问题所采用的措施和方法，以后如何避免类似问题的发生，为以后建设计算机网络积累经验。

（5）网络验收与维护。

网络验收与维护的主要工作内容是：给网络节点设备加电，并通过网络连接到服务器运行网络应用程序，对网络是否满足需求进行测试和检查。

1.1.2　网络系统集成实例

1．ABC 公司网络建设概述

ABC 公司是一家从事电子产品研发、销售电子零部件为主的高新技术企业，公司的总部设在重庆，在上海、广州各有一个分部。公司总部设有市场部、财务部、人力资源部、企划部 4 个部门，负责产品的研发、公司的营运管理等；上海分部设有财务部和销售部，负责大陆的产品销售和渠道拓展；广州分部负责港澳地区的产品销售和渠道拓展。

计算机网络在 ABC 公司的业务开展中扮演着非常重要的角色，所有的业务数据全部通过计算机处理，并通过网络在总部和分部之间传递，对网络的可靠性、传递业务数据的安全性有很高的要求。为了使 ABC 公司能适应公司规模的不断扩大和业务的不断拓展，以及员工数量的不断增多和信息应用系统的不断增加，并在未来的几年时间内保持技术的先进性和实用性的需要，公司要求分两期建设网络信息系统。一期工程要求在项目的规划和实施中采用先进的计算机、服务器、网络设备以及系统管理模式，实现公司内部所有资源的合理应用和完善管理，使所有员工都能方便地使用公司内部网络，并能安全、高效地访问公司内部的网络应用服务和 Internet。

2．ABC 公司网络整体需求

ABC 公司决定对当前的总部和分部的办公网络进行建设，以提高公司的办公效率，并降低公司的营运成本。为此召开了信息化建设会议，讨论公司网络建设目标及其他一些细节，得出以下具体需求：

（1）公司网络按照部门进行网段划分，同时保证部门间的广播隔离。

（2）在网络带宽需求方面，确保网络带宽主干千兆位，百兆位到桌面。

（3）在公司的局域网内部，对于网络可靠性要求比较高的部门，其网络必须要有冗余机制，避免单点故障而导致全网瘫痪。而这种冗余机制，对用户要求透明，即不能为了提高网络可用性而增加终端用户的使用难度。

（4）公司网络所有用户能接入 Internet，以保证公司用户通过互联网进行资料查询，将公司内部的公共服务器发布到公网上，以便公网用户随时访问，提高公司的外部形象。

（5）公司总部和分部内网运行动态路由协议，并且要求能实现网络互通。

3．ABC 公司网络功能分析

结合 ABC 公司用户单位的信息及网络需求进行网络功能分析，即可确定网络应具备的功能及涉及到的协议，具体如下：

（1）为了做到总部和分部各部门二层隔离，需要在交换机上划分 VLAN。

（2）为了保障二层链路的冗余和负载均衡，需要在交换机上配置 MSTP 协议。

（3）为了实现网络三层链路的冗余和负载均衡，需在交换机上使用 VRRP 协议。

（4）为了提高网络收敛速度，保障核心网络链路带宽，实现流量的负载均衡，需在核心层交换机上做链路聚合。

（5）因公司网络规模较小，总部和分部的内部网络均采用 RIPv2 协议，用于建立通往内部网络中各个子网的传输路径的路由项。

（6）公司总部和两个分部这三部分通过路由器相连，使用 OSPF 协议用于建立隧道两端经过公共网络的传输路径和内网用户访问 Internet 的传输路径。

（7）为减少广播包对网络的影响，分部网络进行了 VLAN 的划分，使用单臂路由技术实现 VLAN 间的路由。

（8）总部和分部使用 NAT 技术，实现内部用户访问互联网资源，并且为了保障网络资源的合理利用，需要内部用户只能在工作日的上班时间才能访问互联网。

4．ABC 公司网络工程设计

网络工程设计就是要明确采用哪些技术规范，构筑一个满足哪些应用需求的网络系统，从而为用户要建设的网络系统提供一套完整的实施方案。典型的网络工程设计过程包括用户需求分析、逻辑网络设计、物理网络设计、网络部署、网络调试和验收，如图 1-3 所示。

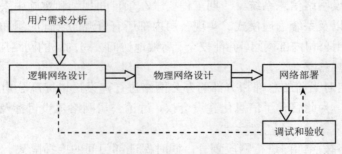

图 1-3　网络设计过程

图中所示的过程中的各个任务往往是迭代循环过程：每个任务为下一任务提供基础，但当前步骤发现问题时，往往需要回溯到上一步，重新改进，直到问题解决。前面已对网络的用户需求进行了详细分析，接下来对网络工程设计过程的后续任务进行介绍。

（1）逻辑网络设计。

1）网络拓扑设计。

目前，绝大多数企业网络采用的是以交换技术为主的经典三层网络架构，由核心层、汇聚层和接入层三个层面组成，各层分别实现不同的业务功能。考虑网络规模的大小、业务的多样性、功能区的划分等多种因素，尽量简化网络层次，使网络趋近扁平，采用紧缩的二层结构。该架构模式并非必须或一定就是物理连接层次上的减少，而是指网络逻辑层次的简化。它将传统三层架构各个层次模糊的功能区分清晰化，实现了核心业务控制层和网络接入层的分离，实现用户、业务控制的集中化。其中，核心层作为整个网络的控制层，提供集中的管理和业务控制，要求设备性能足够强大；从接入层直接到核心层之间的设备都是使用二层功能。

由于 ABC 业务部门较多，同时还涉及与各分支机构的互联，从网络架构的合理性及易管理性方面考虑，整个 ABC 公司的网络应根据各种应用的功能进行分区域规划设计。在图 1-4 所示的网络拓扑结构中，所采用的分区域规划设计策略划分出了核心交换区域、网络出口区域、办公接入区域、内部服务器区域等。

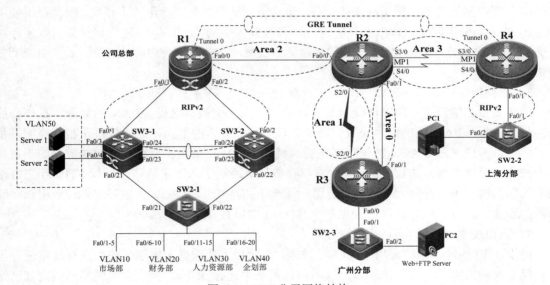

图 1-4　ABC 公司网络结构

这种模块化的区域设计便于后期的运维管理及提高系统的可扩展性，图 1-4 所示的网络拓扑结构具有的独特优势如下：

- 公司总部网络采用了双核心、双链路的设计方案，提供了核心层设备冗余和链路冗余（即存在两台互为冗余的核心交换机，核心交换机与出口路由器之间存在冗余链路，并且每台核心交换机与其他接入层网络设备都存在冗余链路），增强了整个网络平台的高性能、高可靠性和高稳定性。
- 消除了核心层网络的单点故障，提高了网络的可用性，增强了用户对网络造成风险的容忍度。由于两台核心交换机之间使用了虚拟路由器冗余协议（VRRP），对于默认网关设为 VRRP 虚拟 IP 地址的网络终端（如计算机）而言，当任何一台核心交换机失效之后，另外一台核心交换机仍可以处于工作状态，因此任何一台核心设备的失效都不会导致网络瘫痪。

- 两台核心交换机之间形成了以太网链路聚合通道,可以通过该通道支持负载分担来提高核心层网络的高速转发性能,并且和 VRRP 结合还可以实现负载均衡。
- 从路由层面考虑,路径选择比较灵活,可以有多条备选路径,且易于实现网络流量的负载均衡。由于每台核心交换机与上一级网络的路由器之间都存在两条链路,如果两条链路的带宽相同,就可以采用 RIPv2 等路由协议实现等开销路径上的负载均衡,也可以采用策略路由技术来分摊网络流量。
- 网络出口区域通过路由器连接 ISP 网络,易于实现广域网链路故障自动切换的设计,大大提高了网络出口的可用性。

2)IP 地址规划。

由于要按照部门进行逻辑网段的划分,而且每个部门的员工数量并不相同,因此要求使用 VLSM 技术划分子网。这样做的目的是,一方面确保子网的大小能够符合相应部门或连接对 IP 地址的需求,另一方面又尽量避免 IP 地址的浪费,有关这部分内容的详细设计将在项目 2 中进行介绍。

3)交换策略。

由于要按照部门进行逻辑网段的划分,需在接入层交换机进行 VLAN 的划分,在核心层交换机上进行 VLAN 间的路由设置。对于有较高带宽要求的部门,为确保链路带宽能够满足需求,可以考虑使用 LACP 协议将多条物理链路聚合成一条逻辑链路,以增加链路的带宽。对于网络的可靠性要求比较高的部门,可以在数据链路层引入冗余链路并运行 STP,在主链路正常工作的情况下,逻辑上断开备份链路,而一旦主链路出现故障,备份链路将被启用以保障网络的连通性。有关这方面的内容将在项目 4~5 中进行详细介绍。

4)路由技术。

由于在 IP 地址规划中采用了 VLSM 技术,因此必须要选择无类别的路由选择协议进行不同网段之间的路由。在公司总部和分部的内部网络中运行 RIPv2 协议来实现局域网内部网络各网段之间的路由。对于网络的可靠性要求比较高的部门,可以在网络层引入冗余设备和冗余链路并运行 VRRP 协议,使多台物理网关设备虚拟成一台逻辑网关设备,即使一台物理网关设备出现故障,其他的物理网关设备依然可以保障网络的连通性。有关这方面的详细内容将在项目 6 中进行介绍。

5)广域网技术。

由于在总部和分部之间需要使用到广域网的连接,因此可在广域网连接上配置 PPP 以进行数据链路层的封装,而且在采用 PPP 协议时还可以进行认证的配置以确保对端设备的安全性,这部分内容将在项目 7 中进行介绍。

6)网络设备管理。

为保证网络设备出现故障时能够快速地修复,要求所有网络设备必须能够远程登录进行配置管理,同时必须对所有的网络设备上的操作系统及配置文件进行备份。这部分内容将在项目

3 中进行介绍。

（2）物理网络设计。

物理网络设计是指选择具体的网络技术和设备来实现逻辑设计。这一任务具体包括局域网技术的选择、确定网络设备及选择不同的传输介质（如双绞线、光纤或无线信号等），此时需要确定信息点的数量和具体的物理位置、设计综合布线方案等，这些内容已在"网络综合布线"课程中深入讨论，本书不再涉及，请读者参考其中的内容。

（3）网络部署。

网络部署及具体的施工建设，包括机房装修和综合布线。机房是核心网络设备和服务器的放置场所，对机房的标准化、规范化设计是十分必要的。机房建设主要包括温度和湿度的控制，要防静电、防雷、防晒、防水、防火、防盗，对机房电源和 UPS 电源、机房地板承重等多项内容进行设计。机房建设同样是一门专业技术，本书不做介绍。

网络工程的综合布线施工需要在绘制建筑物平面图，标明建筑群间的距离，确定每个楼宇信息点数量和位置以及通信使用的介质基础上，规划好线缆布线方式，绘制布线施工图，确定具体用料，然后实施，本部分内容已在"网络综合布线"课程中深入讨论，本书不再涉及，请读者参考其中的内容。

（4）调试和验收。

网络工程实施是在网络设计的基础上进行的工作，主要包括软硬件设备的采购、安装、配置、调试和培训等。其中，最为关键的工作是网络互联设备的配置和调试，本书通过具体案例，介绍如何实施网络互联设备的安装、配置、调试过程。网络系统建成后，往往需要 1～3 个月的试运行期，进行总体性能的综合测试。通过系统综合测试，一是为了充分暴露系统是否存在潜在的缺陷及薄弱环节，以便及时修复；二是检验系统的性能是否达到设计标准要求。

1.1.3　网络安全系统集成实例

ABC 公司下属单位多、生产线多，结构复杂。ABC 公司网络将发展为信息承载平台，网上运行的业务将包括 ERP、OA 等。并且，随着接入层网络建设的完善，如何保障网络设备安全、系统安全、各类业务的安全隔离及受控互访等网络安全问题是需要深入探讨的问题。

网络安全系统集成过程一般经历以下过程：在对网络风险分析的基础上，在安全策略的指导下，可以决定所需的安全服务类型，选择相应的安全机制，然后集成先进的安全技术，形成一个全面综合的安全系统，建立相关的规章制度，并对安全系统进行审计评估和维护。

1．ABC 公司网络安全总体要求

ABC 公司在网络安全方面提出 5 个方面的要求：

（1）安全性。全面有效地保护公司网络设备及软件系统的安全，保护数据不因偶然或恶意的破坏遭到更改、泄露和丢失，确保数据的完整性。

（2）可控性和可管理性。可自动和手动分析网络安全状况，实时监测并及时记录潜在的安全威胁，具有很强的可控性和可管理性。

（3）可用性。在某部分系统出现问题的时候，不影响公司信息系统的正常运行，具有很强的可用性和及时恢复性。

（4）可持续发展。满足公司业务需求和企业可持续发展需求，具有很强的可扩展性和柔韧性。

（5）合法性。所采用的安全设备和技术通过我国安全产品管理部门的合法认证。

2．ABC 公司网络安全工作任务

该公司网络安全项目的工作任务包括以下 4 个方面：

（1）研究该公司的计算机网络系统（包括分支机构、基层生产单位等）的运行情况（包括网络结构、性能、信息点数量和采取的安全措施等），对网络面临的威胁及可能承担的风险进行定性与定量的风险评估。

（2）研究该公司的计算机操作系统（包括服务器操作系统、客户端操作系统等）的运行情况（包括操作系统的版本、提供的用户权限分配策略等），在了解操作系统的最新发展趋势基础上，对操作系统本身的缺陷以及可能承担的风险进行定性与定量的风险评估。

（3）研究该公司的应用系统（包括管理信息系统、办公自动化系统等）的运行情况（包括应用体系结构、开发工具、数据库软件等），在满足各级管理人员、操作人员的业务需求基础上，对应用系统存在的问题、面临的威胁及可能承担的风险进行定性与定量的风险评估。

（4）根据以上的定性与定量的风险评估，结合用户需求和国内外网络安全最新发展趋势，有针对地制定该公司计算机网络系统的安全策略和解决方案，确保该公司计算机网络信息系统安全可靠地运行。

3．ABC 公司信息系统面临的威胁

针对 ABC 公司开展信息化业务的特点，信息系统所面临的主要威胁有以下几点：

（1）ABC 公司信息网络比较开放，终端数量较大，非常容易受到来自 Internet 本身的安全威胁。例如网络蠕虫、网络攻击、垃圾邮件等。此外，企业网络终端没有统一的管理，每台终端上的操作系统安全漏洞补丁不能得到及时更新。这些威胁都会严重影响企业内部网络的正常使用。

（2）对公司自身来说，其科研人员承担了大量的产品研制与开发任务，在开发过程中的数据需要采取严格的保护措施。这部分网络还提供给异地的分支结构的科研人员访问，如果安全性缺失会造成自主知识产权的泄露。

（3）公司网络管理结构相对复杂，没有系统的安全管理和安全事件监控机制。一旦遇到网络蠕虫传播、垃圾邮件拥塞、恶意攻击等紧急情况，没有相应的对策。而且，如果只是通过被动的事件响应，企业必然已经蒙受了损失，从而造成 IT 投资回报无法最大化，总是处在事半功倍的恶性循环中。

4．ABC 公司网络系统安全需求

ABC 公司对网络安全的需求是全方位的、整体的，相应的安全体系也是分层次的，在不同层次反映了不同的安全需求问题。根据网络应用现状和网络结构，ABC 公司的网络安全需求要从以下几个方面来考虑：

（1）防止网络广播风暴影响系统关键业务的正常运转，甚至导致系统的崩溃。

（2）严格控制各种人员对公司局域网的接入，防止公司内部涉密信息的泄露。

（3）控制公司网络不同部门之间的相互访问。

（4）实现公司局域网与其他网络之间的安全，高效数据访问。

（5）确保广域网数据传输的保密性。

（6）网络系统需要充分考虑到各种网络设备的安全，保障网络系统在受到蠕虫、扫描等攻击时网络设备的稳定性。

5．ABC 公司网络安全风险分析

ABC 公司认为网络系统所要实现网络安全的重点目标为：保障网络中的各种网络设备、系统平台及各类应用业务能够安全可靠地运行。目前，在安全风险分析方面，主要包括如下内容：

（1）整个网络均采用开放的 TCP/IP 协议，面临来自内、外网用户的各类攻击的安全风险。

（2）整个网络建成后将为公司内部的各类业务应用提供服务。由于部门划分细致，所有的企业员工均通过公司的网络平台进行办公，从而可能面临某些少数用户发起的"拒绝服务、病毒传播"等恶意攻击的安全风险。

（3）当网络管理员在利用某些工具（如 Telnet、TFTP 等）对全网进行配置管理时，由于 Telnet 的信息在网络上都是以明文进行传输，从而面临着某些重要信息（如核心交换机等网络设备的配置信息）泄露的安全风险。

（4）由于网络覆盖面大，结构复杂、设备多种多样、应用系统很多，将来在投入运行时可能对公司用户的管理带来较大的困难，同时可能导致整个网络出现安全漏洞隐患。

（5）网络中运行的关键业务，如公司财务往来信息、技术研发资料等，在高质量数据传输的前提下，必须有充分的安全保障。

6．ABC 公司网络安全策略制定

业务需求和风险分析是安全策略制定的主要来源。安全策略规定了用户、管理者和技术人员保护技术和信息资源的义务，也指明了访问机构的技术人员和信息资源人员都必须遵守的规则。安全策略一般包括总体的策略（一般不是某种特定的技术，而是一些与网络运行有关的更加宏观的因素）和具体的规则（组织机构的最佳做法）。ABC 公司建议在网络建设同期制定安全策略来加强对网络安全的限制，各项安全策略应包括以下内容：

（1）授权和陈述范围：规定网络安全策略覆盖的范围。

（2）可接受使用策略：规定对访问网络基础设施所做的限制。

（3）身份识别与认证策略：规定应采用何种技术、设备及其他措施，确保只有授权用户才能访问网络数据。

（4）Internet 访问策略：规定内部在访问 Internet 时需要考虑的安全问题。

（5）内部网络访问策略：规定内部网络用户应如何使用内部网络资源。

（6）远程访问策略：规定远程用户应该如何使用内部网络资源。

7．ABC公司网络安全机制设计

ABC公司的网络安全从3个层面来进行设计：物理安全、网络系统安全和信息安全。

（1）物理安全机制设计。

首先，要保证网络运行环境的安全，网络机房建设要建立防辐射的屏蔽机柜，把存储重要信息数据的存储设备放在屏蔽机柜中。需要保密的网络采用屏蔽双绞线、屏蔽模块和屏蔽配线架。此外，还需要防雷设备、UPS的安全配置以及防火系统的配置。

（2）网络系统安全机制设计。

外部网络安全保护机制设计。使用公共子网来隔离内部网络和外部网络，将公共服务器放在公共子网上，在内部网络和外部网络之间使用防火墙，设置一定的访问权限，有效保护网络免受攻击和侵袭。在网络出口处安装专用的入侵检测系统，对网络上的数据信息进行审查和监视。对于特别机密的部门网络，使用VPN来创立专用的网络连接，保证网络安全和数据的完整性安全。

内部网络安全保护机制设计。内部网络安全使用VLAN来为网络内部提供最大的安全性。通过对网络进行虚拟分段，让本网段的主机在网络内部自由访问，而跨网段访问必须经过核心交换机和路由器，这样保证了网络内部信息安全和防止信息泄露。

（3）信息安全保护设计。

信息安全涉及信息的传输安全、信息存储的安全以及网络传输信息内容的审计等方面。选择加密技术和身份认证技术来保证网络中信息数据的安全。

8．ABC公司网络安全集成技术

根据前面的详细分析，就本项目而言，ABC公司采用的网络安全措施主要有以下几种：

（1）身份验证技术。

（2）信息加密技术。

（3）访问控制技术。

（4）虚拟专用网络技术。

（5）网络设备安全加固技术。

（6）网络防病毒技术。

（7）网络安全设备部署。

限于网络防病毒技术、网络安全设备部署内容在"信息安全设备配置与应用"课程中已做深入讨论，本书不再涉及，请读者参考其中的内容。本书内容涉及第（1）～（5），这些内容将在项目8～11中进行详细介绍。

1.1.4 网络工程项目实施流程

本项目在网络安全系统集成实训室实施时，将项目实施划分成交换机配置、路由器配置、网络设备安全配置等 3 大模块，每一模块根据功能的不同，分解成若干不同的工作任务。由于本项目综合性很强且涉及的任务较多，建议该项目在实施过程中，组建一个承担不同任务角色的任务实施小组，并在连续的时间段内完成。

1．项目实施角色任务分配

在项目实施过程中，倡导以工程项目小组的形式组织教学活动，每组大约 4～6 名学生，并选一名学生作为组长承担网络工程项目经理的工作，其余学生充当项目小组网络工程师、服务器工程师、测试工程师等角色，并承担相应工作，如表 1-1 所示。教师充当用户方代表及项目的总规划师和设计师双重角色，负责项目的技术咨询和指导工作，控制课程的组织与开展。

表 1-1　角色任务分配

序号	岗位	工作内容	人数
1	项目经理	负责整个项目的实施质量与实施进度，部署人员分工，掌握施工进度，并组织撰写项目报告	1
2	售前技术工程师	依据网络架构工程师和系统架构工程师提供的解决方案，撰写网络技术方案并提供具体的构建网络的成本预算	1
3	网络架构工程师	依据企业的业务，设计网络基础设施构架和服务器结构，保障企业网络高效、可靠、可扩展	1
4	网络工程师	根据网络设计方案，对项目中的基础设备（路由器、交换机）等进行配置	1
5	服务器工程师	根据网络设计方案，对项目中的所有的应用服务器进行配置	1
6	网络安全工程师	根据网络设计方案，对项目中的网络设备安全进行配置	1
7	网络测试工程师	根据网络设计方案，对整个网络运行状态进行评测，并撰写测试报告	1

2．项目实施设备

本项目实施所需要的接入层设备和计算机终端数量较多，路由器和核心层的设备相对少很多。考虑到本项目实施的重点是路由器和核心交换机这两类设备，因此主要的实训设备如表 1-2 所示。另外，项目实施需要相关软件，并需要安装在不同的服务器和终端上。

表 1-2　项目实训设备清单

设备类型	设备型号	设备数量（台）
路由器	RG-RSR20-18	4
二层交换机	RG-S2328G	3
三层交换机	RG-S3760-24（核心交换机）	2
计算机	联想启天 M330E	4

1.2 项目实施

1.2.1 任务1：分析企业网络的需求

1．任务描述

根据项目1中"项目描述"和实地考察得到的相关数据，对拟新建的ABC公司网络安全系统集成项目进行需求分析。在需求调查时考虑了许多方面，本任务主要从网络的一般状况需求、性能需求、管理需求、应用需求和安全需求等五大方面阐述了收集需求分析的过程。ABC公司网络建设具体需求如下：

（1）按照层次网络拓扑结构进行网络设计和网络实施。

（2）根据公司部门业务的不同进行区划。

（3）总部与分部的业务流量通过专用链路传输，当专用链路损坏后，保证业务流量能够正常安全传输。

（4）允许用户使用合法的全局地址访问互联网，并且内部用户只能在上班时间才能访问互联网。

（5）采用安全技术对接入层用户进行安全限制，并对用户登录进行审计。

（6）构建公司应用服务平台，并把公司相关资源发布到互联网上，实现信息共享。

（7）公司网络采用合适的路由协议，确保全网互联互通。

2．任务要求

（1）教师或非本项目组的学生扮演所选择的调查目标关键人物（网络中心主任、网管、普通员工、客户等），学生扮演项目组的需求调查人员，双方进行沟通。通过面谈、问卷、研究等各种调查手法，对业务、管理、应用、安全、规模、扩展性等各方面进行需求调查。收集、统计调查结果，得出目标网络需求。

（2）对目标网络需求进行分析，按任务实施步骤的要求，填写相关术语于空白处。

3．任务实施步骤

请参考图1-4，完成如下工作任务。

（1）ABC公司总部内网在网络结构上分为两层：（　　）和（　　），（　　）全部冗余上行链路，分别级联到2台（　　），采用（　　）实现VLAN间的路由；同时2台（　　）之间使用（　　）进行冗余备份，为了增加两台（　　）的传输速率，需要使用（　　）技术增加带宽，并需要基于（　　）进行负载均衡，保证网络的健壮性和可靠性。同时，内网部分会启用（　　），实现VLAN的统一管理和（　　）。

（2）此次网络建设，ABC公司会增加大量服务器提供各种网络应用服务，所以在公司总部的LAN中将所有服务器都分配在（　　）上并单独划分一个（　　）作为服务器的区域，放置网络系统中的Web、FTP和OA等服务器。

（3）在 ABC 公司内网设计中，由于规模不大，采用（ ）协议，以支持子网间路由功能。将 ABC 公司的总部和分部互联起来的公网，使用（ ）协议的子区域概念，可以减少路由选择协议对路由器的（ ）和（ ）占用，还能降低路由选择协议的通信量，这使得构建一个层次化的互联网络拓扑成为可能。

（4）ABC 公司总部和分部使用（ ）技术，并使用出口路由器外部接口的 IP 地址作为全局地址，实现内部用户可以访问互联网资源。将总部服务器群的多台 Web 服务器发布到互联网，为了提高服务器的高可靠性，要求使用（ ）负载分担功能来实现。

（5）由于 ABC 公司总部与分部之间需要传输服务器群中的业务数据，为了保障业务数据在互联网传输的安全性，使用（ ）技术对数据进行加密，总部与分部的内部网络运行（ ）协议，并且（ ）路由也需要通过互联网进行传输，所以需要使用（ ）隧道传递（ ）路由协议更新。为了保障公司总部与分部骨干网链路安全，需要在公司总部与分部连接的链路上配置（ ），并采用（ ）的验证方式。

（6）为保障网络路由协议更新数据的安全，需要在（ ）或（ ）动态路由协议中配置（ ）或（ ）方式的安全验证。

（7）为保障网络资源的合理利用，需要内网用户只能在工作日的上班时间（周一至周五，9:00～18:00）才能访问互联网，需在出口路由器上使用（ ）进行数据包的过滤，出入互联网的通信量都必须通过公司出口路由器的过滤。为了网络安全的需要，禁止财务部的用户与其他部门的用户进行互相访问。

（8）在服务器群中，部署了 DHCP 服务器，为内网用户动态分配 IP 地址，网络中会存在无赖设备攻击和 DOS 攻击，为了保障 DHCP 服务器的正常工作，需要配置（ ）功能和（ ）功能。为了防止网络中存在（ ）欺骗或（ ）攻击，网络中采用动态（ ）检查技术。

（9）在 ABC 公司网络接入层安全方面，采用（ ）技术，对所有的接入端口配置（ ），如果有违例者，则（ ）或（ ）或（ ），并要求接口配置为（ ），对闲置不用的端口，则（ ）端口。

1.2.2　任务 2：绘制网络拓扑结构图

1. 任务描述

按照企业网络的规划要求，绘制 ABC 公司网络拓扑结构图。

2. 任务要求

（1）选择合适的网络拓扑图绘制工具。

（2）确定网络拓扑结构设计内容。

（3）根据需求分析的结果和确定的拓扑结构设计内容，按如下规范和参考图 1-4 绘制 ABC 公司网络拓扑结构图：

1）准确呈现网络逻辑结构。

2）网络层次分明易读，设备使用情况及互联情况清晰。

3）网络关键节点信息完善、准确。

4）重点突出，可适当取舍。

5）图例注释完善，拓扑格式统一。

6）符合工业规范（如果是工程制图）。

（4）描述绘制的网络拓扑图的结构特点。

3．任务实施步骤

（1）选择合适的网络拓扑图绘制工具。

小型、简单的网络拓扑结构中涉及的网络设备较少，图元外观也不要求完全符合相应产品的型号，此时，可以通过简单的画图软件（如 Windows 系统中的"画图"软件、HyperSnap等）进行绘制。而对于一些大型、复杂网络拓扑结构图的绘制则通常采用一些非常专业的绘图软件，如 Visio、亿图图示专家、LAN MapShot 等。在这些专业的绘图软件中，不仅会有许多外观漂亮、型号多样的产品外观图，而且还提供了圆滑的曲线、斜向文字标注，以及各种特殊的箭头和线条绘制工具。

（2）确定网络拓扑结构设计内容。

1）确定网络设备总数。确定网络设备总数是整个网络拓扑结构设计的基础，因为一个网络设备至少需要连接一个端口，设备数一旦确定，所需交换机的端口总数也就确定了。

2）确定交换机端口类型和端口数。一般来说，在网络中的服务器、边界路由器、下级交换机、网络打印机、特殊用户工作站等所需的网络带宽较高，所以通常连接在交换机的高带宽端口。其他设备的带宽需求不是很明显，只需连接在普通的 10/100Mbit/s 快速自适应端口即可。

3）保留一定的网络扩展所需端口。交换机的网络扩展主要体现在两个方面，一个是用于与下级交换机连接的端口，另一个是用于连接后续添加的工作站用户。与下级交换机连接的端口一般是提供高带宽的端口，如果交换机提供了 Uplink（级联）端口，也可直接使用级联端口。

4）确定可连接的工作站总数。交换机端口总数不等于可连接的工作站数，因为交换机中的一些端口还要用来连接那些不是工作站的网络设备，如服务器、下级交换机、网络打印机、路由器、网关、网桥等。

5）确定关键设备连接。把需要连接在高带宽端口的设备连接在交换机可用的高带宽端口上。

6）确定工作站用户计算机和其他设备的连接。

7）与其他网络连接。如果要通过路由器与其他网络连接，如通过 Internet 等。

（3）Visio 绘制网络拓扑图的一般步骤。

1）打开模板开始创建图形元素。

2）将形状拖到绘图页上，然后重新排列这些形状、调整它们的大小和旋转它们。

3）使用连接线工具连接图形元素中的形状。

4）为图形元素中的形状添加文本并为标题添加独立文本。

5）使用格式菜单和工具栏按钮设置图形元素中形状的格式。

6）在绘图文件中添加和处理绘图页。

7）保存和打印图表。

（4）使用 Visio 绘制网络拓扑图时的注意要点。

1）选择合适的图形元素来表示设备。

2）线对不能交叉、串接，非线对尽量避免交叉。

3）线接处及芯线避免断线、短路。

4）对主要设备名称和商家名称加以标注。

5）不同连接介质使用不同的线型和颜色加以注明。

6）标明绘制日期和制图人。

1.3　项目小结

本项目首先介绍了网络系统集成的基本概念、体系结构、集成模型，详细分析了网络工程设计过程，包括用户需求分析、逻辑网络设计、物理网络设计、网络部署、网络调试和验收。每一阶段都需要完成特定目标，在工程进展过程中有可能需要回溯到前一个乃至第一个阶段，最终保证达到用户目标。

本项目还特别介绍了网络层次设计模型，在网络逻辑设计阶段，需要选取相应的设计模型来设计网络拓扑结构。本项目是网络系统集成的方法论，从下一项目开始将介绍具体的实现技术和方法。

1.4　过关练习

1.4.1　知识储备检验

1．填空题

（1）网络系统集成的概念含有三个层次，即（　　）、（　　）、（　　）。

（2）层次化网络设计模型，可以把网络分成 3 个功能层次，分别是（　　）、（　　）和（　　）。

（3）典型的网络工程设计过程包括（　　）、（　　）、（　　）、（　　）和（　　）。

2．选择题

（1）按照拓扑结构可以对网络进行分类，下列选项中（　　）不是网络拓扑结构类型。

    A．星型网络   B．总线型网络

    C．以太网   D．网状型网络

（2）网络系统在试运行期间不间断连续运行的时间不应少于（　　）。

    A．1 个月   B．2 个月

    C．3 个月   D．6 个月

（3）（   ）是连接终端设备的网络边缘，用于控制用户对网络资源的访问，其服务和设备位于网络覆盖范围的每栋大楼、每个远程站点和服务器群。

    A．核心层   B．汇聚层

    C．接入层   D．分布层

3．简答题

（1）简述网络系统集成的概念。

（2）简述网络系统集成模型各部分的功能。

（3）简述网络层次化设计模型各部分的主要作用。

1.4.2　实践操作检验

使用 Cisco 系统公司的网络图标工具（可在互联网上搜索下载），重新绘制任务 2 的网络拓扑图，比较使用网络图标工具和 Visio 绘图软件绘制网络拓扑图的优缺点。

1.4.3　挑战性问题

某职业学院人员包括教师、学生、行政人员，由南北校区构成，希望构建一个教师、学生、行政人员能相互通信但相互隔离的网络，需求如下：

（1）在接入层采用二层交换机，并且要采取一定的方式隔离广播域。

（2）核心交换机采用高效能的三层交换机，且采用双核心交换机互为备份方式。接入交换机分别通过 2 条上行链路连接到 2 台核心交换机，由核心交换机实现 VLAN 间的路由。

（3）2 台核心层交换机之间也采用双链路连接，并提高核心交换机之间的链路带宽。

（4）在接入交换机上实现对允许连接终端数量的控制，以提高网络的安全性。

（5）为了提高网络的可靠性，整个网络中存在大量环路，要避免环路可能造成的广播风暴等。

（6）三层交换机上配置路由端口，与路由器之间实现全网互通。

（7）两地办公的路由器之间通过广域网链路连接，并提供一定的安全性。

（8）在路由器上利用少量的公网 IP 地址实现校园网内网到互联网的访问。

（9）在路由器上对内网到外网的访问进行一定的控制，要求行政人员不能访问互联网，学生只能访问 WWW 和 FTP 服务，其余不受限制。

请对该项目进行需求分析、安全策略设计。并据此画出该职业学院的基本网络拓扑图，最终为该校园网设计一个完整的安全解决方案。

2

企业网络 IP 地址规划

项目导引

计算机网络是用物理链路将各个孤立的工作站和主机相连组成数据链路，从而达到资源共享和数据通信的目的的网络。在 Internet 上，每一个节点都要依靠唯一的网络地址相互区分和相互联系，因此，为网络中的每一个节点确定网络地址非常重要，其中 IP 地址的规划属于企业网络规划的核心内容，也是后续学习内容，如网络设备的远程管理、网络的访问控制等的重要基础。

通过本项目的学习，读者将达到以下知识和技能目标：

● 理解网络中地址的层次对应关系和相互转化；
● 掌握 IP 地址的基本概念、划分子网的方法及规划技巧；
● 具备勤于思考、认真做事的良好作风。

项目描述

在确定了网络的拓扑结构，构建起物理网络以后，首先要解决的是为各个部门按照其规模大小和对 IP 地址的需求划分子网，在确定了具体的子网后，才能进行网络设备的逻辑配置以实现网络的逻辑连通性。本项目要求为 ABC 公司网络的各个部门划分逻辑网段，并为网络中的终端分配 IP 地址，以满足终端连接网络的需求。

ABC 企业网络是一个具有上千个终端的中型企业局域网络，申请到的合法 IP 地址肯定不能满足为所有终端均分配一个合法固定 IP 地址的需要。因此，如何合理和充分利用 IP 地址以解决网络终端的通信需求是该项目的一个非常重要任务，需要考虑到很多方面的问题，具体如下：

- 满足 ABC 公司员工访问 Internet 对 IP 地址的需求。如果为每一台计算机分配一个合法固定的 IP 地址，ABC 公司申请到的合法 IP 地址远远无法满足要求。因此对公司中的计算机在内部网络使用私有 IP 地址，在网络出口使用唯一合法固定 IP 地址来满足所有计算机连接外部网络的需求。
- 满足 ABC 公司不同部门对 IP 地址的需求。ABC 公司在组织结构上存在多个不同规模的部门，如果采用简单的定长掩码划分子网的方式，一方面会在规模小的部门造成 IP 地址的浪费，另一方面可能无法满足较大部门对 IP 地址的需求。为了合理利用 IP 地址，在划分子网的方式上采用变长掩码划分子网技术，为各个部门尽量分配大小合适的子网。

要解决上述的各种问题并完成 ABC 公司网络的 IP 地址规划，需要掌握 IP 地址规划中涉及的多项技术，下面的各节将对这些技术进行详解。

根据项目要求，实现企业网络 IP 地址规划需要，完成规划企业网络 IP 地址任务。

2.1　预备知识

2.1.1　网络地址概述

1．网络地址及其层次关系

计算机网络中有 4 类地址，包括域名地址、端口地址、IP 地址和 MAC 地址，这些地址用于网络中的计算机设备、网络应用进程的寻址，与 TCP/IP 模型的对应关系如图 2-1 所示。在网络体系结构中的数据链路层及其以下层对应的地址为物理地址，网络层及其以上层对应的地址为逻辑地址。在计算机网络中，之所以要使用逻辑地址，主要是为了便于标识网络连接和网络寻址。

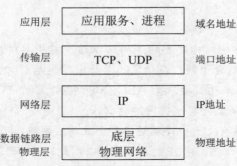

图 2-1　网络中的地址及其层次对应关系

2．网络地址之间的转化过程

网络中寻址时需要进行地址转换，需要用到地址转换协议。域名地址通过域名服务器（DNS）找到对应的 IP 地址；IP 地址通过地址解析协议（ARP）找到对应的物理地址，反之，物理地址通过反向地址解析协议（RARP）转换为对应的 IP 地址；IP 地址与端口地址构成套接字（Socket），用于标识不同的应用服务进程，在具体应用时套接字呈现的是一个数字。图 2-2 给出了主机域名、IP 地址和物理地址之间转换的关系。

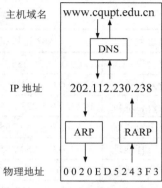

图 2-2 主机域名、IP 地址和物理地址之间转换的关系

2.1.2 IP 地址的基本概念

1．IP 地址分类

IP 地址用于标识网络连接。根据 RFC791 的定义，IP 地址是一个 32 位二进制数，由网络 ID 和主机 ID 组成。网络寻址时，先按 IP 地址中的网络 ID 找到主机所在网络（给定 IP 地址和掩码做与运算的结果，如图 2-3 所示），然后再按主机 ID 找到主机（给定 IP 地址和掩码取反后做与运算的结果，或用给定的 IP 地址减网络地址的结果，如图 2-4 所示）。根据 IP 地址的第一个字节的某些位来确定不同的网络类型，如表 2-1 所示；根据 IP 地址的构成和应用情况，分成几类特殊的 IP 地址，如表 2-2 所示。

IP 地址：	202.195.64.10	11001010. 11000011. 01000000. 00001010
子网掩码：	255.255.255.0	11111111. 11111111. 11111111. 00000000
AND运算		
网络地址：	202.195.64.0	11001010. 11000011. 01000000. 00000000

图 2-3 IP 地址中网络 ID 提取过程

IP 地址：	202.195.64.10	11001010. 11000011. 01000000. 00001010
掩码取反：	0．0．0．255	00000000. 00000000. 00000000. 11111111
AND运算		
主机地址：	0．0．0．10	00000000. 00000000. 00000000. 00001010
或		
IP地址：	202.195.64.10	11001010. 11000011. 01000000. 00001010
网络地址：	202.195.64.0	11001010. 11000011. 01000000. 00000000
减法运算：		
主机地址：	0．0．0．10	00000000. 00000000. 00000000. 00001010

图 2-4 IP 地址中主机 ID 提取过程

2．掩码的概念

掩码也是一个 32 位的二进制数，其中表示网络 ID 部分对应位置为"1"，主机 ID 部分对应位置为"0"。掩码用于"掩"掉特定 IP 地址中的一部分以区别网络地址和主机地址，并说明该 IP 地址是在本地网络上，还是在远程网络上，这也说明 IP 地址不能脱离掩码而独立存在。掩码分为默认掩码和子网掩码，如果不划分子网，就使用默认掩码，如 A 类 IP 地址的默认掩码为 255.0.0.0，B 类 IP 地址的默认掩码为 255.255.0.0，C 类 IP 地址的默认掩码为 255.255.255.0 等；如果要进行子网划分，就使用子网掩码，其值视具体情况而定。

表 2-1　IP 地址分类

地址类型	IP 地址范围	说明
A 类公有地址	1.0.0.0～126.255.255.255	126 个网络号，每个网络 16 777 214 台主机
B 类公有地址	128.0.0.0～191.255.255.255	16384 个网络号，每个网络 65 534 台主机
C 类公有地址	192.0.0.0～223.255.255.255	2 097 152 个网络号，每个网络 254 台主机
D 类公有地址	224.0.0.0～239.255.255.255	用于组播或已知的多点传送
E 类公有地址	240.0.0.0～254.255.255.255	实验地址，保留给将来使用
A 类私有地址	10.0.0.0～10.255.255.255	用于企业局域网，不能在因特网上使用
B 类私有地址	172.16.0.0～172.31.255.255	用于企业局域网，不能在因特网上使用
C 类私有地址	192.168.0.0～192.168.255.255	用于企业局域网，不能在因特网上使用
D 类保留地址	224.0.0.0～224.0.0.255	用于本地管理或特别站点的组播
D 类保留地址	239.0.0.0～239.255.255.255	用于管理和系统级路由等
D 类组播地址	224.0.0.1	特指组播中的所有主机
D 类组播地址	224.0.0.2	特指组播中的所有路由器

表 2-2　特殊 IP 地址

网络号	主机号	说明	例子
全 0	全 0	本机	0.0.0.0
全 1	全 1	本网段广播地址，路由器不转发	255.255.255.255
全 0	全 1	本网段的广播地址	0.0.255.255
全 1	全 0	本网络掩码	255.255.0.0
全 0	主机 ID	本网段的某个主机	0.0.96.33
网络 ID	全 0	标识一个网络，常用在路由表中	96.33.0.0
网络 ID	全 1	从一个网络向另一个网络广播	96.33.255.255
127	任何值	本机测试回送（loopback）地址	127.0.0.1

子网掩码就像一把镂了一些孔洞的尺子，将它覆盖在 IP 地址上，透过孔洞可以看到的是 IP 地址的网络 ID，而被掩住的是主机 ID，如图 2-5 所示。

3．划分子网的方法

我们已经知道，子网掩码的一个重要功能就是用来划分子网。由于一个单位申请到的 IP

地址是 IP 地址的网络 ID，而后面的主机 ID 则由单位用户自行分配。所以，通过划分子网可以将单个网络 ID 对应的主机 ID 分成两个部分，其中一部分用于子网 ID 编址，剩下的部分用于主机 ID 编址，这样两级的 IP 地址在本单位内部就变为三级的 IP 地址：网络 ID+子网 ID+主机 ID。

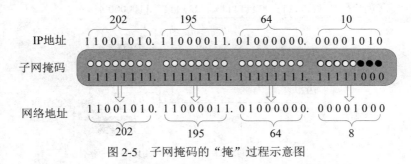

图 2-5　子网掩码的"掩"过程示意图

（1）定长子网掩码（FLSM）划分过程。

划分子网的最初目的是把基于某类（A 类、B 类、C 类）的网络进一步划分成几个规模相同的子网，每个子网的掩码长度是一样的，所以把这种划分方法称为定长子网掩码划分方法。在 RFC 文档中，RFC 950 规定了划分子网的规范，其中对网络地址中的子网 ID 做了如下规定：由于主机 ID 全为"0"代表的是本网络，所以网络地址中的子网 ID 也不能全为"0"，子网 ID 全为"0"时，表示本子网网络；主机 ID 全为"1"代表的是广播地址，所以网络地址中的子网 ID 也不能全为"1"，子网 ID 全为"1"时，表示向子网广播，所以在划分子网时需要考虑子网 ID 不能取全"1"和"0"。

以下依据 RFC 950 规范通过例子说明划分子网的具体过程。

【例 1】某单位现有 70 台计算机需要联网，要求每个子网内的主机数量不少于 40 台，问使用一个 C 类网络地址 192.168.1.0/24 如何进行子网划分。

1）确定需要划分的子网数和主机地址数量。子网号位数计算公式为：子网数量=2^m-2，其中 m 就是子网号位数；主机号位数计算公式为：主机号位数 n=32-网络 ID 位数-子网号位数 m，每个子网主机地址数量为 2^n-2。由此确定 n=6，m=2。

2）选择正确的子网掩码。按照子网掩码的取值规则，子网掩码为 255.255.255.192，如图 2-6 所示。

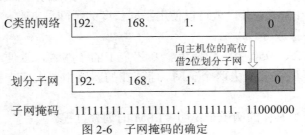

图 2-6　子网掩码的确定

3）确定标识每一个子网的网络地址，如图 2-7 所示，两个子网的网络地址分别是 192.168.1.64 和 192.168.1.128。

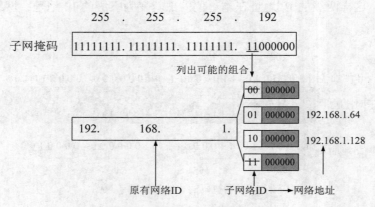

图 2-7　子网的网络地址确定

4）每一个子网的主机地址范围，如图 2-8 所示。

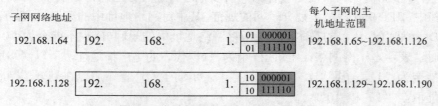

图 2-8　每个子网的主机地址范围确定

（2）变长子网掩码（VLSM）划分过程。

虽然 FLSM 划分子网方法对 IP 地址结构进行了有价值的扩充，但是它受到一个基本的限制，即整个网络只有一个子网掩码。因此，若用户选择了一个子网掩码，也就意味着每个子网的主机数确定之后，就不能支持不同尺寸的子网掩码，任何对更大尺寸子网的要求，意味着必须改变整个网络的子网掩码。

在 RFC 1878 中定义了 VLSM，规定如何在一个进行了划分子网的网络中的不同部分使用不同的子网掩码，这对于网络内部不同网段需要不同大小子网的情形来说是非常有益的。如果对一个网络进行了 VLSM 划分，就可以使用不同长度的子网号来唯一标识每个子网，并能通过对应的子网掩码进行区分。

1985 年制定的 RFC 950 中阻止使用全 0 和全 1 的子网号，以便与老式的路由器兼容，所以上例中的每个子网还要减去两个子网。但现在的新路由器大多支持使用任意长度的网络地址。

下面仍旧使用一个具体的例子来说明 VLSM 的划分过程。

【例 2】 已获得一个 C 类网络地址 192.168.2.0/24，用于对如图 2-9 中的 14 个网络使用 VLSM 进行 IP 规划。

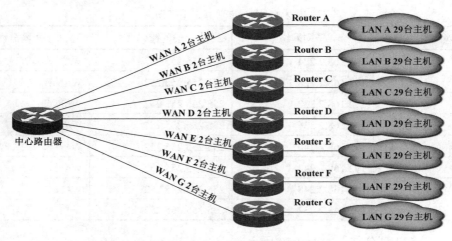

图 2-9　VLSM 子网划分拓扑图

1）网络拓扑图中最大的子网段需要为 29 台主机提供 IP 地址。

2）为此最大网段找出合适的子网掩码。此子网占用 32 个 IP 地址，子网掩码为 255.255. 255.244，可以提供 30 个主机 IP 地址（其中 29 个主机 IP 地址用于 LAN 内的 29 台主机，1 个主机 IP 地址用于连接 LAN 的路由器上的接口）。即 192.168.2.0/24 被划分为 8 个子网，如表 2-3 所示。

表 2-3　划分 8 个子网

子网编号	子网网络	子网掩码	子网分配
1	192.168.2.0	255.255.255.224	LAN A
2	192.168.2.32	255.255.255.224	LAN B
3	192.168.2.64	255.255.255.224	LAN C
4	192.168.2.96	255.255.255.224	LAN D
5	192.168.2.128	255.255.255.224	LAN E
6	192.168.2.160	255.255.255.224	LAN F
7	192.168.2.192	255.255.255.224	LAN G
8	192.168.2.224	255.255.255.224	用于广域网连接

3）中心路由器到各路由器的子网段因为是点对点链路，每网段有 2 台主机。所以在上面 8 个能容纳 30 台主机的子网中选取一个，划分新的更小的子网。

4）这里选择 192.168.2.224/27 子网，使用网络前缀 /30（子网掩码 255.255.255.252）将其

划为 8 个更小的子网，每个子网占用 4 个 IP 地址，可提供 2 台主机的容量。即 192.168.2.224/27 被划分为 8 个子网，如表 2-4 所示。

表 2-4　进一步划分 8 个子网

子网编号	子网网络	子网掩码	子网分配
1	192.168.2.224	255.255.255.252	WAN A
2	192.168.2.228	255.255.255.252	WAN B
3	192.168.2.232	255.255.255.252	WAN C
4	192.168.2.236	255.255.255.252	WAN D
5	192.168.2.240	255.255.255.252	WAN E
6	192.168.2.244	255.255.255.252	WAN F
7	192.168.2.248	255.255.255.252	WAN G
8	192.168.2.252	255.255.255.252	备用

5）本例 VLSM 划分结果如图 2-10 所示。

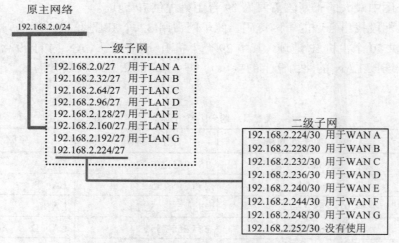

图 2-10　VLSM 划分示意图

4．无分类编址——CIDR

无类域间路由（Classless Inter-Domain Routing，CIDR）在 RFC 1517、RFC 1518、RFC 2050 中描述。CIDR 是 VLSM 和路由汇总（路由聚合）的扩展，CIDR 在使用 VLSM 的基础上消除了传统 A、B、C 类网络划分，并且可以在软件的支持下实现超网构造。CIDR 通过使用 VLSM 和路由汇总可以大幅度提高 IP 地址空间的利用率，增加网络的可扩展性，减小路由表规模，提高路由器的路由转发能力。

（1）CIDR 记法。

在应用中 CIDR 使用斜线记法，方法是在 IP 地址后面加一斜线"/"，然后写上网络前缀所占比特数，前缀使用一个十进制数标识。例如，192.168.2.21/26，表示在 32 位比特的 IP 地址中，前 26 位表示网络标识，后面 6 位表示主机标识。

（2）路由汇聚技术。

CIDR 可以用来做 IP 地址汇总（或称超网），以减少核心路由器中的路由条目。利用 CIDR 实现地址汇总必须满足两个基本条件：

1）待汇总地址的网络号必须拥有相同的高位。

2）路由只能在比特的边界进行汇总（2 的幂或者 2 的幂的倍数边界）。否则汇总可能产生路由黑洞。

【例 3】192.168.1.16/28 和 192.168.1.0/28 可以被汇总为 192.168.1.0/27（汇总后新的子网掩码为 255.255.255.224）。

【例 4】192.168.1.16/28 和 192.168.1.8/29 不能被汇总为 192.168.1.0/27（会对 192.168.1.0/29 产生路由黑洞，因为 192.168.1.0～192.168.1.7 在 192.168.1.0/27 中，但不在 192.168.1.16/28 和 192.168.1.8/29 中）。

3）如果网络规划不好，可能产生多条汇总的路由。

【例 5】如图 2-11 所示网络，在路由器 A 上做了路由汇总，但通告的是两条汇总路由。

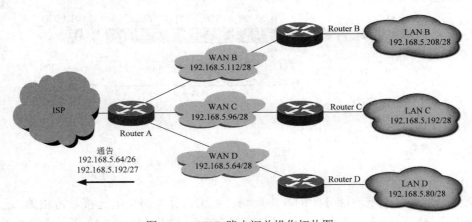

图 2-11　CIDR 路由汇总操作拓扑图

先对连续边界的子网 WAN B、WAN C、WAN D、LAN D 进行汇总，因为这 4 个网络地址最高位有 26 位相同，所以汇总后用前缀 /26，汇总后的路由聚合了 1/4 个 C 类地址块，如图 2-12 所示。

再对连续边界的子网 LAN B、LAN C 进行汇总，因为 LAN B 和 LAN C 网络地址最高位有 27 位相同，所以汇总后用前缀 /27，汇总后的路由聚合了 1/8 个 C 类地址块，如图 2-13 所示。

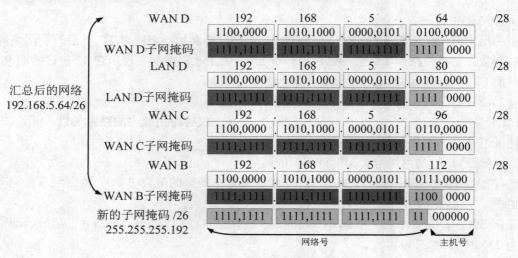

图 2-12　CIDR 路由汇总操作 1

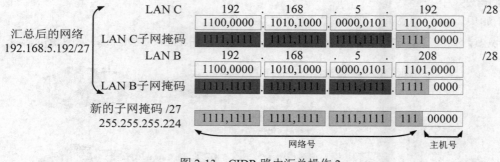

图 2-13　CIDR 路由汇总操作 2

2.1.3　IP 地址规划

1. IP 地址编码规制

"是否便于聚合"是地址分配的基本原则，而聚合又与路由器连接紧密相关。因此，根据拓扑结构（与路由器连接关系）分配地址是最有效的方法。如图 2-14 所示，路由器 A、B、C、D 上聚合是很容易实现的。

但是，按拓扑结构分配地址的方案存在这样一个问题：如果没有相应的图表或数据库参照，要确定一些连接之间的上下级关系（比如确定某个部门属于哪个网络）是相当困难的。解决（降低）这种困难的做法是将按拓扑结构分配地址的方案与其他有效的方案（例如按行政部门分配地址）组合使用。具体做法如下：用 IP 地址的左边两个字节表示地理结构，用第三个字节标识部门结构（或其他的组合方式）。相应的地址分配方案如下：

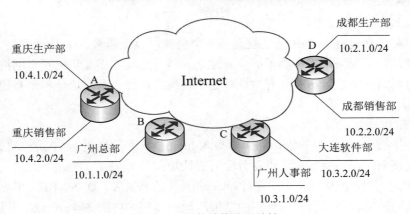

图 2-14　拓扑结构分配地址

（1）进行部门编码，如表 2-5 所示。

表 2-5　部门编码表

行政部门	总部和人事部	软件部	生产部	销售部
部门号	0～31	32～63	64～95	96～127

（2）对各个接入点进行地址分配，如表 2-6 所示。

表 2-6　接入点地址分配

路由器	A	B	C	D
接入点地址	10.4	10.1	10.3	10.2

（3）对各部门进行子网分配，如表 2-7 所示。

表 2-7　子网地址分配

部门	地址范围
路由器 A 上的生产部	10.4.64.0/24～10.4.95.0/24
路由器 A 上的销售部	10.4.96.0/～10.4.127.0/24
路由器 B 上的总部	10.1.0.0/～10.4.31.0/24
路由器 C 上的人事部	10.3.0.0/24～10.3.31.0/24
路由器 C 上的软件部	10.3.32.0/24～10.3.63.0/24
路由器 D 上的生产部	10.2.64.0/24～10.2.95.0/24
路由器 D 上的销售部	10.2.96.0/24～10.2.172.0/24

2．IP 地址规划技巧

在逻辑网络设计过程中，IP 地址规划是一个关键内容。通常，IP 地址规划之前需要明确的主要内容包括：需要采用哪种类型的公有地址和私有地址、需要访问私有网络的主机分布、需要访问公有网络的主机分布、私有地址和公有地址的边界、私有地址和公有地址如何翻译、VLSM 设计、CIDR 设计等。

（1）公有 IP 地址分配。

私有地址不被 Internet 所识别，如果要接入 Internet，必须通过 NAT 协议将其转换为公有地址。在地址规划时，需要对以下设备分配公有地址：

Internet 上的主机，例如网络中需要对 Internet 开放的 WWW、DNS、FTP、E-mail 服务器等。

综合接入网关的设备（例如通过路由器的广域网接口 S0 接入 Internet），需要使用公有 IP 地址才能连接 Internet。

（2）Loopback 地址规划。

为了方便管理，系统管理员通常为每一台交换机或路由器创建一个 Loopback 接口，并在该接口上单独指定一个 IP 地址作为管理 IP 地址。分配 Loopback 地址时，最后一位是奇数的表示路由器，是偶数的表示交换机。越是核心的设备，Loopback 地址越小。

（3）设备互联地址。

互联地址是指两台或多台网络设备相互联接的接口所需 IP 地址。规划互联地址时，通常使用 30 位掩码的 IP 地址。相对核心的设备，使用较小的一个地址。另外，互联地址通常要聚合后发布，在规划时要充分考虑使用连续的可聚合地址。

（4）业务地址。

业务地址是连接在以太网上的各种服务器、主机所使用的地址以及网关地址。通常网络中的各种服务器的 IP 地址使用主机号较小或较大的 IP 地址，所有的网关地址统一使用相同的末尾数字，如.254 表示网关。

2.2 项目实施

任务：规划企业网络 IP 地址

1．任务描述

图 2-15 所示为 ABC 公司的网络拓扑结构（注意本拓扑图做了简化处理），采用锐捷网络公司的网络设备进行构建。ABC 企业网内部数据的交换是分层进行的，分为两个层次：接入层（RG2328-24）、核心层（RG3760-24）；广域网接入的功能由路由器（RG2018、RG2004）来完成，通过串行接口技术接入 Internet；服务器群模块用来对企业网的接入用户提供 Web、DNS、FTP、E-mail 等多种网络服务。

本任务是在构建起物理网络后，为 ABC 公司网络中的各个部门划分逻辑网段。

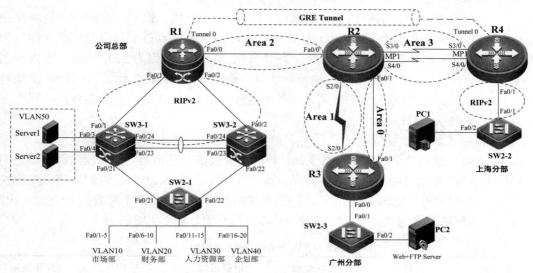

图 2-15　企业网络整体拓扑结构图

2．任务要求

根据企业提供的网络拓扑图，确定网络设备、服务器和业务终端互联的物理接口和逻辑接口，采用划分子网技术，本着节约 IP 地址、方便管理的原则，为企业网络内部业务终端、服务器、网络设备管理和企业网络接入 Internet 分配 IP 地址。将结果填于相应表格的空白处。

3．任务实施步骤

（1）业务 IP 地址及 VLAN 规划。

ABC 公司共有信息点 1235 个。为了节省开支，合理使用 IP 地址，根据 ABC 公司建网需求：公司局域网内部终端、设备互联、设备管理、服务器等使用私网地址。其中公司内部终端 IP 地址采用连续私网地址网段 192.168.0.0/24～（　　　　　　），便于使用 CIDR 技术，减少核心交换机路由表条目，提高路由查找速度。每个网段预留一定数量的 IP 地址空间，以便将来扩展使用，具体规划结果如表 2-8 所示。

表 2-8　VLAN 及 IP 地址编制方案

VLAN 号	VLAN 名称	IP 网段	默认网关	汇总	说明
…	…	…	…	…	…

在 IP 地址的规划中，需要注意某些部门分配的 IP 地址段。例如，分配一个网络前缀为 28 的网络可以满足该部门当前的 IP 地址数量需求，但是考虑到后来部门的可扩展性，为其分配了一个网络前缀为 27 的网段；对于必须要分配一个网络前缀为 27 的网段，因为虽然该部门有 30 个信息点，但是实际的 IP 地址需求至少是 30+1（网关 IP 地址）=31 个 IP 地址，而网络前缀为 27 的网段是无法满足需求。对于这种处于网络 IP 地址需求临界点的网络一定要特别注意。

（2）设备互联 IP 地址规划。

ABC 公司总部和分部之间的网络设备，核心层交换机与路由器、路由器与路由器之间的连接链路上也有 IP 地址的需求，这里使用私有地址网段 172.16.1.0/24。此时，可以将交换机看做多以太网接口的路由器，这些设备之间的连接链路由于只需要两个有效的 IP 地址，因此，为其分配一个网络前缀为（　　　）的网段，具体规划结果如表 2-9 所示。

表 2-9　设备互联 IP 地址规划

设备名称	接口	互联地址	设备名称	接口	互联地址

（3）设备网管 IP 地址规划。

ABC 公司网络中的所有设备都需要进行远程管理，因此每一个网络设备都至少需要一个配置管理用的 IP 地址。而且，为保障网络设备的安全，网络设备管理 IP 地址必须是一个独立的网段，这里使用 172.16.0.0/24 网段，具体规划结果如表 2-10 所示。

表 2-10　设备网管 IP 地址规划

核心层	管理地址	掩码	下联 2 层设备	管理地址	掩码
…	…	…	…	…	…

（4）服务器 IP 地址规划。

ABC 公司的各种服务器：Web 服务器、E-mail 服务器、FTP 服务器和各个部门的服务器等都需要 IP 地址。这些服务器大多放在 ABC 公司的网络中心机房中，通过高速的接入交换机连接到核心交换机，或直接连接到核心交换机上。服务器网段采用 10.11.150.0/24 网段，具体规划结果如表 2-11 所示。

表 2-11 服务器 IP 地址规划

设备名称	接口	互联地址	设备名称	接口	互联地址

一个实际的网络安全系统集成项目中，IP 地址的规划是一个非常复杂的任务，需要考虑到方方面面甚至是一些特殊的需求，但涉及的知识基本上就是本项目介绍的 CIDR、VLSM 等技术，因此需要读者多加练习，熟练掌握。

表 2-12 给出了后续项目实施的 IP 地址及 VLAN 规划表，所有工作任务的实施都以此为基础。

表 2-12 IP 地址及 VLAN 分配列表

设备	接口	IP 地址	备注
SW2-1	VLAN10		fa0/1-5 为 VLAN10 Access 口
	VLAN20		fa0/6-10 为 VLAN20 Access 口
	VLAN30		fa0/11-15 为 VLAN30 Access 口
	VLAN40		fa0/16-20 为 VLAN40 Access 口
SW2-2	VLAN80（研发部）		fa0/2-5 为 VLAN80 Access 口
	VLAN90（生产部）		fa0/6-10 为 VLAN90 Access 口
SW3-1	VLAN10	192.168.10.253/24	
	VLAN20	192.168.20.253/24	
	VLAN30	192.168.30.253/24	
	VLAN40	192.168.40.253/24	
	VLAN50	192.168.50.253/24	
	Fa0/1	192.168.60.1/30	
SW3-2	VLAN10	192.168.10.252/24	
	VLAN20	192.168.20.252/24	
	VLAN30	192.168.30.252/24	
	VLAN40	192.168.40.252/24	
	Fa0/1	192.168.60.5/30	

Chapter 2

设备	接口	IP 地址	备注
R1	Fa0/1	192.168.60.2/30	
	Fa0/2	192.168.60.6/30	
	Fa0/0	19.1.1.1/30	
	Tunnel 0	192.168.70.1/30	
R2	Fa0/0	19.1.1.2/30	
	Fa0/1	19.1.1.5/30	
	MP1	19.1.1.9/30	S3/0 和 S4/0 做端口捆绑
	S2/0	19.1.1.13/30	
R3	Fa0/1	19.1.1.6/30	
	S2/0	19.1.1.14/30	
	Fa0/0	222.168.5.1/30	
R4	MP1	19.1.1.10/30	S3/0 和 S4/0 做端口捆绑
	Tunnel 0	192.168.70.2/30	
	Fa0/1.80	192.168.80.254/24	
	Fa0/1.90	192.168.90.254/24	
Server1	NIC	192.168.50.2/24	
Server2	NIC	192.168.50.3/24	
PC1	NIC		用于配置和测试网络
PC2	NIC	222.168.5.2/30	用于模拟 Internet 中的服务器

2.3　项目小结

　　本项目主要讨论了 IP 地址的规划与设计，以及 IP 地址的分配策略。IP 地址规划的过程中需要考虑实际网络中的具体要求：如对用户进行分组，隔离不同用户组之间的通信；利于分层结构设计；利于地址分配；利于流量聚合等，这些功能的实现都是依赖划分子网技术来完成的，因此必须对划分子网的基本概念和方法有深入的理解。

2.4　过关练习

2.4.1　知识储备检验

　　1．填空题
　　（1）计算机网络中的地址有（　　）、（　　）、（　　）、（　　）等4种。

（2）IP 地址由（　　）和（　　）组成。

（3）划分子网的方法有（　　）和（　　）2 种。

（4）掩码的主要作用是（　　）和（　　）。

（5）172.16.3.5/21 的网络地址为（　　）。

2．选择题

（1）地址 192.168.37.62/26 属于（　　）网络。

  A．192.168.37.0   B．255.255.255.192

  C．192.168.37.64   D．1921.68.37.32

（2）主机地址 192.168.190.55/27 对应的广播地址是（　　）。

  A．192.168.190.59   B．255.255.190.55

  C．192.168.190.63   D．1921.68.190.1

（3）给定地址 10.1.138.0/27、10.1.138.64/26、10.1.138.32/27 的最佳汇总地址是（　　）。

  A．10.0.0.0/8   B．10.1.0.0/16

  C．10.1.138.0/24   D．10.1.138.0/25

3．简答题

（1）现有 192.168.10.0/24 网段，要对该网段进行地址规划，要求每个子网至少能容纳 16 台主机，那么划分后的网络最多能有多少个子网？

（2）划分子网的作用主要有哪些？

（3）满足 CIDR 地址汇总的条件是什么？

2.4.2　实践操作检验

图 2-16 所示为 Center Matrix 公司网络系统的拓扑结构，采用 Cisco 公司的网络设备进行构建。整个网络由交换模块、广域网接入模块、远程访问模块、服务器群 4 部分构成。企业网内部数据的交换是分层进行的，分为三个层次：接入层（WS-C2950-24）、汇聚层（Cisco Catalyst 3550）、核心层（Cisco Catalyst 4006）；广域网接入模块的功能由 Cisco 3640 路由器来完成，通过串行接口 Serial0/0 使用 DDN（128KB）技术接入 Internet；远程访问模块采用集成在 Cisco 3640 路由器中的异步 Modem 模块 NM-16AM 提供远程接入服务；服务器群模块用来对企业网的接入用户提供 Web、DNS、FTP、E-mail 等多种网络服务。

根据企业提供的网络拓扑图，确定网络设备、服务器和业务终端互联的物理接口和逻辑接口，采用划分子网技术、CIDR 技术，本着节约 IP 地址、方便管理的原则，为企业网络内部业务终端、服务器、网络设备管理规划 IP 地址网段和企业网络外部接入 Internet 分配 IP 地址。

2.4.3　挑战性问题

（1）如图 2-17 所示的 IP 地址空间能否聚合成超网地址？如果能，请给出汇总 IP 地址。

（2）在不过度汇总的情况下汇总下面的地址：

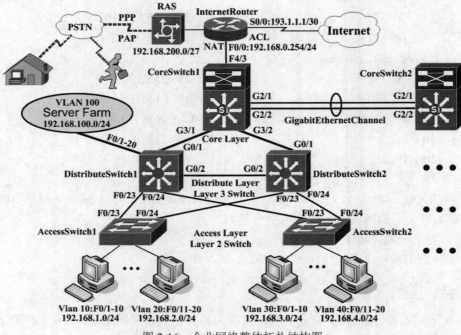

192.168.161.0/24；

192.168.162.0/24；

192.168.163.0/24；

192.168.164.0/23；

192.168.166.0/23。

图 2-16　企业网络整体拓扑结构图

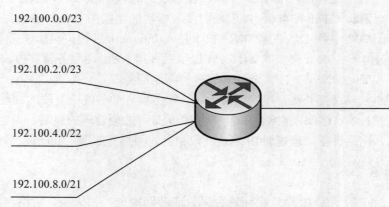

图 2-17　汇总地址操作

3

网络设备的基本配置与管理

项目导引

企业网络的重要设备是交换机和路由器，作为网络管理员或工程师的一项重要工作是配置和管理交换机或路由器，使其按照需求工作，这也是衡量一个网络管理员或工程师是否称职的一个重要依据。这里的配置是指使用交换机或路由器的系统软件（操作系统）提供的命令行界面（或图形界面、Web 界面）输入相关命令或参数的操作。交换机或路由器的系统软件固化在其 ROM 和 Flash 中，也包括 RAM 和 CPU 等组成部分，故也把它们视为专用的计算机。但是，它们本身不带显示器和键盘，这需要通过通用计算机与它们建立连接，登录访问其操作系统。利用计算机的键盘输入系统命令，利用计算机的显示器显示其命令和信息，可以看成是把计算机的显示器和键盘"借"给交换机或路由器。

通过本项目的学习，读者将达到以下知识和技能目标：

- 学会交换机和路由器配置环境的搭建和配置方法；
- 掌握交换机和路由器系统文件及配置文件的存储与运行；
- 掌握交换机和路由器系统软件命令行界面功能；
- 掌握交换机和路由器的工作过程和基本配置命令；
- 具备良好的职业道德和较强的工作责任心。

项目描述

ABC 公司在完成用户需求分析后，联系本地的网络设备销售商，索取了网络产品制造商思科系统公司、锐捷网络有限公司、华为技术有限公司和华三通信技术有限公司等的产品资料和报价，对各款符合需求产品的特点、性能、价格、服务和市场占有率等进行比较，提出交换机和路由器选型建议。经过 ABC 公司网络安全系统集成项目招投标后，最终确定性价比较好的锐捷网络有限公司的网络产品并签订网络设备购买合同和服务协议。交换机和路由器等网络设备到货后，首要事情就是与设备供应商和用户共同对设备进行验收。通常设备到货验收工作分为两方面：一是设备包装表面检查，查看是否有运输损坏或开箱迹象；二是开箱验收，包括检查设备型号、设备性能、工作状况是否符合要求等。考虑到交换机和路由器的详细配置过程比较复杂，而且具体的配置方法会因不同品牌、不同系列等而有所不同；另外所选锐捷网络有限公司的交换机和路由器与作为主流厂商思科系统公司的交换机和路由器的操作系统平台基本一致，因此，本项目将以思科系统公司的交换机和路由器的 IOS（Internetwork Operating System）为例进行介绍，讨论交换机和路由器的通用配置方法，达到举一反三、融会贯通的目的。

任务分解

根据项目要求，将本项目的工作内容分解为两个任务：
- 任务 1：搭建企业网络设备远程管理环境；
- 任务 2：实施企业网络设备 IOS 管理。

3.1 预备知识

3.1.1 交换机和路由器配置环境搭建

下面介绍交换机的配置环境的搭建，路由器的配置环境搭建与之完全类似。

在初始状态下，交换机还没有配置管理 IP 地址，所以只有采用本地控制台登录方式来实现交换机的配置与管理。通过 Console 端口登录交换机的基本步骤如下。

1．制作反转线

反转线是双绞线跳线的一种，用于连接计算机的串行口到交换机或路由器的 Console 端口（控制台端口，又称配置口）。反转线的制作方法与直通线和交叉线的制作方法基本相同，唯一差别是两端的线序不同，反转线两端的 RJ-45 水晶头的连接线序如表 3-1 所示。通常购买交换机或路由器时会带一根反转线，不需要自己制作。

表 3-1 反转线连接线序

端 1	白橙	橙	白绿	蓝	白蓝	绿	白棕	棕
端 2	棕	白棕	绿	白蓝	蓝	白绿	橙	白橙

2. 硬件连接

用反转线通过 RJ-45 到 DB-9 连接器与计算机串行口（COM）相连，另一端与交换机的 Console 口相连，如图 3-1 所示。

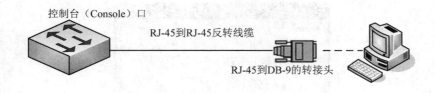

控制台（Console）口

RJ-45到RJ-45反转线缆

RJ-45到DB-9的转接头

图 3-1 交换机与计算机的连接

3. 在 Windows 中运行并配置超级终端

终端仿真软件包括 Hyper Terminal（HHgraeve 公司制作）、Procomm Plus（DataStorm Technologies 公司制作）及 Tera Term 等，其中，Hyper Terminal 应用更为广泛。如要进行配置设备的 IOS、查看 IOS 信息等操作，需要在计算机上运行终端仿真软件。一般采用 Windows 操作系统默认的安装方式安装 Hyper Terminal 仿真软件。下面就以 Microsoft 操作系统自带的终端仿真程序"超级终端"来连接到交换机的 Console 端口。

（1）单击"开始"｜"程序"｜"附件"｜"通讯"｜"超级终端"命令，弹出如图 3-2 所示的"连接描述"对话框。

（2）为连接任意选取图标并输入名称后单击"确定"按钮，弹出如图 3-3 所示的"连接到"对话框，根据 Console 线实际所连的计算机串口号选择连接时使用的端口。本例中，连接到 COM3 端口。

图 3-2 "连接描述"对话框

图 3-3 "连接到"对话框

（3）设置端口参数为每秒位数 9600、8 位数据位、1 位停止位、无校验和无流控，如图 3-4 所示。单击"还原为默认值"按钮，出现的即是应该设置的正确的数值。然后单击"确定"按钮。

（4）上电开启交换机，连续按 Enter 键，此时交换机开始载入操作系统，可以从载入界面上看到诸如 IOS 版本号、交换机型号、内存大小及其他软、硬件信息，读者大致浏览一下，现在暂可不求甚解。

图 3-4　设置端口通信参数

3.1.2　交换机和路由器的组成

和个人计算机类似，交换机和路由器也是由硬件和软件系统构成的综合体，只不过它们没有键盘、鼠标和显示器等外设。

1．硬件构成

尽管交换机或路由器的类型和型号多种多样，但是每台交换机或路由器都具有相同的通用硬件组件。与 PC 一样，交换机或路由器也包括 CPU、RAM、ROM、Flash、NVRAM 等通用硬件。根据型号不同这些组件在交换机或路由器内部的位置有所差异。

（1）CPU（中央处理单元）。CPU 提供系统初始化、控制和管理交换的功能，控制和管理所有网络通信的运行。在交换机或路由器中，CPU 的作用并没有在 PC 中那么重要。

（2）RAM（随机存储内存）。RAM 用来保存运行的 Cisco IOS 软件（指令）及它所需要的工作内存，包括运行配置文件（running-config）、MAC 表、快速交换（Fast Switching）缓存，以及数据包的排列缓冲，这些数据包等待被接口转发。RAM 中的内容在断电或重启时会丢失。

（3）ROM（只读内存）。ROM 保存着交换机或路由器的引导（启动）软件，这是交换机或路由器运行时的第一个软件，负责让交换机或路由器进入正常工作状态，包括加电自检（Power On Self Test，POST）、启动程序（Bootstrap Program）和一个可选的缩小版本的 IOS 软件。ROM 通常做在一个或多个芯片上，焊接在交换机或路由器的主板上。交换机或路由器中的 ROM 是不能被擦除的，并且只能通过更换 ROM 芯片来升级，但 ROM 中的内容不会因断电而丢失。

（4）Flash（闪存）。闪存是非易失性计算机存储器，可以以电子的方式存储和擦除。闪存用做操作系统的永久性存储器。大多数 Cisco 交换机或路由器中，IOS 是永久性存储在闪存中的，在启动过程中才复制到 RAM，然后再由 CPU 执行。闪存由 SIMM 卡或者 PCMCIA 卡担当，可以通过升级这些卡来增加闪存容量。如果交换机断电或重启，闪存中的内容不会丢失。

（5）NVRAM（非易失性 RAM）。NVRAM 在电源关闭后不会丢失信息。这与大多普通 RAM（如 DRAM）不同，后者需要持续的电源才能保存信息。NVRAM 被 Cisco IOS 用做存储启动配置文件（startup-config）的永久存储器。所有配置更改都存储于 RAM 的 running-config 文件中（有几个例外），并由 IOS 立即执行。要保存这些更改以防交换机或路由器重启或断电，必须将 running-config 复制到 NVRAM，并在其中存储为 startup-config 文件。

2．系统软件

前面简单提到了交换机和路由器的配置文件和操作系统文件的存储情况，下面进一步讨论这些文件和系统其他文件的存储及运行情况。

（1）IOS 软件。

与任何计算机一样，交换机也需要操作系统才能运行。如果没有操作系统，硬件只是一个物理硬件。Cisco IOS 是 Cisco 设备配备的系统软件，称为 Cisco 网络操作系统，或者 Cisco IOS 软件。它是 Cisco 的一项核心技术，应用于 Cisco 的大多数产品线，这些 Cisco 设备，无论其大小和种类如何，都离不开 Cisco IOS。

IOS 文件本身大小为几兆字节，它存储在闪存中。通过使用闪存，可以将 IOS 升级到新版本或者为其添加新功能。升级主要是通过 TFTP 服务器来进行，关于 TFTP 服务器和升级环境的详细讨论将在后面介绍。

Cisco IOS 可以为交换机或路由器提供下列网络服务：基本的路由和交换功能；安全可靠地访问网络资源；网络可扩展性。Cisco IOS 提供的服务通常通过命令界面（CLI）来访问，可以通过 CLI 访问的功能取决于 IOS 版本和网络设备的类型。

（2）配置文件。

配置文件包含 Cisco IOS 软件命令，这些命令用于自定义交换机或路由器的功能。网络管理员通过创建配置文件来定义所需的交换机功能。每台交换机或路由器包含以下两个配置文件。

1）运行配置文件：用于交换机当前工作过程中。

2）启动配置文件：用做备份配置，在交换机启动时加载。

配置文件还可以存储在远程服务器上以进行备份。运行配置文件和启动配置文件均以 ASCII 文本格式显示，能够很方便地阅读和操作。如图 3-5 显示了两个配置文件之间的关系。

● 启动配置文件。启动配置文件（即 startup-config 文件）存储在非易失性 RAM（NVRAM）中，用于在系统启动过程中配置交换机或路由器。因为 NVRAM 具有非易失性，所以当交换机或路由器关闭后，文件仍保持完好。每次交换机或路由器启动或重新加载

Chapter 3

时，都会将 startup-config 文件加载到内存中，被视为运行配置文件（即 running-config）。

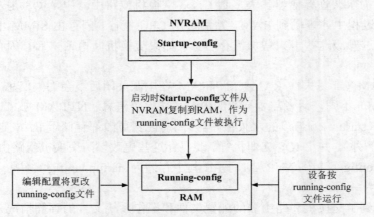

图 3-5　两个配置文件之间的关系

- 运行配置文件。此配置文件一旦加载到内存中，即被用于操作交换机或路由器。当网络管理员配置交换机或路由器时，运行配置文件即被修改。修改运行配置文件会立即影响 Cisco 交换机或路由器的运行。修改之后管理员可以选择将更改保存到 startup-config 文件中，下次重启交换机或路由器时将会使用修改后的配置。
- 因为运行配置文件存储在内存中，所以当关闭交换机或路由器电源或重启时，该配置文件会丢失。如果在交换机或路由器关闭前，没有把 running-config 文件的保存更改保存到 startup-config 文件中，那些更改也会丢失。

3.1.3　IOS CLI 命令行功能

1．IOS 软件配置模式

使用 IOS 提供的命令来配置管理交换机或路由器，这个界面称为 Cisco IOS 的 CLI（Command Line Interface，命令行接口）。CLI 是配置 Cisco 交换机和路由器的主要方式，命令行采用分级保护方式，防止未经授权非法侵入，保护系统的安全。Cisco IOS 提供了用户模式和特权模式两种基本的命令执行级别，同时还提供了全局配置和特殊配置等配置模式。其中特殊配置模式又分为接口配置、Line 配置等多种类型，如图 3-6 所示，以允许用户对交换机或路由器进行全面的配置和管理。

（1）用户模式。

当用户通过交换机或路由器的控制台端口或 Telnet 会话连接并登录到交换机时，所处的命令执行模式就是用户模式。在该模式下，可以简单查看计算机的软、硬件版本信息，并进行简单的测试，但不能更改配置文件。

用户模式的命令行提示符为：Switch>。

其中的 Switch 是交换机默认的主机名，Router 是路由器默认的主机名。在用户模式下，直接输入"？"并按 Enter 键，可获得在该模式下允许执行的命令清单及相关说明。若要获得某一命令的进一步帮助信息，可在命令之后加"？"，如：Switch>show?。

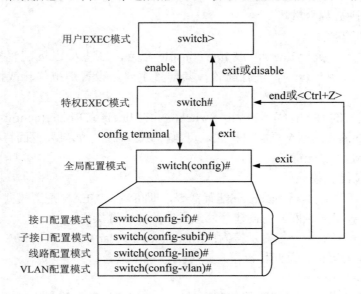

图 3-6 交换机或路由器配置模式

【注意】在 Cisco IOS 中，可以随时使用"？"来获得帮助。输入命令时可只输入命令的前几个字符，然后用 Tab 键自动补齐。

（2）特权模式。

在用户模式下，执行 enable 命令，将进入到特权模式。在该模式下，可以对交换机或路由器的配置文件进行管理，查看交换机或路由器的配置信息，进行网络测试与调试等。

特权模式的命令行提示符为：Switch#或 Router#。

在该模式下直接输入"？"，获得在该模式下允许执行的命令清单及相关说明。如果返回用户模式可以使用 exit 或 disable 命令。如果要重新启动交换机可以执行 reload 命令。

（3）全局配置模式。

在特权模式下，执行 configure terminal 命令，可以进入全局配置模式。在该模式下只要输入一条有效的命令并按 Enter 键，内存中正在运行的配置就会立即改变并生效。该模式下的配置命令的作用域是全局性的，对整个交换机起作用。

全局配置模式的命令行提示符为：Switch(config)#或 Router(config)#。

从全局模式返回特权模式，执行 exit、end 命令或按 Ctrl+Z 组合键。

（4）接口配置模式。

在全局配置模式下，执行 interface 命令，即可以进入接口配置模式。在该模式下，可对选定的接口（端口）进行配置，并且只能执行配置交换机或路由器端口的命令。

接口配置模式的命令行提示符为：Switch(config-if)#或 Router(config-if)#。

从接口配置模式返回全局配置模式，可执行 exit 命令，如果要返回特权模式，则应执行 end 命令或按 Ctrl+Z 组合键。

（5）Line 配置模式。

在全局模式下，执行 line vty 或 line console 命令，将进入 Line 配置模式。该模式主要用于对虚拟终端或控制台端口进行配置，其配置主要是设置虚拟终端或控制台的用户级登录密码。

Line 配置模式的命令行提示符为：Switch(config-line)#或 Router(config-line)#。

从 Line 配置模式返回全局配置模式，可执行 exit 命令，如果要返回特权模式，则应执行 end 命令或按 Ctrl+Z 组合键。

（6）VLAN 配置模式。

在特权模式下执行 vlan database 配置命令，即可进入 VLAN 配置模式，在该模式下，可实现对 VLAN（虚拟局域网）的创建、修改或删除等配置操作。

VLAN 配置模式的命令行提示符为：Switch(config-vlan)#。

要从 VLAN 配置模式返回特权模式，可执行 exit 命令。

2．IOS 命令结构

每个 IOS 命令都具有特定的格式或语法，并在相应的提示符下执行。命令是在命令行中输入的初始字词，不区分大小写；命令后接一个或多个关键字和参数；关键字和参数可提供额外功能，关键字用于向命令解释程序描述特定参数。如图 3-7 所示为基本 IOS 命令结构。

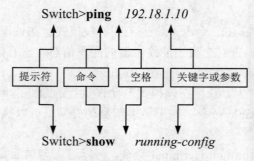

图 3-7　基本 IOS 命令结构

3．命令帮助系统

初学 Cisco IOS 时会觉得命令复杂，不好记忆，但可以通过其内置的命令帮助系统来提高学习效率。Cisco IOS 软件提供了广泛的有关命令行输入的帮助工具，主要包括以下几种。

（1）对上下文的帮助。在当前模式下的上下文范围内提供一个命令列表，该列表有一系列命令及相关参数。Cisco IOS 提供了上下文相关单词帮助和命令语法帮助。

1）要获取单词帮助：可在一个或多个字符后面输入问号（?），将显示一个命令列表，其中包含所有已指定字符序列打头的命令。

2）获取命令语法关键字或参数：在本应为关键字或参数用的地方使用问号（?），并在其前面加上空格，系统会立即响应，无需按 Enter 键。例如，要列出用户 Exec 模式下全部可用命令，可在 switch>提示符后键入一个问号（?）。

（2）命令语法检查。当按 Enter 键提交命令后，命令行解释程序从左向右解释该命令，以确定用户要求执行的操作，通常 IOS 只提供负面反馈。如果解释程序可以理解该命令，则用户要求执行的操作将被执行，且 CLI 将返回到相应的提示符。然而，如果解释程序无法理解用户输入的命令，它将提供反馈，说明该命令存在的问题。

（3）热键和快捷方式。IOS CLI 提供热键和快捷方式，以便配置、监控和排除故障。以下列出几个常用的热键和快捷方式：

1）Tab：填写命令或关键字的剩下部分。

2）Ctrl+Z：退出配置模式并返回特权模式。

3）向下箭头：用于把前面用过的命令在列表中向前滚动。

4）向上箭头：用于把前面用过的命令在列表中向后滚动。

5）Ctrl+C：放弃当前命令并退出配置模式。

4．访问命令历史记录

如果要在交换机或路由器上配置类似的命令，使用 Cisco IOS 命令历史记录缓冲区可以节省重复输入命令的时间。该缓冲区存储了用户最后输入的多个命令，对于重复调用较长或较复杂的命令或输入项时特别有用。默认情况下，启用命令历史记录功能，系统会在其历史记录缓冲区中记录最新输入的 10 条命令。

5．缩写命令或缩写参数

命令或关键字可缩写为唯一可确定该命令或关键字的最短字符数。例如 configure 命令可缩写为 conf，因为 configure 是唯一一个以 conf 开头的命令；不能缩写为 con，因为以 con 开头的命令不止一个。在本教材中，为了便于理解命令的含义，不使用缩写。在实际配置中，可以使用缩写来提高效率。

6．IOS 软件常用命令

（1）帮助。

在 IOS 操作中，无论任何状态和位置，都可以键入 "?" 得到系统的帮助。

（2）改变状态命令。

改变状态命令，如进入全局设置状态，使用 config terminal 命令。

（3）显示命令。

显示命令，如显示路由信息，使用 show ip route 命令。

（4）拷贝命令。

拷贝命令用于 IOS 及 Configure 的备份和升级，如表 3-2 所示。

表 3-2　IOS 文件管理命令

任务	命令
复制当前运行的配置文件到 NVRAM	copy running-config startup-config
将配置文件从 NVRAM 调入内存	copy startup-config running-config
复制当前运行的配置文件到 TFTP 服务器	copy running-config tftp
将配置文件从 TFTP 服务器调入内存	copy tftp running-config
复制 NVRAM 的配置文件到 TFTP 服务器	copy startup-config tftp
将配置文件从 TFTP 服务器复制到 NVRAM	copy tftp startup-config
将配置文件或操作系统软件（IOS）从 TFTP 服务器复制到 Flash 中	copy tftp flash
将配置文件或操作系统软件（IOS）从 Flash 复制到 TFTP 服务器中	copy flash tftp

（5）网络命令。

网络命令如：登录远程主机，使用 telnet *hostname|IP address* 命令；网络检测，使用 ping *hostname|IP address* 命令；路由跟踪，使用 trace *hostname|IP address* 命令。

（6）基本设置命令。

基本设置命令如表 3-3 所示。

表 3-3　IOS 基本设置命令

任务	命令
全局设置	config terminal
设置访问用户及密码	username *username* password *password*
设置特权密码	enable secret *password*
设置设备名称	hostname *name*
设置静态路由	ip route *destination subnet-mask next-hop*
启动 IP 路由	ip routing
端口设置	interface *type slot/number*
设置 IP 地址	ip address *address subnet-mask*
激活端口	no shutdown
物理线路设置	line *type number*
启动登录进程	login [local|tacacs server]
设置登录密码	password *password*

3.1.4　交换机和路由器的启动过程

交换机或路由器上电后将开始启动，启动结束后，用户可配置初始软件。交换机或路由器要在网络中正常运行，必须成功地启动默认配置。

交换机或路由器的启动过程如图 3-8 所示，主要分为以下四个步骤：

● 执行 POST。

● 加载 bootstrap 程序。

● 查找并加载 Cisco IOS 软件。

● 查找并加载启动配置文件，或进入设置模式。

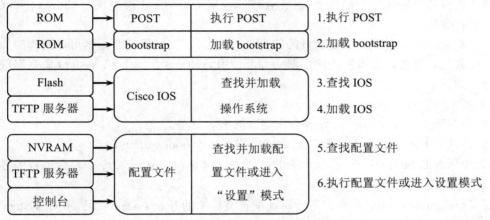

图 3-8　交换机或路由器启动过程

1．执行 POST（加电自检）

交换机或路由器加电，ROM 芯片上的软件（没有被调用到 RAM 中）便会执行 POST，对构成交换机或路由器的各芯片 CPU、RAM 和闪存等必须要被检测，以保证交换机或路由器在使用它们的时候可以正常的工作。

2．加载 bootstrap（引导）程序

POST 完成后，bootstrap 程序将从 ROM 复制到 RAM。进入 RAM 后，CPU 会执行 bootstrap 程序中的指令。bootstrap 程序的主要任务是查找 IOS 映像文件并将其加载到 RAM。

【注意】如果有连接到交换机或路由器的控制台，将会看到屏幕上开始出现输出内容。另外，引导程序并不需要升级，但会有一些与之相关的版本问题（如 System Bootstrap, Version 12.1(3r)T2, RELEASE SOFTWARE (fc1)），升级引导程序的唯一方法是用新的 ROM 芯片替换旧的 ROM 芯片。前面两个过程，网络工程师不能对其进行操控。

3．查找并加载 IOS 系统软件

有 3 个地方可以获得 IOS 文件：闪存、外部 TFTP 服务器、ROM。网络工程师可以告诉路由器从哪里加载哪个 IOS。在默认情况下，路由器会首先从闪存中加载 IOS 至 RAM 中，如果加载失败，则从外部的 TFTP 服务器上直接读入到 RAM 中，而不是闪存中，最后才将 ROM 中受限功能的 BOOT ROM IOS 加载至 RAM 中，主要用于升级闪存中的 IOS。

可以用两种工具来告诉路由器加载哪个 IOS，分别介绍如下。

（1）第一种工具是配置寄存器（config register），是一个存储在路由器中的 16 位的二进制数，其低 4 位称为启动域，告诉引导程序加载哪个软件，如下所示：

1）0x2100——加载 ROMMON（低级别调试和密码恢复）。

2）0x2101——加载 BOOT ROM IOS（升级 IOS）。

3）0x2102——加载其他位置的 IOS，典型的是从闪存中。

要修改寄存器值需使用全局命令 config-register，重新启动路由器后使用 show version 命令显示新的寄存器值。

从以上结论，可以发现如果启动域的值为 0、1 或 2，交换机或路由器可以精确的知道如何去做；如果为其他值，交换机或路由器必须要使用另外一个工具 boot system 命令来决定下一步该如何做。

（2）第二种工具 boot system 命令。

1）加载在配置文件中 boot system 命令定义的 IOS 文件。

2）如果这个 IOS 文件加载失败，则尝试去找下一个 boot system 命令。

3）如果所有的 boot system 都执行失败，或者没有 boot system 命令，将会加载闪存中找到的第一个 IOS 文件。

采用 show startup-config 命令来查看启动配置文件中的 boot system 命令。boot system 命令需在全局模式下使用，例子如下：

```
Router#config terminal
Router(config)#boot system flash:c1700-advipservicesk9-mz.123-11.T3.bin
Router(config)#boot system tftp c1700-advipservicesk9-mz.123-11.T3.bin 10.1.1.1
Router(config)#boot system rom
Router(config)#end
Router#copy running-config startup-config //这条命令是非常必要的，否则 boot system 命令不会生效
```

4．查找并加载配置文件

（1）查找并加载配置文件。

1）查找启动配置文件。

IOS 加载后，bootstrap 程序会搜索 NVRAM 中的启动配置文件（也称为 startup-config）。此文件含有先前保存的配置命令以及参数，其中包括：

● 接口地址。

● 路由信息。

● 口令。

● 网络管理员保存的其他配置。

如果启动配置文件 startup-config 位于 NVRAM，则会将其复制到 RAM 作为运行配置文件 running-config。

2）执行配置文件。

如果在 NVRAM 中找到启动配置文件，则 IOS 会将其加载到 RAM 作为 running-config，并以一次一行的方式执行文件中的命令。running-config 文件包含接口地址，并可启动路由过程以及配置路由器的口令和其他特性。

3）进入设置模式。

如果不能找到启动配置文件，路由器会提示用户进入设置模式。设置模式包含一系列问题，提示用户一些基本的配置信息。设置模式不适于复杂的路由器配置，网络管理员一般不会使用该模式。

当启动不含启动配置文件的路由器时，会在 IOS 加载后看到以下问题：

Would you like to enter the initial configuration dialog?[yes/no]:no   //键入 no 跳过设置模式

（2）检查交换机或路由器的启动过程。

在网络调试的过程中，经常需要验证网络是否正常工作并排除故障，因此必须检查交换机的工作情况。交换机的类型不同，show 命令的条目也不同，可以使用 show?命令来获取当前上下文或模式下使用的命令列表。例如，Show version 命令用来显示当前加载的软件版本，以及硬件和设备相关的信息：

1）软件版本：IOS 软件版本（存储在闪存中）；

2）Bootstrap 版本：Bootstrap 版本（存储在引导 ROM 中）；

3）系统持续运行时间：自上次重启以来的时间；

4）系统重启信息：重启方法（例如重新通电或崩溃）；

5）软件映像名称：存储在闪存中的 IOS 文件名；

6）交换机或路由器类型和处理器类型：型号和处理器类型；

7）存储器类型和分配情况（共享/主）：处理器内存和共享数据包输入/输出缓冲区；

8）软件功能：支持的协议/功能集；

9）硬件接口：交换机或路由器上提供的接口；

10）配置寄存器：用于确定启动规范、控制台速度设置和相关参数。

图 3-9 为 Cisco 2600 路由器启动完成后，在特权配置模式下使用 Show version 命令的输出结果。

3.1.5 交换机或路由器的基本配置

交换机或路由器的基本配置命令大致相同，这里以交换机为例，其基本配置包括命名交换机、配置管理 IP 地址、设置远程登录密码和特权密码等。为了增强可读性、本书所有配置命令、关键字采用全称，且使用加粗字体，配置参数使用斜字体。

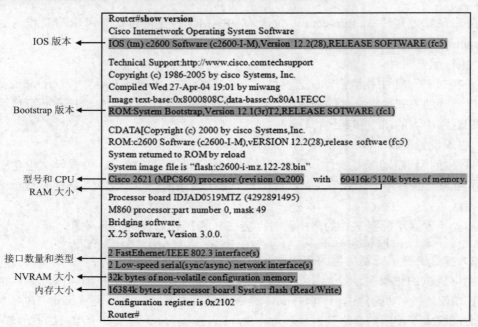

图 3-9 交换机或路由器启动过程检查

1．配置交换机主机名

默认情况下，交换机的主机名默认为 Switch。当网络中使用了多个交换机时，为了以示区别，通常应根据交换机的应用场地，为其设置一个具体的主机名。

例如，若要将交换机的主机名设置为 Switch2960，则设置命令为：

```
Switch>enable                            //进入特权模式
Switch#                                  //特权模式提示符
Switch#config terminal                   //进入全局配置模式
Enter configuration commands,one,per,line,End with CNTL/Z.
Switch(config)#                          //全局配置模式提示符
Switch(config)#hostname Switch2960       //设置主机名为 Switch2960
Switch 2960(config)#
```

2．配置管理 IP 地址

由于路由器或三层交换机是三层设备，可以直接在其接口上配置 IP 地址，所以直接使用接口地址作为管理 IP 即可。在二层交换机中，IP 地址仅用于远程登录管理交换机，对于交换机的正常运行不是必需的。若没有配置 IP 地址，则交换机只能采用控制端口进行本地配置和管理。

默认情况下，交换机的所有端口均属于 VLAN1，VLAN1 是交换机自动创建和管理的。

每个 VLAN 只有一个活动的管理地址，因此，对二层交换机设置管理 IP 地址之前，首先应选择 VLAN1 接口，具体设置命令为：

```
Switch 2960(config)#interface vlan 1                        //进入 VLAN1 接口配置模式
Switch 2960(config-if)#ip address 192.168.3.156 255.255.255.0   //设置 IP 地址和子网掩码
```

| Switch 2960(config)#**ip default-gateway** *192.168.3.1* | //设置默认网关 |

3．配置 DNS 服务器

默认情况下，交换机启用了 DNS 服务，但没有指定 DNS 服务器的 IP 地址。启用 DNS 服务并指定 DNS 服务器 IP 地址后，在对交换机进行配置时，对于输入错误的配置命令，交换机会尝试进行域名解析，这会影响配置，因此，在实际应用中，通常禁用 DNS 服务。

Switch 2960(config)#**ip domain-lookup**	//启用 DNS 服务
Switch 2960(config-if)#**ip name-server** *61.128.128.68*	
//指定 DNS 服务器的 IP 地址，各地址用空格分隔，最前面的为首选 DNS 服务器	
Switch 2960(config-if)#**no ip domain-lookup**	//禁用 DNS 服务

4．限制交换机的访问

在交换机的 IOS 上可以设置不同的口令来提供不同的访问权限。口令是防范未经许可的人员访问交换机的主要手段，必须在本地为每台交换机配置口令以限制访问。交换机的口令有以下几种：

- 控制台口令：用于限制人员通过控制台访问交换机。
- 特权口令：用于限制人员访问特权执行模式。
- 特权加密口令：加密口令，用于限制人员访问特权执行模式。
- VTY 口令：用于限制人员通过 Telnet 访问交换机。

通常情况下应该为这些权限级别分别设置不同的身份验证口令。尽管使用多个不同的口令登录不太方便，但是这是防范未经授权人员访问交换机的必要预防措施。此外，要使用不容易猜到的强口令。若使用弱口令或容易猜得到的口令都会存在安全隐患。当交换机提示用户输入口令时，不会将用户输入的口令显示出来。换句话说键入口令时，口令字符不会出现。这样做是出于安全的考虑，很多口令都是因遭偷窥而泄露的。

（1）设置控制台口令。

Cisco IOS 设备的控制台端口具有特别权限。作为最低限度的安全措施，必须为所有的交换机控制台端口配置强口令。配置命令为：

Switch 2960(config)#**line** *console 0*	//进入控制端口的 Line 配置模式，0 表示只有一个控制台端口
Switch 2960(config-line)#**password** *abcd1234*	//设置登录密码为 abcd1234
Switch 2960(config-line)#**login**	//使密码生效
Switch 2960(config-line)#**exit**	//返回全局配置模式

（2）设置特权口令和特权加密口令。

设置进入特权模式口令，可以使用以下两种配置命令：

| Switch 2960(config)#**enable password** *abcdef* | //设置特权模式口令为 abcdef |
| Switch 2960(config)#**enable secret** *abcdef* | //设置特权模式口令为 abcdef |

两者的区别为：第一种方式所设置的密码是以明文的方式存储的，在 show running-config 命令输出中可见；第二种方式所设置的密码是以密文的方式存储的，在 show running-config 命令输出中不可见。

如果只设置了其中一个口令（使用 enable password 或 enable secret 命令），交换机 IOS 期待用户输入的就是在那个命令中设置的口令；如果这两个口令都设置了，交换机 IOS 期待用户输入的是在 enable secret 命令中的口令，也就是说交换机会忽略 enable password 中设置的口令；如果 enable password 命令和 enable secret 都没设置，情况会有所不同，如果用户是在控制台端口，交换机则自动允许进入特权模式，如果不是在控制台端口，交换机则拒绝用户访问进入特权模式。

（3）设置 VTY 口令。

VTY 线路使用户可通过 Telnet 访问交换机。许多 Cisco 设备默认支持 5 条 VTY 线路，这些线路编号为 0～4，所有可用的 VTY 线路均需要设置口令，可为所有连接设置同一个口令。通过为其中一条线路设置不同的口令，可以为管理员提供一条保留通道，当其他连接均被使用时，管理员可以通过此保留通道访问交换机以进行管理工作。VTY 口令配置命令为：

Switch 2960(config)#**line vty** *0 5*	//进入虚拟终端的 Line 配置模式
Switch 2960(config-line)#**password** *abcd1234*	//设置登录密码为 abcd1234
Switch 2960(config-line)#**login**	//使密码生效
Switch 2960(config-line)#**exit**	//返回全局配置模式

在默认情况下，IOS 自动为 VTY 线路执行了 login 命令，这可防止交换机在用户通过 telnet 访问设备时不事先要求其进行身份验证。如果用户错误地使用了 no login 命令，则会取消身份验证要求，这样未经授权的人员就可通过 telnet 连接到该线路。

5．管理配置文件

修改运行配置文件会立即影响交换机的运行。更改该配置后可考虑选择下列后续步骤：

- 使更改后的配置成为新的启动配置。
- 使交换机恢复为其原始配置。
- 删除交换机中所有配置。
- 通过文本捕获备份配置文件。
- 恢复文本配置。

（1）使更改后的配置成为新的启动配置。

因为运行配置文件存储在内存中，所以它仅临时在 Cisco 交换机运行（保持通电）期间活动。如果交换机断电或重启，所有未保存的配置更改都会丢失。通过将运行配置文件保存到 NVRAM 内的启动配置文件中，可将配置更改存入新的启动配置，通常有以下两种方法。

1）在特权模式下执行 copy running-config startup-config 命令。

Switch#**copy running-config startup-config**	//运行文件取代启动配置文件

如果想在交换机上保留多个不同的 startup-config 文件，则可使用 copy startup-config flash: 命令将配置文件复制到不同文件名的多个文件中。存储多个 startup-config 版本可用于在配置出现问题时回滚到某个时间点。

2）可以在特权模式下执行 write 命令。

Switch#**write**	//保存运行配置文件

（2）使交换机恢复为其原始配置。

如果更改运行配置未能实现预期的效果，有必要将交换机恢复到以前的配置。假设尚未使用更改覆盖启动配置，则可使用启动配置来取代运行配置。最好的方式是通过重启交换机来完成，在特权执行模式提示符后使用 reload 命令即可。

Switch#**reload**　　　　　　　　　　　　　　　　　　　//重启交换机

当开始重新加载时，IOS 会检测到用户对运行配置的更改尚未保存到启动配置中，因此，交换机会显示一则提示消息，询问用户是否保存所做的更改。若要放弃更改，只要输入 n 或 no 即可。

也可以恢复以前保存的配置文件，只要用保存的配置文件覆盖当前配置文件即可。例如，如果有名为 config.bak1 的已存配置文件，则输入 Cisco IOS 命令 copy flash:config.bak1 startup-config 即可覆盖现有 startup-config，并恢复 config.bak1 的配置。当配置恢复到 startup-config 中后，可在特权模式下用 reload 重启交换机，以使其重新加载新的配置文件。

（3）删除交换机中的所有配置。

如果将不理想的更改保存到了启动配置中，可能有必要清除所有配置。这就需要删除启动配置并重启交换机。要删除启动配置文件，在特权模式下使用 erase NVRAM:startup-config 或者 erase startup-config 命令，从 NVRAM 中删除启动配置后，重新加载交换机以从内存中清除当前的运行配置文件。然后，交换机将出厂默认的启动配置加载到运行配置中。

（4）通过文本捕获备份配置文件。

使用超级终端的文本捕获功能备份运行配置文件如下：

● 　在超级终端窗口中，选择"传送"|"捕获文字"菜单命令。
● 　指定捕获配置的文本文件名。
● 　单击"启动"按钮，开始捕获文本。
● 　通过输入 show running-config 命令将配置文件显示在屏幕上。
● 　每当"--more--"提示出现时按空格键，使其继续显示直到结束。
● 　当全部配置显示完成后，选择"传送"|"捕获文字"|"停止"菜单命令。

已捕获的文本文件中可能存在粘贴回交换机时并不需要的条目，这时需要使用类似"记事本"的工具进行编辑，删除额外的文本。

（5）恢复文本配置。

在实际工程应用中，交换机的配置文件一般保存为文本文件，通常使用"记事本"打开。通过"记事本"和交换机配置模式之间使用复制粘贴功能，可以方便地进行交换机的配置，执行该项功能有两种操作方式：

1）使用"记事本"在特定配置模式下输入相关实现配置命令，并注意不同配置模式的相互切换操作，以正确接收来自正被复制的文本文件命令。然后，选择并复制文本，将这些文本粘贴到超级终端窗口中，IOS 会将配置文件的每一行作为一个命令执行。若使用已捕获的文本文件，这意味着需要对该文本进行编辑，应删除诸如"--more--"之类的非命令文本及 IOS 信息。

2）采用一款用于分类管理自由格式资料的数据库软件 —— MyBase 对配置脚本进行管理，如图 3-10 所示。在该软件中写好每个网络设备实现功能的配置脚本，再写入网络设备的 IOS 中，这样可以极大地提高网络设备配置的工作效率。

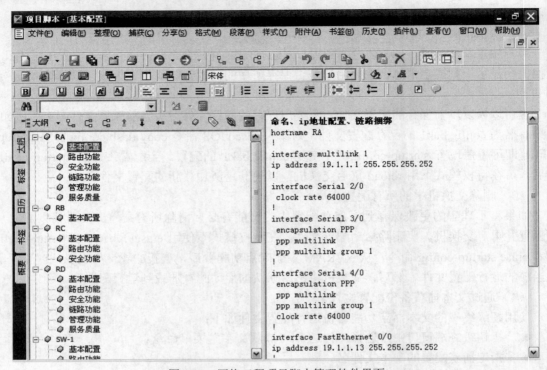

图 3-10　网络工程项目脚本管理软件界面

3.1.6　交换机或路由器的管理方式

对交换机或路由器进行配置和管理时有以下两种常见方式：

- 本地控制台登录方式。
- 远程配置方式。

其中，远程配置方式又包括以下三种：

- Telnet 远程登录方式。
- Web 浏览器访问方式。
- SNMP 远程管理方式。

第一次配置交换机或路由器时，必须通过本地控制台方式，由于这种配置方式是使用计算机的 COM 口直接连接交换机的 Console 口进行配置，并不占用网络的带宽，因此也被称为带外管理（Out of Band）。由于远程配置方式要通过 IP 地址、域名或设备名称等才可以实现，需要占用网络带宽，因此也称为带内管理（In of Band）。

1．本地控制台登录方式

通常可以进行网络管理的交换机或路由器上都提供了一个专门用于管理设备的接口（Console 端口），需要使用一条特殊的线缆连接到计算机的串行接口，计算机利用超级终端程序进行登录和配置。不同类型交换机的 Console 端口所处的位置并不相同，通常模块化交换机大多位于前面板，而固定端口的交换机则大多位于后面板，在配置时需要注意该端口上方或侧方的类似"Console"字样的标识。关于本地控制台登录方式的详细介绍，请读者参见 3.1.1 节的相关描述。

2．Telnet 远程登录方式

Telnet 是远程登录协议，又称为终端仿真或虚拟终端程序，它可以登录到远程计算机、网络设备或专用 TCP/IP 网络。Windows、Linux 等系统中都内置有 Telnet 客户端程序，可以用它来实现与远程交换机或路由器的通信。若要使用 Telnet 协议来实现对交换机或路由器的远程配置，应确认已经做好了以下准备工作：

（1）在用于管理的计算机上安装 TCP/IP 协议，并配置好 IP 地址信息。

（2）在被管理的交换机或路由器上已经配置好 IP 地址信息，若要实现跨网段的远程管理，还需要配置默认网关地址，该地址通常是三层设备连接二层交换机的管理接口 IP 地址或三层设备接口 IP 地址。

（3）在被管理的交换机或路由器上设置 enable 密码和验证登录用户身份机制，存在三种方式：一是采用密码验证机制；二是采用本地数据库用户身份验证，同时在全局模式下创建本地用户；三是在网络中配置第三方认证服务器并创建用户，在交换机或路由器中指定使用第三方服务器中创建的用户信息来验证登录用户的身份。

使用 Telnet 远程管理设备的详细配置过程，将在本项目的任务 1 中进行详细的探讨。安全外壳（SSH）协议是一种更安全的远程设备访问方法，将在项目 11 中进行详细介绍。

3．Web 浏览器访问方式

目前多数交换机或路由器都提供了 Web 管理方式，该方式就像访问 Web 站点一样，在计算机 Web 浏览器的地址栏中输入"http://交换机或路由器的管理 IP 地址"，此时将弹出用户认证对话框，输入具有管理权限的用户名和密码后即可进入交换机或路由器的管理页面，从而对交换机或路由器的参数进行修改和设置，并可实时查看交换机或路由器的运行状态。在使用 Web 浏览器方式对交换机或路由器进行远程管理前，应确保已经做好以下准备工作：

（1）在用于管理的计算机和交换机与路由器上配置好了 IP 地址信息。

（2）在用于管理的计算机中安装有支持 Java 的 Web 浏览器。

（3）在被管理的交换机或路由器上已经建立了具有管理权限的用户账户。

（4）被管理的交换机或路由器的操作系统支持 HTTP 服务，并且已经启用了该服务。

4．SNMP 远程登录方式

支持网管功能的交换机或路由器，可以通过支持 SNMP 协议的网管代理进行交换机或路由器的配置与管理。在网络管理软件能够管理交换机或路由器之前，交换机或路由器也必须配置合适的 IP 地址，启用网管代理，并保证管理机与交换机或路由器的网络连通性。

3.2 项目实施

3.2.1 任务 1：搭建企业网络设备远程管理环境

1．任务描述

ABC 公司总部网络的核心交换机和出口路由器部署在网络中心机房内，网络管理人员可以采用本地控制台登录方式对这些设备进行配置和管理。另外，ABC 公司总部网络接入层也部署了大量的二层交换机，地理位置也较为分散。在实际工作环境中，不可能网络设备一出问题，网管管理员就跑到机房连接上 Console 口进行配置，这很不方便。况且，有些机房不能轻易进去，所以要借助 Telnet 协议对交换机或路由器进行远程管理。

2．任务要求

（1）二层交换机使用 VLAN100 作为管理 VLAN，管理 IP 地址根据项目 2 中 IP 规划要求进行配置。

（2）三层设备（核心交换机和路由器）使用项目 2 规划的网络设备互联接口 IP 地址作为管理 IP 地址。

（3）身份验证采用本地数据库用户验证方式，enable 密码和登录密码避免采用弱口令。

（4）限制 Telnet 的并发连接数为 3，并对远程登录的效果进行验证。

（5）考虑到无论在二层设备还是三层设备上，Telnet 的基本配置都是一样的，这里以图 1-4 中的 VLAN 10（市场部）中的一台 PC 能够远程访问交换机 SW2-1 为例，介绍通过 Telnet 方式远程登录网络设备的配置过程。

（6）按任务实施步骤的要求，填写相关术语于空白处。

3．任务实施步骤

（1）为了实现本任务，构建如图 3-11 所示的网络实训环境。

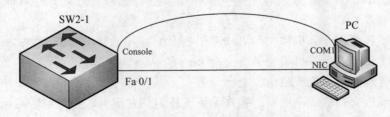

图 3-11 网络设备远程管理环境拓扑

（2）为搭建如图 3-11 所示的网络环境，需要如下设备：

● 锐捷 RG-S2126 交换机 1 台；

● 预装 Windows XP 操作系统且自带超级终端软件的 PC 机 1 台；

● RJ-45 TO DB-9 配置线 1 根，直通网线 1 根。

（3）硬件连接。按照图 3-11 所示，通过配置线将交换机的 Console 口和计算机的 COM1 端口连接起来，用直通网线将 PC 机的网卡和交换机的 fastethernet 0/1 端口连接起来。

（4）设置 PC 机的 TCP/IP 通信参数：IP 地址为 192.168.10.2，子网掩码为 255.255.255.0。

（5）在 PC 机上运行超级终端并设置通信参数（过程见 3.1.1 节），进入超级终端配置界面。

（6）建立 Telnet 会话。

1）设置交换机的远程登录密码。

Ruijie>	//用户模式提示符
Ruijie>（　）	//进入特权模式
Ruijie#	//特权模式提示符
Ruijie#（　）	//进入全局配置模式
Ruijie(config)#	//全局配置模式提示符
Ruijie(config)#（　）	//设置交换机名称为 SW2-1
SW2-1(config)#	//主机名为 SW2-1 全局配置模式提示符
SW2-1(config)#**line vty** 0（　）	//进入线路配置模式，允许 3 台主机登录
SW2-1(config-line)#（　）	//配置本地的用户数据库验证方式
SW2-1(config-line)#（　）	//返回全局配置模式

2）设置交换机的 enable 密码。

SW2-1(config)#（　）	//设置特权加密口令为 7jy@T0w

3）创建本地用户数据库。

SW2-1(config)#（　）	//创建用户名为 cqcet，密码为 7jy@T0w

4）设置交换机远程登录的 IP 地址。

SW2-1(config)#**vlan** 100	//创建 VLAN，ID 为 100
SW2-1(config-vlan)#	//VLAN 配置模式提示符
SW2-1(config-vlan)#**exit**	//返回全局配置模式
SW2-1(config)#**interface fastethernet** 0/1	//进入接口配置模式，0/1 表示第 0 个插槽中的第 1 个接口
SW2-1(config-if)#**switchport access** vlan 100	//将 fastethernet 0/1 端口加入 VLAN100
SW2-1(config-if)#exit	//返回全局配置模式
SW2-1(config)#**interface vlan** 100	//进入 vlan 配置模式
SW2-1(config-if)#**ip address** 192.168.10.100 255.255.255.0	//配置交换机管理 IP 地址
SW2-1(config-if)#**exit**	//返回全局配置模式
SW2-1(config)#（　）	//和管理 IP 地址在同一个子网，由核心层或汇聚层或路由器定义，

实现跨网段的远程访问能力

（7）Telnet 登录。

在 PC 的命令窗口下输入：telnet 192.168.10.100：

C:\>telnet 192.168.10.100	
Trying 192.168.10.100 ...Open	
User Access Verification	//连接成功，接下来提示用户输用户名及密码
Username:	//在这里输入 SW2-1 上设置的用户名 cqcet
Password:	//在这里输入 SW2-1 上设置的密码 7jy@T0w
SW2-1>enable	//已连接到 SW2-1，继续进入 SW2-1 的特权模式
Password:	//输入 SW2-1 上设置的 enable 密码 7jy@T0w
SW2-1#	//进入 SW2-1 的特权模式

（8）挂起和关闭 telnet 连接会话。

挂起 telnet 会话：按 Ctrl-Shift-6+X 键。

关闭 telnet 会话：使用 disconnect 命令。

（9）显示已经连接的会话。

```
SW2-1#show sessions
Conn      Host            Address          Byte        Idle        Conn Name
*  1      192.168.10.100  192.168.10.100   0           0           192.168.10.100
```

（10）建立主机名与 IP 地址映射。

```
SW2-1#conf t
SW2-1(config)#ip host SW2-1 192.168.10.100        //这里的主机名区分大小写
SW2-1#show sessions
Conn      Host            Address          Byte        Idle        Conn Name
*  1      SW2-1           192.168.10.100   0           0           SW2-1
```

（11）Telnet 排错。

根据提示回答正确的登录密码，验证是否能够成功登录交换机。如果登录不成功，可以查询 PC 的 IP 地址和交换机的管理 IP 地址设置是否正确，连线是否有问题，交换机管理端口是否通过 no shutdown 命令打开，交换机远程登录密码是否设置，交换机连线端口与管理端口是否在一个 VLAN 内等。

3.2.2 任务 2：实施企业网络设备的 IOS 管理

1．任务描述

ABC 公司网络在构建过程中，诸如交换机或路由器等大量网络设备需要进行配置和维护，但以前设置的密码由于种种原因已丢失，现网络工程人员需要进行密码破除并重置。另外，为了更好地管理这些网络设备，重新配置这些网络设备后需将启动配置文件和 IOS 文件做备份，以防网络设备的配置文件和映像系统受损，并且可在需要的时候随时恢复。

2．任务要求

（1）破除并重置路由器密码。

（2）在网络上搭建 TFTP 服务器。

（3）将路由器 IOS 软件备份到 TFTP 服务器上。

（4）配置路由器，使其从 TFTP 服务器加载配置。

（5）按任务实施步骤的要求，填写相关术语于空白处。

3．任务实施步骤

（1）为了实现本任务，构建如图 3-12 所示的网络实训环境。

（2）为搭建如图 3-12 所示的网络环境，需要如下设备：

* 锐捷 RG-S2126 交换机 1 台；
* 锐捷 RG-RSR2004 路由器 1 台；
* 预装 Windows XP 操作系统且自带超级终端软件的 PC 机 1 台；
* TFTP 服务器软件；

- RJ-45 TO DB-9 配置线 1 根，直通网线 2 根。

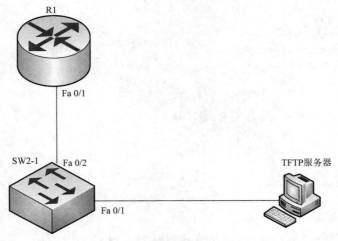

图 3-12　网络设备密码破除及 IOS 管理实训逻辑拓扑

（3）硬件连接。按照图 3-12 所示连接网络设备、PC 机和 TFTP 服务器。

（4）在 PC 机上运行超级终端并设置通信参数（过程见 3.1.1 节），进入超级终端配置界面。

（5）路由器密码破除及重置。

1）关闭路由器电源并重新开机，当控制台出现启动过程时，1 分钟内按 Ctrl+Break 组合键中断路由器的启动过程，使路由器进入 ROMMON 模式，如下所示：

```
System Bootstrap, Version 12.1(3r)T2, RELEASE SOFTWARE (fc1)
Copyright (c) 2000 by cisco Systems, Inc.
cisco 2811 (MPC860) processor (revision 0x200) with 60416K/5120K bytes of memory
monitor: command "boot" aborted due to user interrupt
rommon 1 >
```

2）绕过启动配置。

此时启动配置文件仍然存在，只是启动路由器时跳过了已忽略不知道的口令。

- rommon 1 >（**confreg**）0X2142　　　//使路由器绕过启动配置
- rommon 2 >**reset**　　　　　　　　 //路由器随后重新启动，但会忽略保存的配置

在每个设置问题后面输入 no，跳过初始设置过程。

- Router>（　　）　　　　　　　　//进入特权模式
- Router#　　　　　　　　　　　 //特权模式提示符
- Router#（　　　　　　　）　　　 //将 NVRAM 中的配置文件复制到内存，切记不要执

　行 copy running-config startup-config，否则会擦除启动配置

- Router# **show running-config**　　//执行 show running-config 命令，输出如下：

```
Router#show running-config
Building configuration...
```

```
Current configuration : 489 bytes
!
version 12.4
no service timestamps log datetime msec
no service timestamps debug datetime msec
no service password-encryption
!
hostname Router
!
spanning-tree mode pvst
!
interface FastEthernet0/0
 no ip address
 duplex auto
 speed auto
 shutdown
!
interface FastEthernet0/1
 no ip address
 duplex auto
 speed auto
 shutdown
!
interface Vlan1
 no ip address
 shutdown
!
ip classless
!
line con 0
!
line aux 0
!
line vty 0 4
 login
!
end
Router#
```

　　路由器或交换机在出厂时配置了一些基本参数，如 LAN 口或 WAN 口已经创建（但没有配置 IP 地址，且多数是处于关闭状态），控制台和 VTY 端口已做基本配置等。在上面这些配置输出中有许多"!"，它不是可有可无的，但它本身不是任何命令，它的用途是用来区分不同功能的配置语句，每两个"!"之间就是一个路由器配置文件中的一个功能的全部配置。另外，在这些配置语句中，有些语句是缩进的，这也不是随便的，它代表不同语句所在的配置模式。以上"!"和缩进都是为了便于阅读这些配置。

　　3）重置密码。

Router#（　　）　　　　　　　　　　//进入全局配置模式

```
Router(config)# (    )                          //设置路由器的主机名为 R1
R1(config)# (    )                              //设置熟悉密码为 cisco
R1(config)# (    )                              //把寄存器的值恢复为正常值 0x2102
R1(config)#exit                                 //回退到特权模式
Router#copy running-config startup-config       //保存配置
Destination filename [startup-config]?          //输入保存配置文件的名称
Building configuration...
[OK]
Router#reload                                   //重启路由器，检查路由器是否正常
```

（6）搭建 TFTP 服务器。

1）在 PC 中安装并运行 TFTP 服务器。在 PC 中一旦安装了 TFTP 服务器软件，就会自动启动 TFTP 服务。

2）配置 TFTP 服务器 IP 地址。由于 TFTP 服务器安装在 PC 上，配置 TFTP 服务器的 IP 地址就是配置该 PC 的 IP 地址。这里将 TFTP 服务器这台 PC 的 IP 地址配置为 192.168.10.200，子网掩码为 255.255.255.0。

（7）备份配置文件和 IOS 软件。

1）通过 Telnet 或 Console 口登录到路由器，配置以太网接口的 IP 地址。

```
R1>enable                                       //进入特权配置模式
R1#config terminal                              //进入全局配置模式
R1(config)#interface fastethernet 0/1           //选择路由器接口 1
R1(config-if)#ip address 192.168.10.1 255.255.255.0   //配置端口 IP 地址和子网掩码
R1(config-if)#no shutdown                       //激活接口 1
```

【注意】路由器以太网接口的 IP 地址必须和上面配置的 TFTP 服务器的 IP 地址在同一网段。

2）检验路由器与 TFTP 服务器之间的连通性。

在 TFTP 服务器所在的 PC 上打开命令窗口，ping 路由器以太网接口的 IP 地址，确保 TFTP 服务器与路由器之间的网络连通性。应能 ping 通，若不能 ping 通，需再检查上面的配置。

3）将路由器启动配置文件备份到 TFTP 服务器中。

● 备份配置文件。

```
Router#copy running-config startup-config       //保存配置
Destination filename [startup-config]?          //输入保存配置文件的名称
Building configuration...
[OK]
```

【注意】路由器第一次启动时，是不存在配置文件的，必须将当前运行的配置文件保存为配置文件才可以，否则运行下面的步骤时会报错。

```
Router#copy startup-config tftp                 //备份配置文件到 TFTP 服务器
Address or name of remote host []? 192.168.10.200   //输入 TFTP 服务器的 IP 地址
Destination filename [Router-confg]? startup-config  //输入指派给配置文件的名称
Writing startup-config..!!!!                    //装载配置文件成功
[OK – 573 bytes]
573 bytes copied in 3.45 sec (0 bytes/sec)
```

这时，查看 TFTP 服务器的存放目录，会看到一个名为"startup-config"的配置文件。

【注意】屏幕显示"!!!"表示成功装载，显示"..."表示装载失败。

● 备份 IOS 文件。

使用 show flash 命令，查看路由器中的 IOS 映像文件，如下所示：

```
Router#show flash:                                          //显示路由器的 IOS 映像文件
System flash directory:
File    Length      Name/status
3       50938004    c2800nm-advipservicesk9-mz.124-15.T1.bin    //Flash 中存放的 IOS 文件名称和大小
2       28282       sigdef-category.xml
1       227537      sigdef-default.xml
[51193823 bytes used, 12822561 available, 64016384 total]
63488K bytes of processor board System flash (Read/Write)
```

命令 show flash 是一个可以收集有关路由器闪存和映像文件信息的重要工具。此命令可以提供路由器上总的闪存大小为（　　）、可用闪存大小为（　　）、闪存中存储的映像文件名称是（　　）。

使用 copy flash tftp 命令，将 IOS 映像文件备份到 TFTP 服务器，如下所示：

```
Router#copy flash: tftp:          //将路由器中的 IOS 软件备份到 TFTP 服务器
Source filename []? c2800nm-advipservicesk9-mz.124-15.T1.bin        //输入要备份的 IOS 软件名称
Address or name of remote host []? 192.168.10.200        //输入 TFTP 服务器的 IP 地址
Destination filename [c2800nm-advipservicesk9-mz.124-15.T1.bin]?        //输入目标文件的名称
Writing c2800nm-advipservicesk9-mz.124-15.T1.bin！！！    //将映像文件写入 TFTP 服务器.
```

查看 TFTP 服务器存放目录，是否存在后缀名为.bin 的 IOS 映像文件，并截屏。

（8）从 TFTP 服务器恢复启动配置文件。

1）使用 copy tftp startup-config 命令，如下所示：

```
R1#copy tftp: startup-config
Address or name of remote host []? 192.168.10.200
Source filename []? startup-config
Destination filename [startup-config]?
Accessing tftp://192.168.10.200/startup-config…
Loading stratup-config from 192.168.10.200:!
[OK – 526 bytes]
573 bytes copied in 0.047 sec (11191 bytes/sec)
R1#
```

2）再次重新加载路由器，加载完成时，路由器应会显示 R1>，键入命令 show startup-config，检查恢复的配置文件是否完整。

（9）在监控模式下，使用 tftpdnld 命令恢复 IOS。

当路由器的 IOS 操作系统丢失后，路由器便无法进入正常的工作状态，下面以 Cisco 2600 系列路由器为例，介绍如何快速地恢复路由器的 IOS 操作系统。

1）恢复 IOS 前的准备工作。

①准备一台 PC 和交叉线，PC 上要有相应的 TFTP 软件和所需要的 IOS 映像文件。

②在连接 TFTP Server 的 PC 至路由器时，必须使用路由器的第一个以太网接口。

③在使用连接电缆时，一定要用交叉网线，因为这种情况属于 DTE 和 DCE 之间的连接。

④TFTP Server 的地址可以随意定义，但必须和路由器定义的地址在同一网段。

2）IOS 恢复操作步骤。

```
rommon 1>                              //进入监控模式
rommon 2>ip_address=192.168.0.2        //路由器第一个以太网接口 IP 地址
rommon 3>ip_subnet_mask=255.255.255.0  ///以太网接口 IP 地址的网络掩码
rommon 4>default_gateway=192.168.0.1   //默认网关指向 TFTP 服务器的 IP 地址
rommon 5>tftp_server=192.168.0.1       //设置 TFTP 服务器的 IP 地址
rommon 6>tftp_flie=c2600-I-mz          //IOS 文件名
rommon 7>tftpdnld                      //该命令从 TFTP 服务器恢复 IOS
ip_address:192.168.0.2
ip_subnet_mask:255.255.255.0
default_gateway:192.168.0.1
tftp_server:192.168.0.1
tftp_flie:c2600-I-mz
……                                     //此处省略部分输出
Do you wish to continue?y/n:[n] y      //回答 y 开始从 TFTP 服务器上恢复 IOS
rommon 8>reset                         //重启路由器
```

3.3　项目小结

本项目介绍了在不同操作模式下支持不同的命令，不可以跨模式执行命令。读者对交换机或路由器实施带外管理和远程管理的任务学习，应对交换机或路由器的软硬件结构和运行过程有深入的理解，初学者在学习交换机或路由器操作命令时，除要了解完整的执行命令外，还必须掌握操作命令的简写，以提高操作速度。

3.4　过关练习

3.4.1　知识储备检验

1．填空题

（1）计算机的 COM 口与交换机的 Console 口连接应使用（　　）线。

（2）交换机和路由器的硬件构成，主要包括（　　）、（　　）、（　　）、（　　）和（　　）。

（3）交换机和路由器的 IOS 启动源有（　　）、（　　）和（　　）。

（4）交换机常见的配置模式有（　　）、（　　）、（　　）、（　　）和（　　）。

2．选择题

（1）使用远程登录方式配置交换机，必须进行的是（　　）。

　　A．IP 地址配置　　　　　　　　　B．主机地址配置

　　C．服务器配置　　　　　　　　　D．网络地址配置

（2）交换机与路由器在用户模式下均可对（　　）进行查询。

　　A．服务器　　　　　　　　　　　B．计算机

C．配置信息   D．端口

（3）下面是路由器带内登录方式的有（   ）。

A．通过 Telnet 登录   B．通过超级终端登录

C．通过 Web 方式登录   D．通过 SNMP 方式登录

3．简答题

（1）交换机的配置文件有哪两种？它们有何区别？

（2）路由器主要有哪几种配置方式？各方式对路由器进行配置前，需要做好哪些准备工作？

（3）网络管理员想为一台可网管的交换机配置 IP 地址，将如何分配 IP 地址？为交换机配置默认网关的原因是什么？

3.4.2 实践操作检验

有三种方法可以限制登录到交换机的数量及限制用户登录交换机，除任务 1 采用 IOS 定义 VTY 的最大数量这种方法外，还有哪两种方法可以做到限制 Telnet 并发连接数？请写出关键步骤，并验证结果。

3.4.3 挑战性问题

根据如下路由器的输出，回答有关 IOS 的问题。

```
System flash directory:
File      Length        Name/status
3         50938004      c2800nm-advipservicesk9-mz.124-15.T1.bin
2         28282         sigdef-category.xml
1         227537        sigdef-default.xml
[51193823 bytes used, 12822561 available, 64016384 total]
63488K bytes of processor board System flash (Read/Write)
```

（1）这是什么命令的输出？

（2）还有什么其他命令可以提供当前使用的映像文件的名字？

（3）这个映像文件是运行在 Cisco 2600 路由器上吗？

（4）如果工程师想要升级路由器的映像文件，新文件的大小是以前的 2 倍，可以升级吗？

4

企业部门网络隔离与互通

项目导引

交换式以太网本身是一个广播域，消除了冲突域直径与最短帧长之间的相互制约和共享式以太网的带宽瓶颈。在交换式以太网中，广播操作是不可避免的，因许多高层协议都是面向广播的协议。较大规模的局域网将面临广播泛滥的问题，将引发网络传输效率降低、MAC 帧中数据安全等问题。VLAN 技术恰好在不需要额外增添网络设备的基础上很好地解决此问题。VLAN 的应用尽管解决了物理链路共享、广播流量泛滥等问题，但同时也带来了 VLAN 之间的用户无法互通问题。在 VLAN 应用的初期，路由器被用来实现 VLAN 间的通信，但是路由器的软件转发机制要么网络建设成本剧增，要么在转发层面上形成带宽瓶颈。三层交换机的诞生，实现了基于硬件快速转发的路由功能，解决了网络性能瓶颈的难题。三层交换机的应用，使得网络结构变得更加清晰，从逻辑上将三层交换机所在的中心网络划分为核心层，二层交换机所在的边缘网络划分为接入层。接入层的二层交换机利用已有的 VLAN 划分等成熟技术保证网络安全、高效的运转，核心层的三层交换机在满足各 VLAN 互通的情况下，还可提高数据包的转发性能。

通过本项目的学习，读者将达到以下知识和技能目标：

- 了解交换机的工作原理；
- 了解 VLAN 技术的基本原理及其协议标准；
- 能够利用 VLAN 技术隔离交换机端口，提高网络的安全性；
- 能够利用单臂路由技术实现 VLAN 间的通信；
- 能够在三层交换机上配置交换虚拟接口（SVI）并实现 VLAN 间通信；

● 具备网络与信息安全方面的基本技能。

项目描述

在 ABC 公司的总部和分部所在的内部局域网中,由于要将处于不同部门的办公室划分到一个网段中,还需要实现多个部门之间的连接,因此必然会涉及接入和核心的二层网络拓扑结构设计,并且在接入交换机上进行 VLAN 的划分、核心交换机上进行 VLAN 间的路由,以实现按部门进行的逻辑划分和路由,如图 4-1 所示。

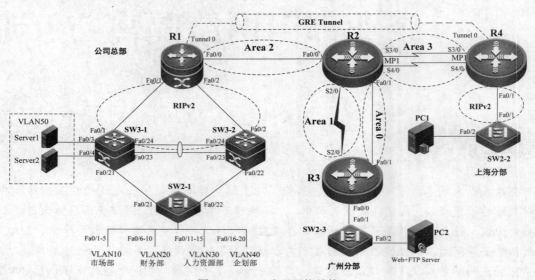

图 4-1 ABC 公司网络结构

● 根据 ABC 公司业务发展需要,为了做到公司总部各部门的二层隔离,缩小广播域,将联网后的交换网络划分成五个虚拟子网:市场子网、财务子网、人力资源子网、企划子网和服务器子网。

● 由于在接入交换机 SW2-1 上划分了多个 VLAN,并连接了多个 VLAN 工作站,所以该交换机与其上层交换机 SW3-1 和 SW3-2 之间的连接必须采用 Trunk 方式。

● 为了方便管理,规划一个单独的服务器子网作为服务器区,为此将总部所有的服务器都连接到核心交换机 SW3-1 上,使得服务器上的资源能够被公司总部属于不同 VLAN 的用户访问。为了实现这一需求,核心层交换机 SW3-1 和 SW3-2 除了完成高速率的数据转发之外,还需要为下层交换机 SW2-1 提供 VLAN 之间的路由。

● 上海分部由于网络规模小,前期网络建设规划中没有购置三层交换机,具有出口路由器 1 台和二层交换机 1 台。为减少广播包对网络的影响,分部网络管理员根据业务开展情况在二层交换机上划分了两个 VLAN,出口路由器的接口数量有限,这种情况下要实现不同 VLAN 间的通信。

任务分解

根据项目要求，将项目的工作内容分解为 4 个任务：

- 任务 1：利用 VLAN 隔离交换机端口；
- 任务 2：实现跨交换机 VLAN 内的通信；
- 任务 3：利用三层交换机实现 VLAN 间的通信；
- 任务 4：利用单臂路由实现 VLAN 间的通信。

4.1　预备知识

4.1.1　交换机是如何工作的

1．交换机处理的帧格式

交换机是 OSI 七层模型中的第二层设备，交换机中处理的信息称为帧。以太网帧的数据格式如图 4-2 所示。

同步前缀	帧起始分界符	目的 MAC 地址	源 MAC 地址	长度/类型	数据	填充	循环冗余检验码
7byte	1byte	6byte	6byte	2byte	0~1500byte	0~46byte	4byte

图 4-2　以太网帧格式

IEEE 802.3 标准定义的以太网帧的长度最小为 64 字节，最大为 1518 字节。以太网帧的长度是指从字段"目的 MAC 地址"到字段"冗余循环校验码"中的所有内容。也就是说，除了"目的 MAC 地址"、"源 MAC 地址"、"长度/类型"、"循环冗余检验码"这四个字段的固定长度 18 个字节外，一个以太网帧所能承载的数据长度最大为 1500 字节。

2．冲突域与广播域

冲突和广播是计算机网络中的两个基本概念，也是学习交换式局域网的基础，同时也是掌握集线器、交换机和路由器等设备工作特点的必备知识。

（1）冲突和冲突域。

1）冲突是指在以太网中，当两个数据帧同时被发送到物理传输介质上，并完全或部分重叠时，就发生了数据冲突。冲突是影响网络性能的重要因素，由于冲突的存在，使得传统以太网在负载超过 40%时，数据传输性能明显下降。

2）冲突域是指一个网络范围，在这个范围内同一时间只有一台设备能够发送数据，若有两台以上设备同时发送数据，就会发生数据冲突，如图 4-3 所示。冲突域被认为是 OSI 中的第

4　Chapter

一层概念，因此像集线器、中继器连接的所有节点被认为是同一冲突域，而第二层设备如网桥、交换机和三层设备路由器、第三层交换机则可分割冲突域。

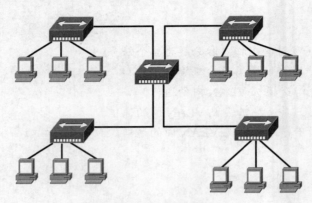

图 4-3 集线器构成冲突域

（2）广播和广播域。

1）广播是由广播帧构成的数据流量，在网络传输中，告知网络中的所有计算机接收此帧并处理它。过量的广播操作，网络带宽的利用率及终端的负荷都将成为问题。更为严重的是，由于广播传输方式将 MAC 帧传输给网络中的每一个终端，将引发 MAC 帧中数据的安全性问题。

2）广播域也是指一个网络范围，在这个网络范围内，任何一台设备发出的广播帧，区域内的其他所有设备都能接收到该广播帧。默认状态下，通过交换机连接的网络是一个广播域，交换机的每一个活动端口就是一个冲突域，所有活动端口在一个广播域内，如图 4-4 所示。广播域被认为是 OSI 中的第二层概念，因此像集线器、交换机等第一、二层设备连接的节点被认为是同一广播域，而路由器、三层交换机则可分割广播域。

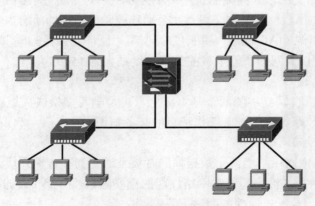

图 4-4 交换机构成广播域

（3）集线器、交换机、路由器分割冲突域与广播域比较。

冲突域和广播域之间最大的区别在于：任何设备发出的 MAC 帧均覆盖整个冲突域，而只有以广播形式传输的 MAC 帧才能覆盖整个广播域。集线器、交换机、路由器分割冲突域与广播域比较情况如表 4-1 所示。

表 4-1　集线器、交换机、路由器分割冲突域与广播域比较

设备	冲突域	广播域
集线器	所有端口处于同一冲突域	所有端口处于同一广播域
交换机	每个端口处于同一冲突域	可配置的（划分 VLAN）广播域
路由器	每个端口处于同一冲突域	每个端口处于同一广播域

3．交换机的工作流程

交换机的主要作用是：维护转发表和根据转发表进行数据帧的转发。交换机采用如图 4-5 所示的基本操作来完成交换功能。

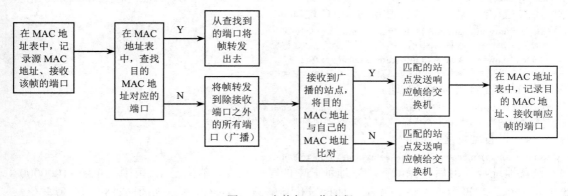

图 4-5　交换机工作流程

（1）交换机在自己的转发表（也称 MAC 表、交换表）中添加一条记录，记录下发送该帧的站点 MAC 地址（源 MAC 地址）和交换机接收该帧的端口，通常称这种行为是交换机的"自学习"功能。

（2）依据帧的"目的 MAC 地址"，在转发表中查找该 MAC 地址对应的端口。

（3）如果在转发表中找到该端口，则将该帧从找到的端口转发出去，此种行为称为交换机的"转发"功能。

（4）如果在转发表中没有找到"目的 MAC 地址"，交换机将该帧广播到除接收端口之外的所有端口，这种行为称为交换机的"泛洪"功能。

（5）接收到广播帧的站点，将"目的 MAC 地址"与自己的 MAC 地址相比较，如果匹配，则发送一个响应帧给交换机，交换机在转发表中记录下"目的 MAC 地址"和交换机接收响应帧的端口。

（6）交换机将接收数据帧从接收响应帧的端口转发出去。

另外，如果交换机发现，帧中的源 MAC 地址和目的 MAC 地址都在转发表中，并且两个 MAC 地址对应的端口为同一个端口，说明两台计算机是通过集线器连接到同一端口，不需要该交换机转发该数据帧，交换机将不对该数据帧做任何转发处理，称这种行为为交换机的"过滤"功能。

交换机通过 MAC 地址表决定对数据帧如何处理，对于动态学习的 MAC 地址记录，都有一个老化时间。当超过老化时间后还没有更新，将该 MAC 地址从 MAC 地址表中删除，默认情况下，老化时间为 300s。对于手工写入的静态 MAC 地址，没有老化时间限制，除非管理员手工删除，否则手工写入的 MAC 地址记录一直存在。

4．交换机 MAC 地址表配置命令

（1）查看交换机的 MAC 地址表。

```
Switch#show mac-address-table              //显示 MAC 地址表中的所有 MAC 地址信息
Switch#show mac-address-table dynamic      //显示从各个端口动态学习到的 MAC 地址
Switch#show mac-address-table static       //显示交换机静态指定的 MAC 地址表
```

（2）查看从某个端口学习到的 MAC 地址。

```
Switch#show mac-address-table dynamic interface fa 0/15
//显示交换机的快速以太网端口 15 动态学习到的 MAC 地址
Switch#show mac-address-table static interface fa 0/15
//显示交换机的快速以太网端口 15 静态指定的 MAC 地址
```

（3）设置静态 MAC 地址。

```
Switch#mac-address-table static 001.42e1.0702 vlan1 interface fa 0/17
//指定交换机的快速以太网端口 17 静态 MAC 地址 001.42e1.0702
```

（4）设置地址老化时间。

```
Switch(config)#mac-address-table aging-time [0 |10-1000000]
```

设置地址被学习后将保留在动态地址表中的时间长度，单位是 s，范围是 10s～1000000s，默认为 300s。当设置这个值为 0 时，地址老化功能将被关闭，学习到的地址将不会被老化。

4.1.2　交换机端口基本配置命令

1．选择端口

在对端口进行配置之前，应先选择所要配置的端口。对于使用 IOS 的交换机，交换机的端口（Port）通常也称为接口（Interface），它由端口的类型、模块号和端口号共同进行标识（本书不对端口和接口概念进行区分）。例如 Cisco 2960-24 交换机只有一个模块，模块号为 0，该模块有 24 个快速以太网端口，若要选择第 10 号端口，则配置命令为：

```
Switch(config)#interface fastethernet 0/10        //选择配置交换机的快速以太网端口 10
Switch(config-if)#                                //交换机端口配置模式提示符
```

对于 Cisco 2950、Cisco 2960、Cisco 3560 等交换机，支持使用 range 关键字，来指定一个端口范围，从而实现选择多个端口，并对这些端口进行统一的配置。配置命令为：

```
Switch(config)#interface range fastethernet 0/1-24   //选择交换机的第 1～24 口的快速以太网端口
Switch 2960(config-if-range)#                        //交换机多端口配置模式提示符
```

2．为端口指定描述性文字

在实际配置中，可对端口指定一个描述性的说明文字，对端口的功能和用途等进行说明，以起备忘作用。如果描述文字中包含有空格，则要用引号将描述文字引起来。若交换机的快速以太网端口 1 为 Trunk 链路端口，需给该端口添加一个备注说明文字，则配置命令为：

```
Switch(config)#interface fastethernet 0/1        //选择配置交换机的快速以太网端口 1
Switch(config-if)#description    "-----Trunk prot-----"
//为该端口添加备注说明文字为"-----Turnk prot-----"
```

3．设置端口通信模式和速率

默认情况下，交换机的端口速度设置为 auto（自动协商），此时链路的两个端点将交流有关各自能力的信息，从而选择一个双方都支持的最大速度和单工或双工通信模式。若链路一端的端口禁用了自动协商功能，则另一端就只能通过电气信号来探测链路的速度，此时无法确定单工或双工通信模式，将使用默认的通信模式。设置端口通信模式的主要命令为：

```
Switch(config)#interface fastethernet 0/10        //选择交换机的快速以太网端口 10
Switch(config-if)#duplex full        //将该端口设置为全双工模式，half 为半双工，auto 为自动检测
Switch(config-if)#speed 100        //将该端口的速度设置为 100Mbps，10 为 10Mbps，auto 为自动检测
```

4.1.3　VLAN 技术

1．VLAN 的概念

VLAN 是一种将局域网从逻辑上按需要划分为若干个网段，在第二层上分割广播域，分隔开用户组的一种交换技术。这些网段物理上是连接在一起的，逻辑上是分离的，即将一个局域网划分成了多个局域网，故名虚拟局域网。VLAN 的应用将过去以路由器为广播域的边界扩展为以 VLAN 为广播域的边界。这一技术主要应用于交换机和路由器中，但主流应用还是交换机，可以说交换机和 VLAN 是一个整体，两者不可分割。

VLAN 技术的实施可以确保：①在不改变一个大型交换式以太网的物理连接的前提下，任意划分子网；②每一个子网中的终端具有物理位置无关性，即每一个子网可以包含位于任何物理位置的终端；③子网划分和子网中终端的组成可以通过配置改变，且这种改变对网络的物理连接不会提出任何的要求，如图 4-6 所示。

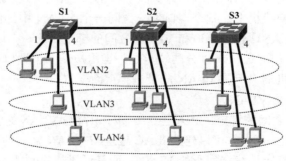

图 4-6　VLAN 示意图

2．VLAN 的优点

（1）控制广播流量。默认状态下，一个交换机组成的网络，所有交换机端口都在一个广播域内。采用 VLAN 技术，可将某个（或某些）交换机端口划到某一个 VLAN 内，在同一个 VLAN 内的端口处于相同的广播域。每个 VLAN 都是一个独立的广播域，VLAN 技术可以控制广播域的大小。

（2）简化网络管理。当用户物理位置变动时，不需要重新布线、配置和调试，只需保证在同一个 VLAN 内即可，可以减轻网络管理员在移动、添加和修改用户时的开销。

（3）提高网络安全性。不同 VLAN 的用户未经许可是不能相互访问的。可以将重要资源放在一个安全的 VLAN 内，限制用户访问，通过在三层交换机设置安全访问策略允许合法用户访问，限制非法用户访问。

（4）提高设备利用率。每个 VLAN 形成一个逻辑网段。通过交换机，合理划分不同的VLAN，将不同应用放在不同的 VLAN 内，实现在一个物理平台上运行多种相互之间要求相对独立的应用，而且各应用之间不会相互影响。

3．VLAN 工作原理

在交换机的 MAC 地址表里，除了交换机端口和端口下连主机的 MAC 地址外，还有一栏信息是 VID，即 VLAN 编号。通过查看 MAC 地址表，交换机可以对发往不同 VLAN 的数据帧拒绝转发。例如，端口 fa0/1 上的主机属于 VLAN10 内，若向属于 VLAN20 内的连接在 fa0/2上的主机发送数据帧，交换机拒绝转发这种数据帧。

交换机划分 VLAN 后，既可以控制广播帧在同一个 VLAN 内广播，又可以限制单播数据帧跨 VLAN 转发。

4．VLAN 的分类

在应用上，各公司对 VLAN 的具体实现方法有所不同，目前普遍实现方法可分为基于端口划分 VLAN 和基于 MAC 地址划分 VLAN 两种。

（1）基于端口划分 VLAN。

基于端口的 VLAN 划分是最简单、最有效，也是使用最多的一种划分 VLAN 的方法。在一台交换机上，可以按需求将不同的端口划分到不同的 VLAN 中，如图 4-7 所示。在多台交换机上，也可以将不同交换机上的几个端口划分到同一个 VLAN 中。创建某个 VLAN，将交换机端口分配给某个 VLAN，建立端口和 VLAN 之间的绑定，每一个 VLAN 可以包含任意的交换机端口组合。基于端口 VLAN 划分的缺点是：当用户从一个端口移动到另一个端口时，网络管理员必须对交换机端口所属 VLAN 成员进行重新配置。

（2）基于 MAC 划分 VLAN。

建立终端与 VLAN 之间的绑定，必须建立终端标识符与 VLAN 之间的绑定。通常用作终端标识符的是 MAC 地址，因此，可以建立 MAC 地址与 VLAN 之间的绑定。交换机不是根据终端接入交换机的端口确定该终端属于的 VLAN，而是通过接收到的 MAC 帧的源 MAC 地址确定发送该 MAC 帧的终端所属的 VLAN。基于 MAC 地址的 VLAN 划分可以允许网络设备从一个物理位置移动到另一个物理位置上，并且自动保留其所属 VLAN 成员身份。

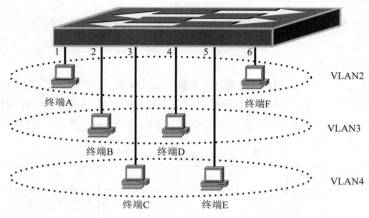

图 4-7　基于端口的 VLAN 划分

5．VLAN 相关术语

网络中有很多和 VLAN 相关的术语，这些术语按照网络流量的类型或 VLAN 所执行的特定功能进行定义。

（1）默认 VLAN。

交换机初始启动完成后，交换机的所有端口都加入到默认 VLAN 中，大部分公司交换机的默认 VLAN 是 VLAN1。VLAN1 基于 VLAN 的所有功能，但是不能对它进行重命名，也不能删除，其是自动创建的，保存在位于 Flash 中的 vlan.dat 文件中。VLAN1 具有一些特殊功能，如 Cisco 交换机的二层控制流量（如生成树协议流量）始终属于 VLAN1。

（2）管理 VLAN。

管理 VLAN 是网络管理员在交换机上配置用于访问交换机管理功能的 VLAN。在交换机上为管理 VLAN 分配 IP 地址和子网掩码，通过进一步配置，管理员就可以通过 HTTP、HTTPS、Telnet、SSH 和 SNMP 对交换机进行管理。大多数交换机和厂家出厂配置中，默认使用 VLAN1 作为管理 VLAN。但是，VLAN1 作为管理通常是不恰当的，网络管理员需要根据网络建设情况来设计规划并创建管理 VLAN。

（3）Native VLAN（本征 VLAN）。

Native VLAN 分配给 IEEE 802.1q 中继端口，其作用是向下兼容传统 LAN 中无标记的流量，充当中继链路两端的公共标识。IEEE 802.1q 中继端口支持多个来自多个 VLAN 的流量（有标记流量），也支持来自 VLAN 以外的流量（无标记流量）。IEEE 802.1q 中继端口会将无标记的流量发送到 Native VLAN，从而提高链路传输效率。如果交换机端口配置了 Native VLAN，则连接到该端口的计算机将产生无标记流量。在实际应用中，一般使用 VLAN1 以外不存在的 VLAN 作为 Native VLAN，目的是避免 VLAN 跳跃攻击，提升网络安全性。

4.1.4　基于 Access 口 VLAN 配置命令

对交换机端口来说，如果它所连接的以太网段端口能识别和发送带有 802.1q 标签的数据帧，那么这种端口称为 Trunk 口，相反称为 Access 口。

1．VLAN 的默认配置

VLAN 是以 VLAN+ID 来标识的，遵循 IEEE 802.1q 标准，最多支持 250 个 VLAN（VLAN ID 范围是 1～4094）。在交换机上可以添加、删除、修改 VLAN2～VLAN4094（除 VLAN1002～1005 外），而 VLAN1 则是由交换机自动创建，并且不可被删除。表 4-2 列出了 VLAN 的默认配置。

表 4-2　VLAN 的默认配置

参数	默认值	范围
VLANID	1	1～4094
VLAN name	VLAN x	其中 x 是 VLAN Name，无范围
VLAN state	active	active、inactive

2．创建 VLAN

Switch(config)# **vlan** *vlan-id*	//*vlan-id* 代表要创建的 VLAN 号

3．命名 VLAN

为区分不同的 VLAN，应对 VLAN 取一个名字。VLAN 的名字默认为"VLAN+以 0 开头的 4 位 VLANID 号"。比如，VLAN 0004 就是 VLAN 4 的默认名字。

Switch(config)#**vlan** *10*	//进入 VALN 10 的配置模式
Switch(config-vlan)#**name** *vlan 10*	//给 VLAN10 命名

4．删除 VLAN

VLAN 删除后，原来属于该 VLAN 的交换机端口将仍然属于该 VLAN，不会自动划归到 VLAN1。由于所属的 VLAN 已被删除，此时这些端口将处于非活动状态，在查看 VLAN 时看不到这些端口。因此，在删除 VLAN 之前，最好先将属于该 VLAN 的端口划归到 VLAN1，然后再删除该 VLAN。

Switch(config)#**no vlan** *40*	//删除 VLAN40

5．向 VLAN 分配 Access 口

在接口模式下可利用如下命令将选中的端口划分到一个已经创建的 VLAN 中。如果把一个接口分配给一个不存在的 VLAN，那么这个 VLAN 将自动被创建。

如将 Switch 的 5～7 号口划入 VLAN10 的命令是：

Switch(config)#**interface range fastethernet** *0/5-7*	//选中 5～7 号口
Switch(config-if-range)#**switchport access vlan** *10*	//划入 VLAN10 中

6．显示 VLAN 信息

显示的信息包括 VLAN-ID、VLAN 状态、VLAN 成员端口以及 VLAN 配置信息。

Switch#**show vlan** *10*	//显示 VLAN10 的信息
Switch#**show vlan**	//显示所有 VLAN 的信息

以下是执行 show vlan 命令后，显示交换机上所有的 VLAN 配置信息：

VLAN	Name	Status	Ports
1	default	active	Fa0/1,Fa0/2,Fa0/3,Fa0/4,Fa0/8
			Fa0/9,Fa0/12,Fa0/13,Fa0/14,Fa0/15
			Fa0/16,Fa0/17,Fa0/18,Fa0/19,Fa0/20
			Fa0/21,Fa0/22,Fa0/23,Fa0/24
10	VLAN-10	active	Fa0/5,Fa0/6,Fa0/7
20	VLAN-20	active	Fa0/10,Fa0/11

输出说明，本交换机上划分了两个 VLAN：VLAN10 和 VLAN20，端口 Fa0/5～7 划分至 VLAN10 中，端口 Fa0/10～11 划分至 VLAN20 中。

7. 显示接口状态信息

在特权模式下，还可以使用如下命令来显示与 VLAN 配置有关的接口配置是否正确。

要显示 f0/1 的接口状态，命令如下：

Switch#**show interface fastethernet 0/1 switchport**						
Interface	Switchport	Mode	Access	Native	Protected	VLAN lists
Fa0/1	Enabled	Access	1	1	Disabled	All

4.1.5　VLAN 汇聚链接（Trunk）

在实际应用中，VLAN 中的端口有可能在同一个交换机上，也有可能跨越多台交换机，比如，同一个部门的员工，可能会分布在不同的建筑物或不同的楼层中，此时的 VLAN 将跨越多台交换机，如图 4-8 所示，需要实现不同交换机上相同 VLAN 间的通信。

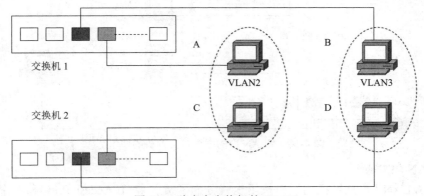

图 4-8　跨多台交换机的 VLAN

1. 传统跨交换机 VLAN 内通信

当 VLAN 成员分布在多台交换机的端口上时，如何才能实现彼此间的通信呢？解决办法是在交换机上各提供一个端口，用于将两台交换机级联起来，专门用于提供该 VLAN 内的主机跨交换机相互通信，如图 4-9 所示。有多少个 VLAN，就对应地需要占用多少个端口，这对宝贵的交换机端口而言，是一种严重的浪费，而且扩展性和管理效率都很差。

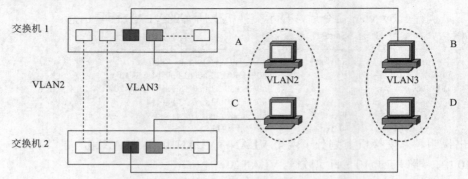

图 4-9　VLAN 内的主机跨交换机的通信 1

2．Trunk 跨交换机 VLAN 内通信

为了避免以上低效率的连接方式对交换机端口的大量占用，人们想办法让交换机间的互联链路汇集到一条链路上，让该链路允许多个 VLAN 的通信流经过，这样就可以解决对交换机端口额外占用的问题，这条用于实现多个 VLAN 在交换机间通信的链路，称为交换机的汇聚链路或主干链路（Trunk Link）（有的也称作中继链路），如图 4-10 所示。用于提供汇聚链路的端口，称为汇聚端口（有的称作中继端口），由于汇聚链路承载了所有 VLAN 的通信流量，因此要求只有通信速度在 100Mb/s 或以上的端口，才能作为汇聚端口使用。

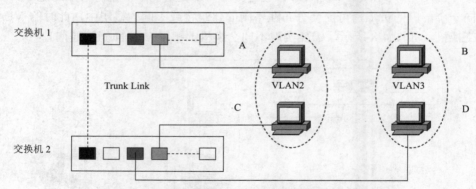

图 4-10　VLAN 内的主机跨交换机的通信 2

3．VLAN 端口类型

在引入 VLAN 后，交换机的端口按用途就分为了接入端口（Access Port）和汇聚端口（Trunk Port）两种。

（1）Access Port。

每个 Access Port 只能属于一个 VLAN，Access Port 只传输属于这个 VLAN 的帧。Access Port 只接收以下 3 种帧：untagged 帧、VID 为 1 的 tagged 帧和 VID 为 Access port 所属 VLAN 的帧；只发送 untagged 帧。Access Port 通常用于连接客户 PC，以提供网络接入服务。该种端口只属于某一个 VLAN，并且仅向该 VLAN 发送或接收数据帧。

（2）Trunk Port。

由于汇聚链路承载了所有 VLAN 的通信流量，为了标识各数据帧属于哪一个 VLAN，需要对流经汇聚链接的数据帧进行打标（Tag）封装，以附加上 VLAN 信息，这样交换机就可通过 VLAN 标识，将数据帧转发到对应的 VLAN 中。Trunk Port 属于 VLAN 共有，承载所有 VLAN 在交换机间的通信流量。

4．VLAN 协议标准

VLAN Trunk 技术目前有两种标准，ISL 和 IEEE 802.1q，前者是 Cisco 私有技术，后者则是 IEEE 的国际标准，两种协议互不兼容。现在默认使用的是 IEEE 802.1q，然而在一些旧的 Cisco 交换机中，默认使用的是 ISL。在不同厂商设备混用的情况下，一定要使用 IEEE 802.1q。这里只讨论 IEEE 802.1q 协议。

二层交换机根据以太网帧头信息来转发数据帧，但帧头并不包含以太网帧应该属于哪个 VLAN 的相关信息。因此，当以太网帧进入汇聚链路后，以太网帧需要额外的信息来标识自己属于哪个 VLAN。这个过程需要使用 IEEE 802.1q 封装帧头来实现，这个过程对用户来讲也是完全透明的。这种封装帧头是指向原来的以太网帧添加标记，用于指出该帧属于哪个 VLAN，如图 4-11 所示。

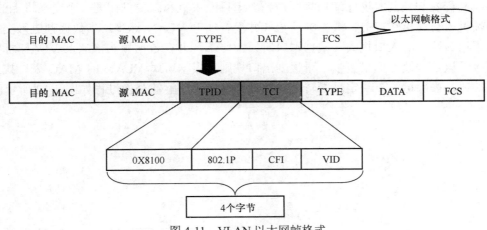

图 4-11　VLAN 以太网帧格式

VLAN 以太网帧在原来的以太网帧的基础上增加了 4 个字节的 Tag 信息，其中包括 2 个字节的标记协议标识符（TPID）和 2 个字节的标记控制信息（TCI）。TPID 指明 MAC 帧是以太网的还是令牌环的帧，值为 0X8100，表明是 802.1q 数据帧；而 TCI 中又包含 3 位的优先级（802.1p），1 位的规范格式指示符（CFI），其默认值为 0，其余的 12 位作为 VID，支持 4096 个 VLAN 识别，其中 VID=0 用于识别帧的优先级，VID=4095 作为预留，所以 VLAN 配置的最大可能值为 4094。

4.1.6 VLAN 数据帧的透传

1. VLAN 标签交换的含义

前面讲到,由于 VLAN 重新划分了物理 LAN 成员的逻辑连接关系。因此,原来连接在一个交换机或处在一个 IP 子网的主机之间的通信受到了限制。VLAN 成员之间的寻址不再简单地按照桥接方式的 MAC 地址或是由路由方式的 IP 地址进行。VLAN 帧在网络互联设备中的转发根据 VLAN 标签中的寻址结构 VID 进行,这就是 VLAN 标签交换的含义。

2. VLAN 标签交换的过程

VLAN 标签交换包括三个方面的工作:

(1)网络互联设备要给物理 LAN 打上标签,标签由 IEEE 802.1q 标准来规范。

(2)网络互联设备建立和维护 VID 与端口关联,由 VLAN 成员关系解析协议(VLAN Membership Resolution Protocol,VMRP)定义 VLAN 成员关系和组地址解析协议(Group Address Resolution Protocol,GARP)管理 VLAN 成员关系。

(3)网络互联设备根据 VID 与端口关联,把携带某个 VID 的 VLAN 帧从与该 VID 关联的端口转发出去。

VLAN 标签交换同时遵守端口规则。先考虑目的主机和源主机在同一个交换机上的情形。当数据帧进入交换机端口前,数据帧的头部并没有加上 VLAN 标签。当数据帧进入交换机端口时,根据该端口的入口规则(根据端口所属 VLAN,并在数据帧头部加上 VLAN 标签)决定是否接受该数据帧。如果接收,再根据出口规则(根据所属 VLAN 的 MAC 表,找到对应的目标端口,去除标签)决定是否转发该数据帧,VLAN 标签交换过程如图 4-12 所示。

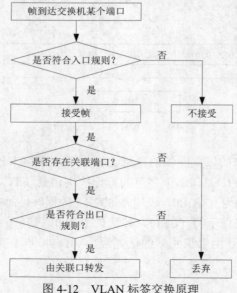

图 4-12 VLAN 标签交换原理

再考虑目的主机和源主机不在同一个交换机上的情形，如图 4-13 所示。假设局域网 A 中的主机 H1 发送数据给局域网 B 中的主机 H2，当源主机 H1 把物理 LAN 帧发送给交换机 A 时，交换机 A 根据 VLAN 管理信息数据库和目的 MAC 地址确定该 LAN 帧接收者所在的 VID，在此例中 VID=K。交换机 A 发现目的主机 H2 不在本地，于是交换机 A 查阅 VLAN 管理信息数据库确定从哪个端口把该帧发送出去，该标签中的 VID=K。当 VLAN 帧达到交换机 B 以后，交换机 B 按照图 4-13 所示的原理把帧转发给目的主机 H2。

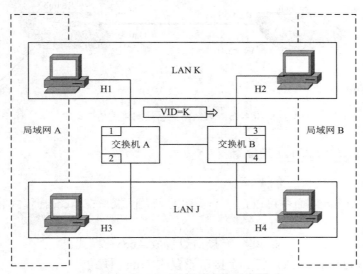

图 4-13　VLAN 标签交换示意图

3. VLAN 数据帧直接透传

直接透传是指某个数据帧在两个直连链路的两个端口间传输，数据帧的 VLAN 标记没有发生任何变化。如两个直连交换机的 Trunk 口，两个 Trunk 端口的 Native VLANID 都是 VLAN10，VLAN20 的数据帧从 Switch1 的 Trunk 口发送出来，被另一端 Switch2 的 Trunk 口接收，收发之间，VLAN20 的数据帧无任何改变，如图 4-14 所示。

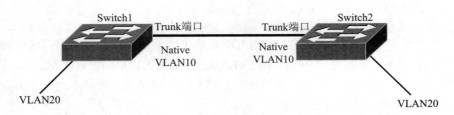

图 4-14　VLAN 数据帧直接透传

4. VLAN 数据帧间接透传

在间接透传过程中，数据帧在两个直连端口链路间传输时，在两个端口收发时，数据帧的 VLAN 标签会发生改变，但是最终数据帧的 VLAN 还是没变。如两个直连的 Trunk 口，两个 Trunk 端口的 Native VLANID 都是 VLAN10，VLAN10 的数据帧从 Switch1 的 Trunk 口发送出来，此时被剥除 VLAN10 的信息，被另一端 Swtich2 的 Trunk 口接收，此时又被添加 VLAN10 的信息。收发之间，VLAN10 的数据帧先是被剥离 VLAN 信息，然后在接收端又被打上原先的 VLAN10 信息，如图 4-15 所示。

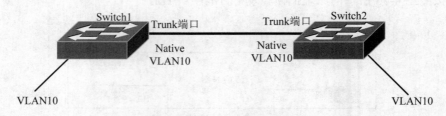

图 4-15　VLAN 数据帧间接透传

4.1.7　基于 Trunk 口 VLAN 配置命令

1. 配置 Trunk

使用 switchport mode 命令可以把一个普通的以太网端口在 Access 模式和 Trunk 模式之间切换。

- switchport mode access：将一个接口设置成 Access 模式；
- switchport mode trunk：将一个接口设置成 Trunk 模式。

如将交换机 Switch 的 fastethernet 0/1 端口设置为 Trunk 模式的命令为：

Switch(config)#**interface fastethernet** *0/1*
Switch(config-if)#**switchport mode trunk**

2. 配置 Native VLAN

所谓 Native VLAN，就是指在这个接口上收发的 untag 报文，都被认为是属于这个 VLAN 的。

配置 Trunk 链路时，要确认连接链路两端的 Trunk 口属于相同的 Native VLAN，否则将导致数据帧从一个 VLAN 传播到另一个 VLAN 上。

利用如下命令可以为一个 Trunk 口配置 Native VLAN：

Switch(config-if)#**switchport trunk native vlan** *vlan-id*

如果一个帧带有 Native VLAN 的 VLAN ID，在通过这个 Trunk 口转发时，会自动被剥去 tag。当接口的 Native VLAN 设置为一个不存在的 VLAN 时，交换机会自动创建此 VLAN。若一个接口的 Native VLAN 不在接口的许可 VLAN 列表中，则 Native VLAN 的流量不能通过该接口。

3. 定义 Trunk 口的许可 VLAN 列表

Trunk 口默认传输本交换机的所有 VLAN（1～4094）流量。可以通过设置 Trunk 口的许可 VLAN 列表来限制某些 VLAN 的流量不能通过这个 Trunk 口。

在接口模式下，如下命令可以修改一个 Trunk 口的许可 VLAN 列表：

Switchport trunk allowed vlan {all | [add| remove| except]} vlan-list

（1）参数 vlan-list 可以是一个 VLAN，也可以是一系列 VLAN，以值小的 VLAN ID 开头，以值大的 VLAN ID 结尾，中间用"-"号连接，如 10-20。

（2）all 的含义是许可 VLAN 列表包含所有支持的 VLAN。

（3）add 表示将指定 VLAN 列表加入许可 VLAN 列表。

（4）remove 表示将指定 VLAN 列表从许可 VLAN 列表中删除，不能将 VLAN1 从许可列表中删除。

（5）except 表示将除列出的 VLAN 列表外的所有 VLAN 加入许可 VLAN 列表。

如将 VLAN30 从 Trunk 口的许可 VLAN 列表中移除的配置命令为：

Switch(config)#**interface fastethernet** *0/1*
Switch(config-if)#**switchport trunk allowed vlan remove** *30*

4.1.8　VLAN 间的路由

通常每个 VLAN 必须是一个独立的网段或子网，若通信双方不在同一网段，则需要解决 VLAN 之间的通信问题。但是，不同 VLAN 之间无法通过交换技术直接通信，必须借助路由器或具有路由功能的交换机来实现。使用路由功能从一个 VLAN 向另一个 VLAN 转发网络流量的进程称为 VLAN 间路由。实现 VLAN 间的路由有三种方法，分别介绍如下。

1．通过路由器的多个物理接口

在使用路由器实现 VLAN 间互相通信时，与构建横跨多台交换机的 VLAN 时的情况类似。如图 4-16 所示，当交换机上划分两个 VLAN 时，交换机上处于不同 VLAN 的两个端口分别和路由器的两个不同接口连接，此时每一个 VLAN 相当于一个子网，被分配一个子网地址。路由器的每一个接口分配一个同段子网 IP 地址，相当于交换机所连接网段内终端的网关。激活路由器后，通过路由器上自动生成的直

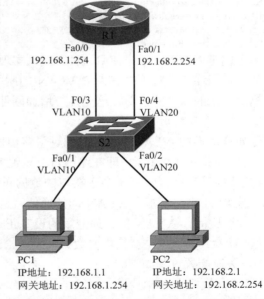

图 4-16　使用路由器多个网络接口实现 VLAN 间通信

连路由，就可以实现两个不同 VLAN 之间的成员通信。关键配置过程如下。

（1）PC 机 TCP/IP 通信参数配置。

1）PC1 的配置：IP 地址 192.168.1.1；掩码 255.255.255.0；网关 192.168.1.254。

2）PC2 的配置：IP 地址 192.168.2.1；掩码 255.255.255.0；网关 192.168.2.254。

Chapter 4

（2）交换机 S2 的配置。

```
S2(config)#vlan 10                          //创建 VLAN10
S2(config-vlan)#vlan 20                      //创建 VLAN20
S2(config-vlan)#exit                         //返回全局模式
S2(config)#interface fastethernet 0/1        //选 S2 的快速以太网端口 1
S2(config-if)#switchport mode access         //设置 S2 的快速以太网端口为 Access 模式
S2(config-if)#switchport access vlan 10      //将 S2 的快速以太网端口加入 VLAN10
S2(config)#interface fastethernet 0/3        //选 S2 的快速以太网端口 3
S2(config-if)#switchport mode access         //设置 S2 的快速以太网端口为 Access 模式
S2(config-if)#switchport access vlan 10      //将 S2 的快速以太网端口加入 VLAN10
S2(config)#interface fastethernet 0/2        //选 S2 的快速以太网端口 2
S2(config-if)#switchport mode access         //设置 S2 的快速以太网端口为 Access 模式
S2(config-if)#switchport access vlan 20      //将 S2 的快速以太网端口加入 VLAN20
S2(config)#interface fastethernet 0/4        //选 S2 的快速以太网端口 4
S2(config-if)#switchport mode access         //设置 S2 的快速以太网端口为 Access 模式
S2(config-if)#switchport access vlan 20      //将 S2 的快速以太网端口加入 VLAN20
```

（3）R1 的配置。

```
R1(config)#interface fastethernet 0/0        //选 R1 的快速以太网端口 0
S2(config-if)#ip address 192.168.1.254 255.255.255.0   //配置接口 IP 地址
S2(config-if)#no shutdown                    //激活端口 0
R1(config)#interface fastethernet 0/1        //选 R1 的快速以太网端口 1
S2(config-if)#ip address 192.168.2.254 255.255.255.0   //配置接口 IP 地址
S2(config-if)#no shutdown                    //激活端口 1
```

由上例可以看到，如果使用这种方式来实现 VLAN 之间的通信，需要每个 VLAN 都与路由器建立物理连接。对于拥有大量 VLAN 的网络，就需要大量的路由器接口，同时也会占用交换机上大量的以太网接口，这无疑会增加硬件投资的成本。

2．通过配置路由器子接口

假如有太多的 VLAN，其数量超过了路由器接口数量，这时，上面的方法明显就不能使用了，此时可采用单臂路由，即在路由器上设置多个逻辑子接口，每个子接口对应一个 VLAN。由于物理路由接口只有一个，各子接口的数据在物理链路上传递要进行标记封装（可以封装为 802.1q 帧），用来实现多个 VLAN 间的通信，这种方法称为做单臂路由，如图 4-17 所示。从图 4-17 可以看出，VLAN 间传递流量的设备正是路由器，在 Trunk 链路上，每个数据帧都会"穿越"两次：第一次是交换机将数据帧发送给路由器；第二次是路由器将数据帧发回给目的 VLAN，关键配置过程如下。

（1）交换机 S2 的配置。

```
S2(config)#vlan 10                          //创建 VLAN10
S2(config-vlan)#vlan 20                      //创建 VLAN20
S2(config-vlan)#exit                         //返回全局模式
S2(config)#interface fastethernet 0/1        //选 S2 的快速以太网端口 1
S2(config-if)#switchport mode access         //设置 S2 的快速以太网端口为 Access 模式
S2(config-if)#switchport access vlan 10      //将 S2 的快速以太网端口加入 VLAN10
S2(config)#interface fastethernet 0/2        //选 S2 的快速以太网端口 2
S2(config-if)#switchport mode access         //设置 S2 的快速以太网端口为 Access 模式
S2(config-if)#switchport access vlan 20      //将 S2 的快速以太网端口加入 VLAN20
```

S2(config)#**interface fastethernet** *0/3*	//选 S2 的快速以太网端口 3
S2(config-if)#**switchport mode trunk**	//设置 S2 的快速以太网端口为 Trunk 模式

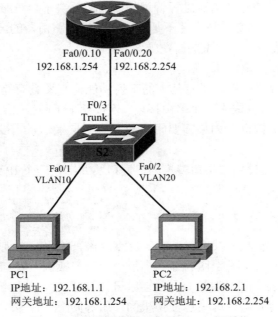

Fa0/0.10　Fa0/0.20
192.168.1.254　192.168.2.254

F0/3
Trunk

S2

Fa0/1　　　　　Fa0/2
VLAN10　　　　VLAN20

PC1　　　　　　　　　PC2
IP地址：192.168.1.1　　IP地址：192.168.2.1
网关地址：192.168.1.254　网关地址：192.168.2.254

图 4-17　使用单臂路由实现 VLAN 间通信

（2）路由器 R1 的配置。

R1(config)#**interface Fastethernet** *0/0*	//进入路由器 F0/0 接口
R1(config-if)#**no shutdown**	//激活 F0/0 接口
R1(config-if)#**exit**	//返回全局模式
R1(config)#**interface Fastethernet** *0/0.10*	//进入路由器 F0/0.1 子接口
R1(config-subif)#**encapsulation dot1q** *10*	//封装格式为 802.1q 帧，VLAN 号为 10
R1(config-subif)#**ip address** *192.168.1.254 255.255.255.0*	//设置 IP 地址
R1(config-subif)#**exit**	//返回全局模式
R1(config)#**interface Fastethernet** *0/0.20*	//进入路由器 F0/0.2 子接口
R1(config-subif)#**encapsulation dot1q** *20*	//封装格式为 802.1q 帧，VLAN 号为 20
R1(config-subif)#**ip address** *192.168.2.254 255.255.255.0*	//设置 IP 地址
R1(config-subif)#**exit**	//返回全局模式

3．通过三层交换机 SVI 接口

采用"单臂路由"方式进行 VLAN 间路由时，数据帧需要在 Trunk 链路上往返发送，从而引入了一定的转发延迟；同时，路由器使用软件转发 IP 报文，如果 VLAN 间路由数据量较大，会消耗路由器大量的 CPU 和内存资源，造成转发性能的瓶颈。随着三层交换机在企业网络中的使用，目前绝大多数企业采三层交换机来实现 VLAN 间路由，并采用专门设计的硬件来转发数据，通常能达到线速的吞吐量。

（1）三层交换技术简介。

4
Chapter

随着局域网技术的快速发展，三层交换技术应运而生，通过三层交换技术可以完成企业网中虚拟局域网之间的数据包高速转发。三层交换技术的出现，解决了局域网中划分虚拟局域网之后，VLAN 网段必须依赖路由器进行管理的局面，解决了传统路由器低速、复杂所造成的网络瓶颈问题。当然，三层交换技术并不是网络交换机与路由器的简单叠加，而是将两者进行有机结合，形成一个集成的、完整的解决方案。

（2）三层交换机的物理路由接口。

三层交换机不仅是台交换机，具有基本的交换功能，它还具有路由功能，相当于一台路由器，每一个物理接口还可以成为一个路由接口，连接一个子网。三层交换机的物理接口默认是交换接口，也就是二层接口，如果需要将它转变为三层接口，需要利用 switchport 和 no switchport 开关命令。

下面的代码将 Fa0/1 接口由二层口转换为三层口，并绑定一个 IP 地址：

```
Switch(config)#interface Fastethernet 0/1          //选 Switch 的端口 1
Switch(config-if)#no switchport                    //转换为三层路由接口
Switch(config-if)#ip address 192.168.1.1 255.255.255.0   //配置接口 IP
Switch(config-if)#no shutdown                      //开启该接口
```

利用三层交换机该功能，可以将它当成一台路由器来使用。在使用三层交换机路由功能实现 VLAN 间互相通信时，如图 4-18 所示，当每个二层交换机上只有一个 VLAN 时，二层交换机分别和三层交换机的三个不同接口进行连接。开启三层交换机上连接二层交换机接口的三层路由功能，并绑定 IP 地址，这时三层交换机的作用等同于一台多端口路由器。

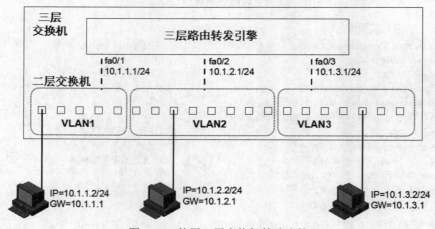

图 4-18　使用三层交换机的路由接口

（3）三层交换机的 SVI。

尽管三层交换机的接口可以作为物理路由口工作在三层，但如果当该路由口连接到多个 VLAN 时（与之相连的二层交换机上部署了多个 VLAN），那这个三层物理接口应该同时作为多个 VLAN 的网关，这是无法实现的。所以，如果要实现 VLAN 之间的通信，除了可以通过三层交换机物理路由接口来实现,但更多情况下是通过开启三层交换机的交换机虚拟接口方式实现的。

所谓交换机虚拟接口(Switch Virtual Interface,SVI),是指为交换机中的 VLAN 创建的虚拟接口,它是一个三层接口,可以绑定 IP 地址,使用时和实际的三层接口一样。

如图 4-19 所示,具体实现方法是:首先在三层交换机上创建各个 VLAN 的虚拟接口 SVI,并设置 IP 地址,然后将所有 VLAN 连接的工作站主机的网关指向该 SVI 的 IP 地址即可。主要配置过程如下:

Switch(config)#**vlan** *10*	//创建 VLAN10
Switch(config-vlan)#**vlan** *20*	//创建 VLAN20
Switch (config-vlan)#**exit**	//回退到全局配置模式
Switch(config)#**interface fastethernet** *0/1*	//选 Switch 的端口 1
Switch(config-if)#**switchport mode access**	//设置端口 1 为 Access 模式
Switch(config-if)#**switchport access vlan** *10*	//将端口 1 划入 VLAN10 中
Switch(config-vlan)#**interface fastethernet** *0/2*	//选 Switch 的端口 2
Switch(config-if)#**switchport mode access**	//设置端口 1 为 Access 模式
Switch(config-if)#**switchport access vlan** *20*	//将端口 1 划入 VLAN20 中
Switch(config-if)#**interface vlan** *10*	//进入 SVI 10 接口
Switch(config-if)#**ip address** *192.168.1.254 255.255.255.0*	//配置 VLAN10 的网关
Switch(config-if)#**interface vlan** *20*	//进入 SVI 20 接口
Switch(config-vlan)#**ip address** *192.168.2.254 255.255.255.0*	//配置 VLAN20 的网关

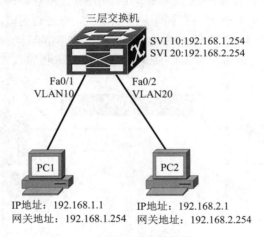

图 4-19　使用三层交换机的 SVI

4.1.9　VLAN 的部署与规划

1. 本地 VLAN

本地 VLAN 把 VLAN 的通信限制在一台交换机中,也就是把一台交换机的多个端口划分为几个 VLAN,如图 4-20 所示。

本地 VLAN 不进行 VLAN 标记的封装,交换机通过查看 VLAN 与端口对应关系来区别不同 VLAN 的帧。在本地 VLAN 模型中,如果用户要想访问到它们所需的资源,那么二层交换就需要在接入层来实施，而路由选择则需要在分布层和核心层来实施。使用本地 VLAN 设计模型具有可以增强网络的可扩展性、实现网络的高可用性、隔离网络的故障域等优势。

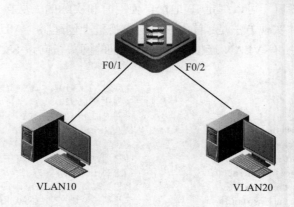

图 4-20　本地 VLAN

2. 端到端 VLAN

端到端 VLAN 模型中，各 VLAN 遍布整个网络的所有位置，网络中所有交换机都必须定义这个 VLAN，即便那台交换机上没有属于这个 VLAN 的活动端口，VLAN 的信息由中继链路（Trunk）来传输，如图 4-21 所示。在中继链路里，交换机要给某个 VLAN 的数据帧封装 VLAN 标识，并通过交换机或者路由器的快速以太网接口来传输。

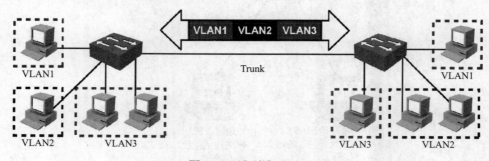

图 4-21　端到端 VLAN

3. VLAN 的设计原则

一般情况下，在企业网中推荐采用按"地理位置+部门类型+应用类型"三种结合的规划模式对 VLAN 进行划分，如表 4-2 所示。同时，为实现对网络设备安全、有效地管理，建议将网络设备的管理地址作为一个单独的 VLAN 进行规划。

4. VLAN 设计任务

VLAN 设计的任务包括三个方面，即确定 VLAN 的类型、确定 VLAN 的成员和配置 VLAN 间的路由。

表 4-2　VLAN 的划分原则

划分依据	举例
按业务类型划分	数据、语音、视频
按部门类型划分	工程部、市场部、财务部
按地理位置划分	总公司、北京分公司、重庆分公司
按应用类型划分	服务器、网络设备、办公室、教室

（1）确定 VLAN 的类型。

进行 VLAN 设计首先要确定采用什么类型的 VLAN。换句话说，基于什么属性划分 VLAN。当前，经常使用的 VLAN 类型是基于端口或 MAC 地址的二层 VLAN、基于 IP 地址或组播组的三层 VLAN。从发展趋势来看，VLAN 的层次越高越应该优先采用，但高层次 VLAN 的复杂性也高。

（2）确定 VLAN 成员。

VLAN 成员关系的确定有两种情况：一种情况是在建网的同时，就把 VLAN 设计作为一项任务综合在工程中考虑，全盘规划网络逻辑结构。另一种情况是在网络建成后，根据用户的需求提供 VLAN，但网络的逻辑结构可能会限制 VLAN 的实施。

（3）配置 VLAN 间的路由。

VLAN 设计的复杂性集中在路由的配置上，VLAN 成员的不同特性影响着路由的位置，其中与 VLAN 间路由配置关系最密切的是 IP 子网的划分情形。

4.2　项目实施

4.2.1　任务 1：利用 VLAN 隔离交换机端口

1. 任务描述

为了确保 ABC 公司总部 4 个不同部门用户、服务器区域之间的二层隔离功能，并实现同一场所相同部门内部网络的连通性及资源共享，需将处于相同场所的所有用户划分到同一 VLAN 内，并且所有用户处于同一子网。

2. 任务要求

为了在网络安全系统集成实训室中模拟本任务的实施，搭建如图 4-22 所示的网络实训环境。现假定 ABC 公司的市场部、财务部、人力资源部、企划部 4 个部门位于同一幢办公大楼内，并且不同部门的不同用户都接入一台可网管的二层交换机上；核心层交换机位于信息大楼的网络中心机房内，办公大楼和网络中心机房内的交换机通过双绞线连接起来，并完成如下配置任务：

（1）网络中各交换机的名称、VLAN 号及名称的详细规划。

（2）网络中各交换机端口连接及 VLAN 的划分。

（3）PC 机名称及 IP 地址、子网掩码和网关地址的规划与配置。

（4）各交换机端口 VLAN 成员分配。

（5）各部门用户网络连通性测试。

（6）使用 MyBase 软件对配置脚本进行管理，以便下一次实训和全网联调设备时使用。

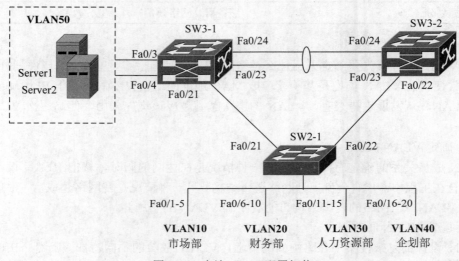

图 4-22 本地 VLAN 配置拓扑

3. 任务实施步骤

（1）设备清单。

为了搭建如图 4-22 所示的网络环境，需要如下设备：

1）锐捷二层交换机 S2126 一台，三层交换机 S3760 两台。

2）PC 机 3 台。

3）双绞线若干根。

4）配置线 1 根。

（2）IP 地址及 VLAN 规划。

PC 机名称、IP 通信参数和交换机名称、VLAN 号、VLAN 划分，PC 机和交换机端口之间的连接，交换机端口之间的连接情况如表 4-3 所示。

表 4-3 计算机 IP 地址及 VLAN 配置规划表

场所	部门	交换机名称	VLAN	VLAN名称	交换机端口	计算机	IP 地址	掩码	默认网关
办公大楼A	市场部	SW2-1	10	shichangbu	Fa0/1	PC1	192.168.10.2	255.255.255.0	192.168.10.1
					Fa0/2	PC2	192.168.10.3		

续表

场所	部门	交换机名称	VLAN	VLAN 名称	交换机端口	计算机	IP 地址	掩码	默认网关
办公大楼 A	财务部	SW2-1	20	caiwubu	Fa0/6	PC1	192.168.20.2		192.168.20.1
					Fa0/7	PC2	192.168.20.3		
	人力资源部		30	renliziyuanbu	Fa0/11	PC1	192.168.30.2		192.168.30.1
					Fa0/12	PC2	192.168.30.3		
	企划部		40	qihuabu	Fa0/16	PC1	192.168.40.2		192.168.40.1
					Fa0/17	PC2	192.168.40.3		
网络中心	服务器区	SW3-1	50	fuwuqi	Fa0/3	PC1	192.168.50.2		192.168.50.1
					Fa0/4	PC2	192.168.50.3		

表 4-3 中,没有考虑 SW3-2 中 VLAN 的规划,将在任务 3 中实现,4 个部门的计算机名称规划为 PC1、PC2,主要用来配置交换机和测试网络连通性,实际工作中应规划为不同的名称。

(3) SW2-1 交换机 VLAN 配置。

1) 清除交换机 SW2-1 上的原有配置。

SW2-1#**erase startup-config**	//清除启动配置文件

使用 show flash:命令,如下所示,查看到交换机的 VLAN 配置信息保存在闪存的 vlan.dat 文件中,要想删除 VLAN,必须删除闪存中的 vlan.data 文件。

```
Switch#show flash:
Directory of flash:/
    1  -rw-    4414921    <no date>   c2960-lanbase-mz.122-25.FX.bin
    2  -rw-    616        <no date>   vlan.dat
64016384 bytes total (59600847 bytes free)
SW2-1#del vlan.dat                    //删除 VLAN 配置
Delete filename [vlan.dat]?           //欲删除的 VLAN 文件
Delete flash:/vlan.dat? [confirm]     //确认是否删除
Switch#                               //特权模式
```

2) 配置办公大楼交换机的主机名为 SW2-1。

```
Switch#config terminal
Switch(config)#hostname SW2-1
```

3) 在 SW2-1 上创建 VLAN,并按表 4-3 分别为 VLAN 命名。

```
SW2-1(config)#vlan 10                 //定义一个 VLAN,编号为 10
SW2-1(config-vlan)#name shichangbu    //定义 VLAN10 的名称为 shichangbu
SW2-1(config-vlan)#exit               //回退到全局模式
SW2-1(config)#vlan 20                 //定义一个 VLAN,编号为 20
SW2-1(config-vlan)#name caiwubu       //定义 VLAN20 的名称为 caiwubu
SW2-1(config-vlan)#exit               //回退到全局模式
SW2-1(config)#vlan 30                 //定义一个 VLAN,编号为 30
SW2-1(config-vlan)#name renliziyuanbu //定义 VLAN30 的名称为 renliziyuanbu
SW2-1(config-vlan)#exit               //回退到全局模式
SW2-1(config)#vlan 40                 //定义一个 VLAN,编号为 40
```

Chapter 4

```
SW2-1(config-vlan)#name qihuabu                    //定义 VLAN40 的名称为 qihuabu
SW2-1(config-vlan)#exit                            //回退到全局模式
```

4）按图 4-22 所示，将端口划分到对应 VLAN 中。

```
SW2-1(config)#interface range fastethernet 0/1-5   //指定批量端口
SW2-1(config-if-range)#switchport access vlan 10    //将批量端口分配给 VLAN10
SW2-1(config-if-range)#exit                         //回退到全局模式
SW2-1(config)#interface range fastethernet 0/6-10   //指定批量端口
SW2-1(config-if-range)#switchport access vlan 20    //将批量端口分配给 VLAN20
SW2-1(config-if-range)#exit                         //回退到全局模式
SW2-1(config)# interface range fastethernet 0/11-15 //指定批量端口
SW2-1(config-if-range)#switchport access vlan 30    //将批量端口分配给 VLAN30
SW2-1(config-if-range)#exit                         //回退到全局模式
SW2-1(config)#interface range fastethernet 0/16-20  //指定批量端口
SW2-1(config-if-range)#switchport access vlan 40    //将批量端口分配给 VLAN40
```

5）配置网络中心交换机的主机名为 SW3-1。

```
Switch#config terminal
Switch(config)#hostname SW3-1
```

6）在 SW3-1 上创建 VLAN，并按表 4-3 分别为 VLAN 命名。

```
SW3-1(config)#vlan 50                   //定义一个 VLAN，编号为 50
SW3-1(config-vlan)#name fuwuqi          //定义 VLAN50 的名称为 fuwuqi
SW3-1(config-vlan)#exit                 //回退到全局模式
```

7）按图 4-22 所示，将端口划分到对应 VLAN 中。

```
SW3-1(config)#interface range fastethernet 0/3-4   //指定批量端口
SW3-1(config-if-range)#switchport access vlan 50    //将批量端口分配给 VLAN50
SW3-1(config-if-range)#exit                         //回退到全局模式
```

（4）在 SW2-1 交换机上使用 show vlan 命令查看 VLAN 配置情况，如下所示：

```
SW2-1#show vlan                        //显示所有 VLAN 的信息
    VLAN    Name            Status      Ports
    ----------------------------------------------------------------------------
    1       default         active      Fa0/21,Fa0/22,Fa0/23,Fa0/24
    10      shichangbu      active      Fa0/1,Fa0/2,Fa0/3,Fa0/4,Fa0/5
    20      caiwubu         active      Fa0/6,Fa0/7,Fa0/8,Fa0/9,Fa0/10
    30      renliziyuanbu   active      Fa0/11,Fa0/12,Fa0/13,Fa0/14,Fa0/15
    40      qihuabu         active      Fa0/16,Fa0/17,Fa0/18,Fa0/19,Fa0/20
```

（5）在 SW3-1 交换机上使用 show vlan 命令查看 VLAN 配置情况，如下所示：

```
SW3-1#show vlan                        //显示所有 VLAN 的信息
    VLAN    Name            Status      Ports
    ----------------------------------------------------------------------------
    1       default         active      Fa0/1,Fa0/2,Fa0/5,Fa0/6,Fa0/7,Fa0/8
                                        Fa0/9,Fa0/10,Fa0/11,Fa0/12,Fa0/13
                                        Fa0/14,Fa0/15,Fa0/16,Fa0/17,Fa0/18
                                        Fa0/19,Fa0/20,Fa0/21,Fa0/22,Fa0/23
                                        Fa0/24
    50      fwquqi          active      Fa0/3,Fa0/4
```

（6）测试连通性。

按表 4-3 分配的 IP 地址，配置 PC1 和 PC2 的 IP 地址，用网线将 PC1 和 PC2 分别连接到

VLAN10、VLAN20、VLAN30、VLAN40 和 VLAN50 所规划的端口上，使用 ping 命令分别测试网络的连通性。结果是（□通□不通）；如果将 PC1 连接到 VLAN10 的 Fa0/1 端口上，将 PC2 连接到 VLAN20 的 Fa0/6 端口上，测试 PC1 和 PC2 之间的网络连通性，结果是（□通□不通），请说明理由；如果将 PC1 连接到 VLAN10 的 Fa0/1 端口上，将 PC2 连接到 VLAN50 的 Fa0/3 端口上，测试 PC1 和 PC2 之间的网络连通性，结果是（□通□不通），请说明理由。

（7）使用 MyBase 软件对以上配置脚本进行整理，以便下一次实训和最后网络全网联调设备时使用。

4.2.2 任务 2：实现跨交换机 VLAN 内的通信

1. 任务描述

ABC 公司因业务发展迅速，企划部需要新增设办公地点，新办公地点有两台计算机需要接入局域网，由于新增办公地点与原来的企划部办公地点相隔较远，两个办公地点的计算机分别连接到不同的接入交换机，使得这两个不同办公地点的计算机之间能够相互通信，而其他部门的计算机与企划部的计算机之间不可以进行二层互访。

2. 任务要求

如图 4-23 所示，原企划部与其他部门共用一台接入交换机 SW2-1，在该交换机上已划分了 VLAN10、VLAN20、VLAN30、VLAN40，企划部属于 VLAN40。企划部新增办公地点的计算机通过交换机 SW2-3 接入网络，需要在该交换机上划分 VLAN40，并将连接 SW2-1 和 SW2-3 两台交换机的端口设置为 Trunk 口（就本任务而言，可以将连接 SW2-1 和 SW2-3 两台交换机的端口设置为 Access 口，并划分至 VLAN40 也可以实现本任务。这里考虑了今后扩展的需要，如实现多个 VLAN 跨交换机互访，此时就需要将连接 SW2-1 和 SW2-3 两台交换机的端口设置为 Trunk 口），就可以实现跨交换机相同 VLAN 的通信，确保同一部门的计算机可以进行工作组互访，其他部门的计算机与企划部的计算机不可以进行二层互访。完成如下配置任务：

（1）网络中各交换机的名称、VLAN 号及名称的详细规划。

（2）网络中各交换机端口连接及 VLAN 的划分。

（3）PC 机名称及 IP 地址、子网掩码和网关地址的规划与配置。

（3）各交换机端口 VLAN 成员分配。

（4）企划部用户网络连通性测试。

（5）使用 MyBase 软件对配置脚本进行管理，以便下一次实训和最后网络全网联调设备时使用。

3. 任务实施步骤

（1）设备清单。

为了搭建如图 4-23 所示的网络环境，需要如下设备：

1）锐捷二层交换机 S2126 两台。

2）PC 机 2 台。

3）双绞线若干根。

4）配置线 1 根。

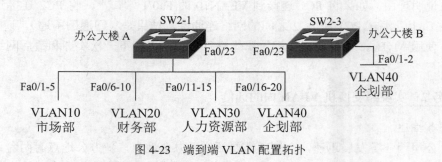

图 4-23　端到端 VLAN 配置拓扑

（2）IP 地址及 VLAN 规划。

PC 机名称、IP 通信参数和交换机名称、VLAN 号、VLAN 划分，PC 机和交换机端口之间的连接，交换机端口之间的连接情况如表 4-4、表 4-5 所示。

表 4-4　计算机 IP 地址及 VLAN 配置规划表

场所	部门	交换机名称	VLAN	VLAN名称	交换机端口	计算机	IP 地址	掩码
办公大楼	企划部	SW2-1	40	qihuabu	Fa0/16	PC1	192.168.40.2	255.255.255.0
					Fa0/17	PC2	192.168.40.3	
办公大楼 B	企划部	SW2-3	40	qihuabu	Fa0/1	PC1	192.168.40.4	
					Fa0/2	PC2	192.168.40.5	

表 4-5　交换机端口之间的连接

交换机名称	端口	描述	交换机名称	端口	描述
SW2-1	Fa0/23	Link to SW2-3-fa0/23	SW2-3	Fa0/23	Link to SW2-1-fa0/23

（3）SW2-1 交换机 VLAN 配置，参见本项目任务 1。

（4）SW2-3 交换机 VLAN 配置。

1）清除交换机 SW2-3 上的原有配置，参见本项目任务 1。

2）配置办公大楼交换机的主机名为 SW2-3。

```
Switch#config terminal
Switch(config)#hostname SW2-3
```

3）在 SW2-3 上创建 VLAN，并按表 4-4 为 VLAN 命名。

```
SW2-3(config)#vlan 40                    //定义一个 VLAN，编号为 40
SW2-3(config-vlan)#name qihuabu          //定义 VLAN10 的名称为 qihuabu
SW2-3(config-vlan)#exit                   //回退到全局模式
```

4）按图 4-23 所示，将端口划分到对应 VLAN 中。

SW2-3(config)#**interface range fastethernet** *0/1-2*	//指定批量端口
SW2-3(config-if-range)#**switchport access vlan** *40*	//将批量端口分配给 VLAN40
SW2-3(config-if-range)#**exit**	//回退到全局模式

（5）在 SW2-1 和 SW2-3 交换机配置 Trunk。

1）将交换机 SW2-1 的端口 Fa0/23 定义为 Trunk。

SW2-1(config)#**interface range fastethernet** *0/23*	//指定交换机端口
SW2-1(config-if)#**description** *Link to bangongdalouB-SW2-3-fa0/23*	
//给端口 Fa0/23 加上描述 Link to bangongdalouB-SW2-3-fa0/23，表示连接到办公大楼 B 的 SW2-3 交换机上	
SW2-1(config-if)#**switchport mode trunk**	//将端口设置为永久中继模式
SW2-1(config-if)#**switchport trunk encapsulation dot1q**	//将中继封装为 dot1q
SW2-1(config-if)#**switchport trunk allowed vlan all**	//指定所有 VLAN 可使用该中继
SW2-1(config-if)#**end**	//回退到特权模式
SW2-1#**write**	//保存配置

2）将交换机 SW2-3 的端口 Fa0/23 定义为 Trunk。

SW2-3(config)#**interface range fastethernet** *0/23*	//指定交换机端口
SW2-3(config-if)#**description** *Link to bangongdalouA-SW2-1-fa0/23*	
//给端口 Fa0/23 加上描述 Link to bangongdalouA-SW2-1-fa0/23，表示连接到办公大楼 A 的 SW2-3 交换机上	
SW2-3(config-if)#**switchport mode trunk**	//将端口设置为永久中继模式
SW2-3(config-if)#**switchport trunk encapsulation dot1q**	//将中继封装为 dot1q
SW2-3(config-if)#**switchport trunk allowed vlan all**	//指定所有 VLAN 可使用该中继
SW2-3(config-if)#**end**	//回退到特权模式
SW2-3#**write**	//保存配置

（6）在 SW2-3 交换机上使用 show vlan 命令查看 VLAN 配置情况，如下所示：

```
SW2-3#show vlan                              //显示所有 VLAN 的信息

 VLAN    Name           Status      Ports
----------------------------------------------------------------------
 1       default        active      Fa0/3,Fa0/4,Fa0/5,Fa0/6
                                    Fa0/7,Fa0/8,Fa0/9,Fa0/10
                                    Fa0/11,Fa0/12,Fa0/13,Fa0/14
                                    Fa0/15,Fa0/16,Fa0/17,Fa0/18
                                    Fa0/19,Fa0/20,Fa0/21,Fa0/22
                                    Fa0/23,Fa0/24
 40      VLAN0040       active      Fa0/1,Fa0/2
```

（7）在 SW2-1 交换机上使用 show interfaces trunk 命令查看中继配置情况，如下所示：

```
SW2-1#show interfaces trunk                     //检验 VLAN 中继配置
Port        Mode        Encapsulation       Status          Native vlan
Fa0/23      on          802.1q              trunking        1
Port        Vlans allowed on trunk
Fa0/23      1-1005
Port        Vlans allowed and active in management domain
Fa0/23      1,10,20,30,40
Port        Vlans in spanning tree forwarding state and not pruned
Fa0/23      1,10,20,30,40
```

（8）在 SW2-3 交换机上使用 show interfaces trunk 命令查看中继配置情况，如下所示：

```
SW2-3#show interfaces trunk                     //检验 VLAN 中继配置
Port        Mode        Encapsulation       Status          Native vlan
```

Fa0/23	on	802.1q	trunking	1
Port	Vlans allowed on trunk			
Fa0/23	1-1005			
Port	Vlans allowed and active in management domain			
Fa0/23	1,40			
Port	Vlans in spanning tree forwarding state and not pruned			
Fa0/23	1,40			

（9）测试连通性

按表 4-4 规划的 IP 地址，配置 PC1 和 PC2 的 IP 地址，用网线将 PC1 和 PC2 分别连接到 SW2-1 和 SW2-3 的 VLAN40 所规划的端口上，使用 ping 命令分别测试网络的连通性。结果是（□通□不通），请说明理由。

（10）使用 MyBase 软件对以上配置脚本进行整理，以便下一次实训和最后网络全网联调设备时使用。

4.2.3 任务 3：利用三层交换机实现 VLAN 间互访

1. 任务描述

ABC 公司网络在接入层交换机 SW2-1 上，将 4 个不同部门、服务器区域的计算机划入不同的 VLAN 中，同一部门的计算机可以实现工作组共享，即实现二层互访。为了便于管理，隔离网络广播流量，不同部门之间仍能互访，使得网络性能更高、更加安全，必须借助三层设备来实现。在大中型交换网络中，接入层交换机一般统一连接到核心层交换机上，通过建立交换机 SVI 实现 VLAN 间的互访是一种常用方法。

2. 任务要求

为了在网络安全系统集成实训室中模拟本任务的实施，搭建如图 4-24 所示的网络实训环境。现假定 ABC 公司的市场部、财务部、人力资源部、企划部 4 个部门的计算机都接入一台可网管的二层交换机 SW2-1 上，划分 4 个 VLAN；该交换机连至两台核心层交换机 SW3-1 和 SW3-2，在三层交换机上配置 SVI 接口，为每个 VLAN 分配网关，使不同 VLAN 间能够相互通信。本任务是在本项目任务 1 的基础上，完成如下配置任务：

（1）网络中核心层交换机 VLAN 号及名称的详细规划。

（2）PC 机名称及 IP 地址、子网掩码和网关地址的规划与配置。

（3）交换机 Trunk 端口成员分配。

（4）各部门用户间网络连通性测试。

（5）使用 MyBase 软件对配置脚本进行管理，以便下一次实训和最后网络全网联调设备时使用。

3. 任务实施步骤

（1）设备清单。

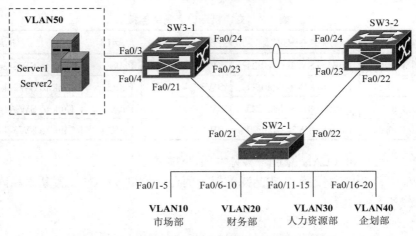

图 4-24 三层交换机实现 VLAN 间互访配置拓扑

为了搭建如图 4-24 所示的网络环境，需要如下设备：

1）锐捷二层交换机 S2126 一台，三层交换机 S3760 两台。

2）PC 机 2 台。

3）双绞线若干根。

4）配置线 1 根。

（2）IP 地址及 VLAN 规划。

PC 机名称、IP 通信参数和交换机名称、VLAN 号、VLAN 划分，PC 机和交换机端口之间的连接，交换机端口之间的连接情况如表 4-6、表 4-7 所示。

表 4-6 计算机 IP 地址及 VLAN 配置规划表

场所	部门	交换机名称	VLAN	VLAN名称	计算机	IP 地址	掩码	默认网关
网络中心	市场部	SW3-1	10	shichangbu	PC1	192.168.10.2	255.255.255.0	192.168.10.1
	财务部		20	caiwubu	PC1	192.168.20.2		192.168.20.1
	人力资源部		30	renliziyuanbu	PC1	192.168.30.2		192.168.30.1
	企划部		40	qihuabu	PC1	192.168.40.2		192.168.40.1
	服务器区		50	fuwuqi	PC1	192.168.50.2		192.168.50.1
	市场部	SW3-2	10	shichangbu	PC2	192.168.10.3		192.168.10.254
	财务部		20	caiwubu	PC2	192.168.20.3		192.168.20.254
	人力资源部		30	renliziyuanbu	PC2	192.168.30.3		192.168.30.254
	企划部		40	qihuabu	PC2	192.168.40.3		192.168.40.254
	服务器区		50	fuwuqi	PC2	192.168.50.3		192.168.50.254

Chapter
4

表 4-7　交换机端口之间的连接

交换机名称	端口	描述	交换机名称	端口	描述
SW2-1	Fa0/21	Link to SW3-1-fa0/21	SW2-1	Fa0/22	Link to SW3-2-fa0/22
SW3-1	Fa0/21	Link to SW2-1-fa0/21	SW3-2	Fa0/22	Link to SW2-1-fa0/22
SW3-1	Fa0/23	Link to SW3-2-fa0/23	SW3-2	Fa0/23	Link to SW3-1-fa0/23
SW3-1	Fa0/24	Link to SW3-2-fa0/24	SW3-2	Fa0/24	Link to SW3-1-fa0/24

（3）SW2-1 交换机 VLAN 配置，参见本项目任务 1。

（4）SW3-1 和 SW3-2 交换机 VLAN 配置，两台交换机 VLAN 配置基本相同，这里以在 SW3-1 上配置 VLAN 为例。

1）清除交换机 SW3-1 上的原有配置。

```
SW3-1#erase startup-config                          //清除启动配置文件
```

使用 show flash:命令，如下所示，查看到交换机的 VLAN 配置信息保存在闪存的 vlan.data 文件中，要想删除 VLAN，必须删除闪存中的 vlan.dat 文件。

```
Switch#show flash:
Directory of flash:/
    1    -rw-    4414921    <no date>    c2960-lanbase-mz.122-25.FX.bin
    2    -rw-         616    <no date>    vlan.dat
64016384 bytes total (59600847 bytes free)
SW3-1#del vlan.dat                          //删除 VLAN 配置
Delete filename [vlan.dat]?                 //欲删除的 VLAN 文件
Delete flash:/vlan.dat? [confirm]          //确认是否删除
Switch#                                      //特权模式
```

2）配置网络中心交换机的主机名为 SW3-1。

```
Switch#config terminal
Switch(config)#hostname SW3-1
```

3）在 SW3-1 上创建 VLAN，并按表 4-6 分别为 VLAN 命名。

```
SW3-1(config)#vlan 10                          //定义一个 VLAN，编号为 10
SW3-1(config-vlan)#name shichangbu             //定义 VLAN10 的名称为 shichangbu
SW3-1(config-vlan)#exit                         //回退到全局模式
SW3-1(config)#vlan 20                          //定义一个 VLAN，编号为 20
SW3-1(config-vlan)#name caiwubu                //定义 VLAN20 的名称为 caiwubu
SW3-1(config-vlan)#exit                         //回退到全局模式
SW3-1(config)#vlan 30                          //定义一个 VLAN，编号为 30
SW3-1(config-vlan)#name renliziyuanbu          //定义 VLAN30 的名称为 renliziyuanbu
SW3-1(config-vlan)#exit                         //回退到全局模式
SW3-1(config)#vlan 40                          //定义一个 VLAN，编号为 40
SW3-1(config-vlan)#name qihuabu                //定义 VLAN40 的名称为 qihuabu
SW3-1(config-vlan)#exit                         //回退到全局模式
SW3-1(config)#vlan 50                          //定义一个 VLAN，编号为 50
SW3-1(config-vlan)#name fuwuqi                 //定义 VLAN50 的名称为 fuwuqi
SW3-1(config-vlan)#exit                         //回退到全局模式
```

（5）配置交换机 Trunk 口。

1）将交换机 SW2-1 的端口 Fa0/21 定义为 Trunk。

```
SW2-1(config)#interface fastethernet 0/21          //指定交换机端口
SW2-1(config-if)#description Link to wangluozhongxin-SW3-1-fa0/21
//给端口 Fa0/21 加上描述 Link to wangluozhongxin-SW3-1-fa0/21，表示连接到网络中心的 SW3-1 交换机上
SW2-1(config-if)#switchport mode trunk             //将端口设置为永久中继模式
SW2-1(config-if)#switchport trunk encapsulation dot1q //将中继封装为 dot1q
SW2-1(config-if)#switchport trunk allowed vlan all  //指定所有 VLAN 可使用该中继
SW2-1(config-if)#end                               //回退到特权模式
SW2-1#write                                        //保存配置
```

2）将交换机 SW2-1 的端口 Fa0/22、SW3-1 的 Fa0/21 和 Fa0/23-24、SW3-2 的 Fa0/22-24 定义为 Trunk 口，配置过程与步骤 1）类似，这里从略。

（6）请读者在 SW2-1、SW3-1 和 SW3-2 交换机上使用 show vlan 命令查看 VLAN 配置情况，并分析输出结果。

（7）请读者在 SW2-1、SW3-1 和 SW3-2 交换机上使用 show interface trunk 命令查看中继配置情况，并分析输出结果。

（8）在 SW3-1 和 SW3-2 交换机上配置各个 VLAN 的网关。

1）在 SW3-1 上配置 VLAN 的网关。

```
SW3-1(config)#interface vlan 10                    //指定一个虚拟端口（SVI 端口）
SW3-1(config-if)#ip address 192.168.10.1 255.255.255.0  //为虚拟端口分配一个 IP 地址，该地址将作为该虚拟
局域网内所有计算机的网关 IP
SW3-1(config-if)#interface vlan 20                 //指定一个虚拟端口
SW3-1(config-if)#ip address 192.168.20.1 255.255.255.0  //为 VLAN20 分配 IP 地址
SW3-1(config-if)#interface vlan 30                 //指定虚拟端口
SW3-1(config-if)#ip address 192.168.30.1 255.255.255.0  //为 VLAN30 分配 IP 地址
SW3-1(config-if)#interface vlan 40                 //指定虚拟端口
SW3-1(config-if)#ip address 192.168.40.1 255.255.255.0  //为 VLAN40 分配 IP 地址
SW3-1(config-if)#interface vlan 50                 //指定虚拟端口
SW3-1(config-if)#ip address 192.168.50.1 255.255.255.0  //为 VLAN50 分配 IP 地址
```

2）在 SW3-2 上配置 VLAN 的网关，配置过程与步骤 1）类似，这里从略。

3）使用 show ip interface brief 命令查看 SW3-1 和 SW3-2 的 VLAN 接口的配置情况，以下是在 SW3-1 上使用 show ip interface brief 命令的输出情况，在 SW3-2 使用 show ip interface brief 命令的输出情况与此类似。

```
SW3-1#show ip interface brief
Vlan1       unassigned    YES unset   administratively   down      down
Vlan10      192.168.10.1  YES         manual             up        up
Vlan20      192.168.20.1  YES         manual             up        up
Vlan30      192.168.30.1  YES         manual             up        up
Vlan40      192.168.40.1  YES         manual             up        up
Vlan50      192.168.50.1  YES         manual             up        up
```

【注意】SVI 口的 Line-State 状态在以下条件满足时才会 UP。

- SVI 对应的 VLAN 必须在 VLAN Database 中存在（即通过 vlan vlan-id 命令创建）并且是激活的。

- SVI 存在并且不能是 administratively down 的。
- 交换机上至少有一个接口被划分到这个 VLAN，而且该接口的线路协议是 UP 的。或者交换机上有 Trunk 接口，且该 VLAN 在 Trunk 链路上被允许。

4）使用 show ip route 查看 SW3-1 和 SW3-2 上的路由表项，如下所示：

```
SW3-1#show ip route
Codes: C-connected, S-static, I-IGRP, R-RIP, M-mobile, B-BGP
       D-EIGRP, EX-EIGRP external, O-OSPF, IA-OSPF inter area
       N1-OSPF NSSA external type 1, N2-OSPF NSSA external type 2
       E1-OSPF external type 1, E2-OSPF external type 2, E-EGP
       i-IS-IS, L1-IS-IS level-1, L2-IS-IS level-2, ia-IS-IS inter area
       *-candidate default, U-per-user static route, o-ODR
       P-periodic downloaded static route
Gateway of last resort is not set
C      192.168.10.0/24 is directly connected, Vlan10
C      192.168.20.0/24 is directly connected, Vlan20
C      192.168.30.0/24 is directly connected, Vlan30
C      192.168.40.0/24 is directly connected, Vlan40
C      192.168.50.0/24 is directly connected, Vlan50
```

在三层交换机上配置各个 VLAN 的网关，这样三层交换机上就会产生 VLAN 间通信所需的路由表项。

（9）测试连通性。

按表 4-6 配置 PC1 和 PC2 的 IP 地址，用网线将 PC1 和 PC2 分别连接到不同 VLAN 所规划的端口上，使用 ping 命令分别测试网络的连通性，结果是（□通□不通）。

【注意】在 PC 上测试 VLAN 间通信，网关要配置和所属 VLAN 对应的 SW3-1 或 SW3-2 上的 SVI 下的 IP 地址，至于配置哪个更好，学完 VRRP 内容后，答案自然揭晓，可以将网关 IP 地址配置为 SW3-1 或 SW3-2 上 SVI 接口 IP 地址中的任何一个，不影响测试结果。

（10）使用 MyBase 软件对以上配置脚本进行整理，以便下一次实训和最后网络全网联调设备时使用。

4.2.4　任务 4：利用路由器实现 VLAN 间互访（单臂路由）

1. 任务描述

ABC 公司的上海分部有 2 个部门：销售部和财务部，这两个部门的计算机都连接在 1 台二层的交换机上，网络中有 1 台路由器，用于与 Internet 连接，如图 4-25 所示。为了防止网络内广播流量太大导致网络速度变慢，现在需要对广播进行限制但不能影响两部门进行相互通信，需要对交换机和路由器进行适当配置来实现这一目标。

2. 任务要求

在图 4-26 所示的网络拓扑结构中，要限制网络中的广播流量，可以在交换机上划分两个 VLAN，分别是 VLAN80 和 VLAN 90，对应公司分部的销售部和财务部的计算机子网。在交换机上划 VLAN 后，由于不同部门的计算机属于不同的 VLAN，它们即使连接在同一台交换机上，也不能实现二层互访。为实现不同部门的计算机可以相互通信，必须将 VLAN 连接到路由器端口，由路由器完成 VLAN 间通信。本任务根据如图 4-26 所示的拓扑图完成如下配置：

（1）网络中二层交换机的 VLAN 号及名称的详细规划。

（2）交换机 Trunk 端口成员分配。

（3）在路由器端口上划分子接口。

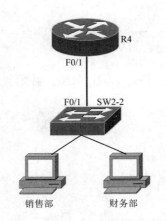

图 4-25　公司分部网络拓扑图

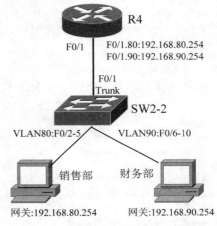

图 4-26　公司分部网络配置拓扑图

（4）对路由器子接口进行 dot1q 协议封装。

（5）部门计算机名称及 IP 地址、子网掩码和网关地址的规划与配置。

（6）各部门用户间网络连通性测试。

（7）使用 MyBase 软件对配置脚本进行管理，以便下一次实训和最后网络全网联调设备时使用。

3．任务实施步骤

（1）设备清单。

为了搭建如图 4-26 所示的网络环境，需要如下设备：

1）锐捷二层交换机 S2126 一台，RG-RSR20-04 路由器 1 台。

2）PC 机 2 台。

3）双绞线若干根。

4）配置线 1 根。

（2）配置交换机的名称为 SW2-2。

```
Switch#config terminal
Switch(config)#hostname SW2-2
```

（3）在二层交换机上划分 VLAN，将端口加入相应 VLAN，将与路由器相连的交换机端口设置为 Trunk 模式。

```
SW2-2(config)#vlan 80                              //定义一个 VLAN，编号为 80
```

```
SW2-2(config-vlan)#name xiaoshoubu                //定义 VLAN80 的名称为 xiaoshoubu
SW2-2(config-vlan)#exit                           //回退到全局模式
SW2-2(config)#vlan 90                             //定义一个 VLAN，编号为 90
SW2-2(config-vlan)#name caiwubu                   //定义 VLAN90 的名称为 caiwubu
SW2-2(config-vlan)#exit                           //回退到全局模式
SW2-2(config)# interface range fashtethernet 0/2-5   //指定批量端口
SW2-2(config-if-range)#switchport access vlan 80  //将批量端口分配给 VLAN80
SW2-2(config-if-range)#exit                        //回退到全局模式
SW2-2(config)#interface range fashtethernet 0/6-10   //指定批量端口
SW2-2(config-if-range)#switchport access vlan 90  //将批量端口分配给 VLAN90
SW2-2(config-if-range)#exit                        //回退到全局模式
SW2-2(config)#interface fastethernet 0/1          //进入端口 F0/1
SW2-2(config-if)#switchport mode trunk            //将端口设置成 trunk 模式
```

（4）在路由器上配置主机名、划分子接口、对子接口进行 dot1q 封装，并配置子接口 IP 地址。

```
Ruijie#config terminal
Ruijie(config)#hostname R4
R4(config)# interface fastethernet 0/1            //进入端口 F0/1
R4(config-if)#no shutdown                         //打开物理接口
R4(config-if)#exit                                //回退到全局模式
R4(config)#interface fastethernet 0/1.80          //进入子接口
R4(config-subif)#ip address 192.168.80.254 255.255.255.0   //配置子接口 IP 地址
R4(config-subif)#encapsulation dot1q 80           //封装子接口
R4(config-subif)#no shutdown                      //打开子接口
R4(config-subif)# interface fastethernet 0/1.90   //进入子接口
R4(config-subif)#ip address 192.168.90.254 255.255.255.0   //配置 IP 地址
R4(config-subif)#encapsulation dot1q 90           //封装子接口
R4(config-subif)#no shutdown                      //打开子接口
```

（5）查看交换机的 VLAN 和端口配置。

在 SW2-2 交换机上使用 show vlan 命令查看 VLAN 配置情况，如下所示：

```
SW2-2#show vlan                           //显示所有 VLAN 的信息
VLAN      Name              Status      Ports
----------------------------------------------------------------------------------------------
1         default           active      Fa0/11, Fa0/12, Fa0/13, Fa0/14
                                        Fa0/15, Fa0/16, Fa0/17, Fa0/18
                                        Fa0/19, Fa0/20, Fa0/21, Fa0/22
                                        Fa0/23, Fa0/24
80        xiaoshoubu        active      Fa0/2, Fa0/3, Fa0/4, Fa0/5
90        caiwubu           active      Fa0/6, Fa0/7, Fa0/8, Fa0/9, Fa0/10
```

（6）查看路由器的路由表。

使用 show ip route 查看 R4 上的路由表项，如下所示：

```
R4#show ip route
Codes: C - connected, S - static, I - IGRP, R - RIP, M - mobile, B - BGP
       D - EIGRP, EX - EIGRP external, O - OSPF, IA - OSPF inter area
       N1 - OSPF NSSA external type 1, N2 - OSPF NSSA external type 2
       E1 - OSPF external type 1, E2 - OSPF external type 2, E - EGP
       i - IS-IS, L1 - IS - IS level - 1, L2 - IS - IS level - 2, ia - IS - IS inter area
       * - candidate default, U - per - user static route, o - ODR
```

```
          P - periodic downloaded static route
Gateway of last resort is not set
C     192.168.80.0/24 is directly connected, Vlan80
C     192.168.90.0/24 is directly connected, Vlan90
```

（7）配置各部门计算机的 IP 地址和网关。

在二层交换机 SW2-2 上划分 VLAN 后，各部门分别属于不同 VLAN，各部门的网络号也不相同，设定销售部计算机 PC1 的 IP 地址为 192.168.80.2，掩码为 255.255.255.0，网关为 192.168.80.254；财务部计算机 PC2 的 IP 地址为 192.168.90.2，掩码为 255.255.255.0，网关为 192.168.90.254。

（8）测试网络的连通性。

如图 4-26 所示的网络，如果配置正确，两个部门的计算机之间应能相互通信。

4.3　项目小结

本项目详细介绍了 VLAN 的相关内容，包括 VLAN 技术在交换网络中的应用、Trunk 链路、利用 SVI 和单臂路由方式实现 VLAN 间路由。VLAN 技术在二层网络中将一组不受地理位置限制的端口划分到一个逻辑组中，经过 VLAN 划分后，一个 VLAN 是一个广播域，同一个 VLAN 中的设备可在二层网络中进行通信，不同 VLAN 间的通信需要借助三层设备。通常交换机和交换机的级联链路上都配置为 Trunk。实现 VLAN 间路由的技术有三种：三层路由接口、SVI 和单臂路由。SVI 方式通常借助于在三层交换机上给 VLAN 的 SVI 接口配置 IP 地址来实现，实施起来比较灵活方便。通过过路由接口实现 VLAN 间路由，需要每个 VLAN 单独连接一个路由接口，大量消耗路由接口，而实施起来不够灵活。单臂路由是在路由器的以太网接口上划分子接口，优点是一个路由接口可以实现多个 VLAN 间路由，缺点是灵活性不够，同时，一个接口实现多个 VLAN 间通信，容易形成网络瓶颈。

4.4　过关训练

4.4.1　知识储备检验

1．填空题

（1）IEEE 802.3 定义的以太网帧的长度最小为（　　）字节，最大为（　　）字节。

（2）既能隔离广播域，又能隔离冲突域的设备是（　　）。

（3）VLAN 端口的类型主要有（　　）和（　　）两种类型。

（4）实现不同 VLAN 间的通信方法有（　　）、（　　）和（　　）。

2．选择题

（1）一个 Access 端口可以属于（　　）VLAN。

　　A．仅一个　　　　　　　　　　　　B．最多 64 个

  C．最多 4094 个　　　　　　　　　D．依管理员设置的结果而定

（2）关于 VLAN 说法不正确的是（　　）。

  A．隔离广播域

  B．相互间通信要通过三层设备

  C．可以限制网上的计算机互相访问的权限

  D．只能对在同一交换机上的主机进行逻辑分组

（3）关于 SVI 端口描述正确的是（　　）。

  A．SVI 端口是虚拟的逻辑接口

  B．SVI 端口的数量是由管理员设定的

  C．SVI 端口可以配置 IP 地址作为 VLAN 的网关

  D．只有三层交换机具有 SVI 端口

3．简答题

（1）什么是冲突域？什么是广播域？隔离冲突域、广播域的设备有哪些？

（2）VLAN 与传统的 LAN 相比，有哪些优势？

（3）简述什么是 Native VLAN，有什么特点？

（4）两个站点之间如何通过三层交换机实现跨网段通信？

4.4.2　实践操作检验

  有两台二层交换机 SwitchA 和 SwitchB，一台路由器 GW，网络拓扑如图 4-27 所示。每台交换机上都建有 VLAN 10 和 VLAN 20，两台二层交换机通过端口 F0/15 连接，交换机 SwitchB 的端口 F0/23 与路由器的端口 F0/1 连接。主机 PC1、PC2、PC3、PC4 的 IP 地址及所属 VLAN 如图 4-27 所示，对四台主机、交换机及路由器进行恰当的配置，实现跨交换机相同 VLAN 内通信和 VLAN 间通信。

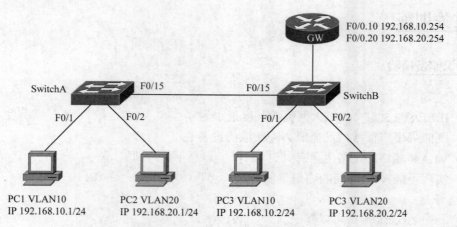

图 4-27　VLAN 间通信配置拓扑图

4.4.3 挑战性问题

试分析图 4-28 和图 4-29 中的两台 PC 之间能否通信？

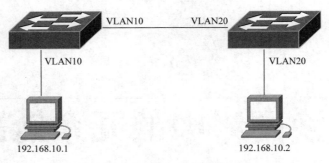

图 4-28　VLAN 间通信

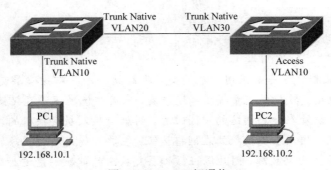

图 4-29　VLAN 间通信

5

管理交换网络中的冗余链路

项目导引

目前大中型企业局域网一般采用分层的交换网络结构，其中核心层交换机处在网络的中间位置，为来自汇聚层交换机的流量提供高速转发，在某些情况下还直接接入服务器集群等核心资源；汇聚层交换机处在分层网络的中间位置，对来自接入层交换机的流量进行汇聚，以降低核心交换机的压力；接入层交换机处在网络边缘，主要目的是实现业务的接入。核心层交换机一旦发生故障将导致全网故障，因此保证核心层交换机的健康稳定运行成为重中之重。双机主备互联是核心层建设最为主流和经济的方案之一。为了实现核心层无单点故障，汇聚层也必须保证主备链路双归属接入到核心层的两个不同设备，防止核心层单个设备的故障导致业务中断。接入层根据接入业务的重要程度，可以采用单链路上行或者双链路上行接入。采用双链路上行时，需要根据实际情况选择恰当的负载分担和冗余备份技术。目前常用的备份技术有生成树协议 STP、链路聚合和虚拟路由冗余协议 VRRP 等技术。STP 可以选择单生成树实现链路的冗余备份，也可以选择多生成树实现链路的负载分担。链路聚合技术可以在不进行硬件升级的前提下，增加交换机之间的带宽，并且使交换机之间的流量可以均衡分布到多条链路上，同时，多条链路还可以提供容错功能。VRRP 的真正实施在汇聚层网关上，接入层终端用户可以用 VRRP 的虚拟 IP 地址为网关，实现网关的备份。

通过本项目的学习，读者将达到以下知识和技能目标：

- 了解 STP、快速生成树协议 RSTP 和多生成树协议 MSTP 的工作原理；
- 掌握 MSTP 的特性及配置技能；
- 了解链路聚合的标准和工作原理；
- 掌握链路聚合的特性及配置技能；

● 掌握 VRRP 相关知识和配置技能；
● 具备网络工程可靠性设计的基本技能。

项目描述

ABC 公司为了提高网络的稳定性和可靠性，决定采用 MSTP+VRRP 的典型组网方案，如图 5-1 所示。在公司网络架构中，接入层交换机双链路上行至两台核心交换机；两台核心交换机之间通过双线路实现连接，并同时与路由器相连，实现局域网主机访问 Internet；公司共享资源存放在公司服务器中，与其中一台核心层交换机相连，企业所有部门用户都能访问。为了达到网络中流量负载均衡的目标，同时实现网络链路冗余备份且不产生广播风暴，需要在网络中 3 台交换机上启用 MSTP；为了改善用户因访问服务器资源增大核心层交换机之间的流量负载而出现链路瓶颈问题，需要使用链路聚合技术，扩展网络带宽，提高网络传输性能；为了保证接入层主机网关冗余备份及通过核心交换机的负载均衡，在两个核心交换机上需要启用 VRRP 功能。

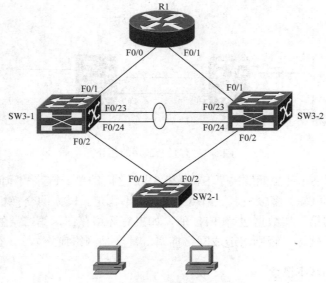

图 5-1　项目拓扑结构示意图

任务分解

根据项目要求，将项目的工作内容分解为三个任务。
● 任务 1：配置 MSTP 解决交换环路问题；

- 任务 2：使用链路聚合增强网络的可靠性；
- 任务 3：使用 VRRP 技术提高网络的可用性。

5.1 预备知识

5.1.1 交换网络中的环路问题

在图 5-2 中，PC1 和 PC3 之间可以通过 SW1 的 Fa0/1 和 SW2 的 F0/2 之间的链路连通，可是如果 SW1 和 SW2 之间的这条链路中断，将会导致 PC1 和 PC3 之间的通信中断。为了解决单一链路故障引起的网络问题，可以考虑在 SW1 和 SW2 之间再增添一条链路，如图 5-3 所示。

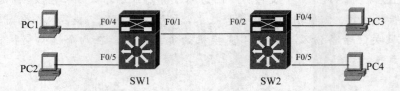

图 5-2 单一链路的拓扑

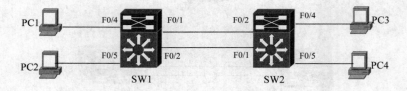

图 5-3 有冗余链路的拓扑

图 5-3 所示的网络拓扑虽然解决了 SW1 和 SW2 之间的单一链路故障问题，但也带来了交换机环路问题：广播风暴、多帧复制、MAC 地址表不稳定。以太网交换机传送的第二层数据帧不像路由器传送的第三层数据包有 TTL 值，如果有环路存在，第二层的以太网帧不能被适当终止，除非环路被破坏，否则将造成网络拥塞，甚至是网络瘫痪。

5.1.2 生成树协议的基本概念

1．生成树的定义

生成树协议（STP）最早是由数字设备公司开发的，IEEE 后来开发了它自己的 STP 版本，称为 802.1D。STP 就是在具有回路的交换机网络上，生成没有回路的逻辑网络的方法。STP 的关键是保证网络上任何一点到另一点的路径只有一条，使得具有冗余路径的网络既有了容错能力，同时避免了产生回路带来的不利影响。

2．生成树术语

在讨论 STP 的工作过程之前，需要理解一些基本的概念和术语，以及它们之间的联系。

（1）桥和端口的角色。

STP 有两种特殊的网桥：根桥和指定桥。网桥上的端口有不同的角色：根端口、指定端口和阻塞端口，如图 5-4 所示。

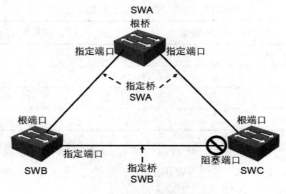

图 5-4　桥和端口角色

1）根桥（Root Bridge）：根桥是整个生成树的根节点，由所有网桥中优先级最高的桥担任。

2）指定桥（Designate Bridge）：负责一个物理段上数据转发任务的桥，由这个物理段上优先级最高的桥担任。

3）根端口（Root Port）：根端口是指直接连到根桥的链路所在的端口，或者到根桥的路径开销最短的端口。

4）指定端口（Designate Rort）：是指物理段上属于指定桥的端口，所以通常情况下根桥的所有端口都是指定端口。

5）阻塞端口：是指既不是指定端口也不是根端口的端口，它用来为指定端口或根端口备份。

（2）桥 ID。

STP 利用桥 ID 来跟踪网络中的所有交换机，用于确定网络中的根桥。桥 ID 由桥优先级和 MAC 地址结合来决定，如图 5-5 所示。在交换网络中桥 ID 最小的网桥就是根桥。桥的基准 MAC 地址，可以用 show version 命令查看。

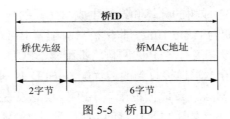

图 5-5　桥 ID

（3）路径开销（Path Cost）。

非根桥需要确定根端口，根端口的选择取决于端口达到根桥距离的远近，网桥上达到根桥距离最近的端口为根端口。衡量距离的远近，依据的是路径开销。STP 中每条链路都具有开销值，默认的开销值取决于所遵循的路径开销标准及链路的带宽。表 5-1 列出了 IEEE 定义的默认端口开销，Cisco、锐捷也使用相同的默认值。

表 5-1　IEEE 定义的默认端口开销值

以太网速度	IEEE 早期开销值	IEEE 修订后的开销值
10Mb/s	100	100
100Mb/s	10	19
1Gb/s	1	4
10Gb/s	1	2

图 5-6 给出了 STP 中每条链路的开销值。路径开销值等于到达根桥的整个路径上全部链路开销的和。如从 SWA 经 SWC 达到 SWB 的路径开销值为 23。路径开销最低的路径会成为首选路径，其他冗余路径都会被阻塞。

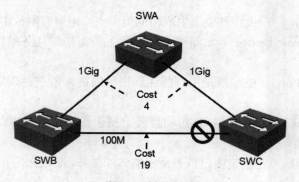

图 5-6　链路开销

（4）桥协议数据单元（BPDU）。

BPDU 是运行 STP 功能的交换机之间交换的数据帧，BPDU 分为两类：

1）配置 BPDU（Configuration BPDU）。

配置 BPDU 是用来进行生成树的计算和维护生成树拓扑的报文。配置 BPDU 由根桥从指定端口周期性发出，发送周期为 Hello Time，非根桥只对配置 BPDU 进行中继，如图 5-7 所示，不会自行生成配置 BPDU。没有运行 STP 的网桥将把配置 BPDU 当做普通数据转发。

网桥上每个端口都会保存本端口接收到的最优配置 BPDU，端口保存的配置 BPDU 信息老化时间为 Max Age，当在 Max Age 时间内配置 BPDU 信息没有得到更新时，端口将清除配置 BPDU 信息。配置 BPDU 包含如下信息：目的 MAC 地址（DMA）、源 MAC 地址（SMA），帧长（L/T）、逻辑链路头（LLC Header），以及载荷（Payload），如图 5-8 所示。

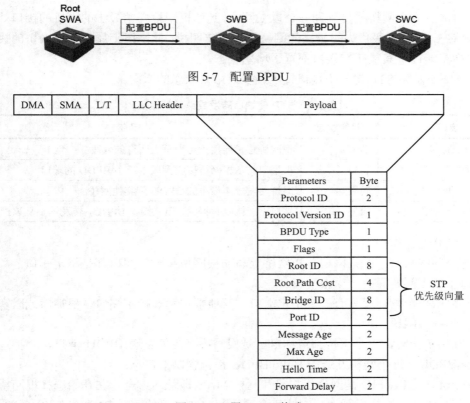

图 5-7　配置 BPDU

DMA	SMA	L/T	LLC Header	Payload

Parameters	Byte
Protocol ID	2
Protocol Version ID	1
BPDU Type	1
Flags	1
Root ID	8
Root Path Cost	4
Bridge ID	8
Port ID	2
Message Age	2
Max Age	2
Hello Time	2
Forward Delay	2

STP 优先级向量

图 5-8　配置 BPDU 格式

载荷中包含了 STP 计算所需的信息：根桥 ID（Root ID）、根路径开销（Root Path Cost，RPC）、桥 ID（Bridge ID）和端口 ID（Port ID，由端口优先级和端口索引值组合而成）。网桥在进行 STP 计算时，需要比较以上信息，通常这些信息使用向量来表示，称为优先级向量。

2）TCN BPDU（Topology Change Notification BPDU）。

TCN BPDU 是当拓扑结构变化时，用来通知相关设备网络拓扑结构发生变化的报文。

3．STP 的工作原理

STP 算法通过创建接口的生成树来转发帧,生成树结构建立了到达每个以太网段的单一路径,就像能够沿着一棵树的一条路径从树根到每片树叶一样。STP 实际上是将接口置成了转发或禁止状态,如果一个接口没有适当的理由却处于转发状态,STP 就会将其置于堵塞状态。换句话说,STP 可以挑选哪些端口应该转发,哪些接口不能转发。STP 通过以下 3 个条件来判定是否应将其接口置于转发状态：

● STP 选择了一个根网桥，将其所有接口都置于转发状态。

- 每个非根网桥选择一个到达根网桥管理开销最小的端口作为根端口,根端口处于转发状态。
- 可能有多个网桥连接到同一个以太网段,到达根网桥开销最小的网桥的接口处于转发状态,每个网段优先级最高的网桥称为指定网桥,此网段上属于指定网桥的接口称为指定端口。其他所有接口都置于堵塞状态。

如表 5-2 所示为 STP 将一个端口置于转发或堵塞状态的原因。

表 5-2　STP 使端口转发或堵塞的原因

端口	STP 状态	描述
根网桥的所有端口	转发	根网桥总是连接指定网桥上所有的分段
非根网桥的根端口	转发	根端口是从根网桥接收到成本最小 BPDU 的端口
非根网桥的指定端口	转发	网桥转发成本最小的 BPDU 到其他网桥
所有其他的端口	阻塞	端口不能接收数据帧,但能接收 BPDU,转发帧不从该接口接收

（1）STP 的操作规则。

1）每个网络只有一个根网桥,根网桥上与非根网桥相连的端口都是指定端口。

2）每个非根网桥只有一个根端口。

3）网络中每个物理段只有一个指定端口,其他端口为非指定端口（根端口或阻塞端口）。

（2）选择根网桥。

STP 开始工作时,每个网桥都声称自己是根网桥,向外发送 BPDU 消息,并把这个信息称为 Hello BPDU,每个网桥发送的 Hello BPDU 都包含以下信息:

- Root ID: Root ID 是网桥优先级和网桥 MAC 地址的组合。在开始选择根网桥时,每个网桥都声称是根网桥,因此每个网桥都将它自己的网桥 ID 通告为 Root ID。
- RPC: 根网桥选择开始时,每一个网桥都声称自己是根网桥,这时开销值设为 0,这是网桥到达自身的开销。开销越小,路径越优,开销值范围为 0～65535。
- Bridge ID: 该值总是 BPDU 发送者的网桥 ID,不管发送 BPDU 的网桥是不是根网桥。

1）根网桥的选择依据。

网桥会根据 BPDU 中的 Bridge ID 选择一个作为根网桥,通常优先级越低,成为根网桥的可能性越大, IEEE 802.1D STP 允许的优先级范围为 0～65535,并且优先级的值为 4096 的倍数,默认优先级的值为 32768。如果优先级一样,则 MAC 地址最低的网桥会成为根网桥。

2）根网桥的选举过程。

如图 5-9 所示为根网桥选举的部分过程。开始时, SW1、SW2 和 SW3,都将自己通告为根网桥, SW2 随后认为 SW1 是更好的根网桥,但是 SW1 和 SW3 仍然认为它们自己是最好的,因此仍然将它们自己通告为根网桥,故仍存在两个参选网桥: SW1 和 SW3,那么谁会赢得选举呢? 前面分析过,比较 Bridge ID 时,优先级值低的交换机会胜出;如果优先级一样, MAC地址值较低的获胜,如图 5-9 所示, SW1 具有更低的网桥 ID（32768:0200.0000.0001）,因此

SW1 赢得选举，而 SW3 现在相信 SW1 是更好的网桥。

（3）决定根端口。

选举了根网桥后，交换机开始为每一个交换机端口配置端口角色，需要确定的第一个角色是根端口。在非根网桥上选择根端口的依据是：首先比较达到根网桥的 RPC；其次，比较发送 BPDU 网桥的 Bridge ID 来选择最短路径；然后，比较发送 BPDU 网桥的 Port ID；最后，比较接收 BPDU 网桥的 Port ID，从中选择从非根桥达到根网桥的 RPC 值最低路径上的端口作为根端口。

在图 5-9 中，网桥 SW1 被选举为根网桥，网桥 SW2、SW3 需要选举根端口，对于网桥 SW2 来说，有两条路径达到根网桥 SW1：路径一：SW2→SW1；路径二：SW2→SW3→SW1，通过 RPC 比较，路径一的 RPC 为 0+19 即 19；路径二的 RPC 为 19+19 即 38，因此网桥 SW2 的根端口为 Fa0/26。同理，网桥 SW3 的 Fa0/26 也为根端口。

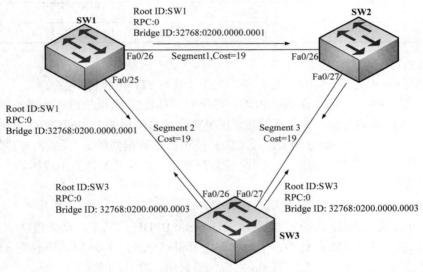

图 5-9　根网桥选举过程

（4）选择指定端口。

当交换机确定了根端口后，还必须将剩余端口确定为指定端口或阻塞端口，以完成逻辑无环 STP 的创建。在 STP 中，每一个物理段（Phsical Segment）都需要选举一个指定端口来为这个网段转发数据流，负责一个物理段上数据转发任务的桥称为指定桥，由这个物理段上优先级最高的桥担任。指定桥上的端口为指定端口。

在图 5-9 中，网桥 SW1 为根网桥，具有最高的优先级，因此对于 Segment 1 和 Segment 2 来说，SW1 为指定网桥，其上的端口 Fa0/25 和 Fa0/26 均为指定端口；对于 Segment 3 来说，可以通过网桥 SW2 达到根网桥 SW1，也可以通过 SW3 达到根网桥 SW1。在选举指定端口时，判断的依据和上文中选举根端口的依据是一样。通过 SW2 和 SW3 达到 SW1 的 RPC 值均为

38，但是 SW2 的 Bridge ID 值所代表的优先级要高于 SW3 的 Bridge ID 值所代表的优先级，因此 SW2 上 Fa0/27 为 Segment 3 的指定端口。由于网桥 SW3 上的 Fa0/27 既不是指定端口，也不是根端口，会进入阻塞状态，不转发数据，但会接收 BPDU 报文。

到此为止，选举过程结束，除 SW3 的 Fa0/27 端口外，其他所有端口都处于转发状态。表 5-3 列出了每个端口的状态，并解释了其中的原因。

表 5-3　每个接口的状态

网桥端口	状态	端口处于转发状态的原因
SW1，Fa0/25	转发	根网桥上的端口
SW1，Fa0/26	转发	根网桥上的端口
SW2，Fa0/26	转发	根端口
SW2，Fa0/27	转发	连接到 SW3 的局域网分段的指定端口
SW3，Fa0/26	转发	根端口
SW3，Fa0/27	阻塞	不是根网桥，不是根端口，也不是指定端口

（5）STP 的重收敛。

一旦 STP 拓扑设定后，如果网络拓扑不发生变化，STP 拓扑也不会改变。

默认时，根网桥发送新的 Hello BPDU，每个网桥都转发 Hello BPDU，通过修改开销值来反应网桥到达根网桥的开销。每个网桥通过重复接收来自网桥的 Hello BPDU 来知道它到根网桥的路径正在工作，因为 Hello BPDU 经过的路径也就是数据帧经过的路径。当网桥接收不到 Hello BPDU 时，一定存在网络故障，因此它会产生反应，并开始修改生成树。

1）STP 计时器。

Hello BPDU 定义了所有网桥使用的计时器，介绍如下：

- Hello 周期（Hello Time）：根网桥发送 Hello BPDU 的周期，默认值 2s。
- 最大老化时间（Max Age）：开始收不到 Hello BPDU，到网桥试图改变 STP 拓扑应该等待的最长时间。一般是 Hello 周期的整数倍，默认为 20s。
- 转发延迟（Forward Delay）：接口从阻塞状态变为转发状态所需的延迟。这个时间实际决定了两个时间，即从交换机从监听状态进入学习状态以及交换机从学习状态进入转发状态的时间间隔。

2）STP 重收敛过程。

当网络不稳定时，STP 进程如下：

- 过程 1：根网桥向所有接口发送 Hello BPDU，Cost 为 0。
- 过程 2：邻居网桥向非根端口转发 Hello BPDU，说明根网桥，但是要加上网桥自身的 Cost。
- 过程 3：网络中的每个网桥在收到 Hello BPDU 时重复第过程 2。
- 过程 4：根网桥每个 Hello 周期重复过程 1。

- 如果网桥在 Hello 周期内没有收到 Hello BPDU，并不产生反应。如果网桥在整个最大老化时间还接收不到 Hello BPDU，就会开始反应。

3）STP 重收敛过程。

例如，假设 SW1 和 SW3 之间的链路失败了，如图 5-10 所示。

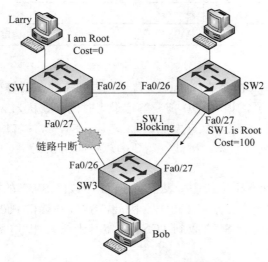

图 5-10　SW1 和 SW3 之间链路失败后的反应

SW3 将产生反应，但 SW2 不会。SW3 开始从它的根端口 Fa0/26 接收不到 Hello BPDU 消息，经过最大时间，SW3 开始反应，而 SW2 仍然可以接收到 Hello BPDU，所以 SW2 不会产生反应。在 SW3 的最大时间过期后，SW3 重新将自己通告为根网桥，除非 SW1 具有比 SW3 更好的优先级或更好的 MAC 地址。在本例中 SW3 已经知道它竞争不过 SW1，因此 SW3 会产生以下操作：

- 决定端口 Fa0/27 是根端口，因为 SW3 从端口 Fa0/27 收到具有更低的 SW2 的网桥 ID 值的 Hello BPDU，因此，SW3 将 Fa0/27 置于转发状态。
- 接口 Fa0/26 可能物理连接失败了，因此将之置于堵塞状态。
- SW3 清楚与这两个接口有关的地址表，因为 MAC 地址的位置相对于 SW3 已经改变了。例如，Larry 的 MAC 地址以前可以通过 Fa0/26 到达，现在必须由 Fa0/27 到达。
- 然而，SW3 不能立即将端口 Fa0/27 从堵塞状态切换到转发状态。如果 SW3 将 Fa0/27 立即变为转发状态，而其他网桥正处于收敛过程中，就可能出现循环。为了防止循环，STP 使用两种中间接口状态，如表 5-4 所示。

第一种状态是监听状态（Listening），允许每个设备都等待确认是否通告新的、更好的根网桥的 Hello BPDU 消息。第二种是学习状态（Learning），允许网桥学习 MAC 地址的新位置，并禁止转发和可能的循环。这两种状态有助于防止所有交换机在收敛时引起的帧泛洪。

表 5-4　生成树的中间状态

状态	是否转发数据帧	是否学习 MAC 地址表	临时状态还是稳定状态
阻塞状态	否	否	稳定
监听状态	否	否	临时
学习状态	否	是	临时
转发状态	是	是	稳定

4）STP 计时器操作。

使用默认计时器，SW3 在将端口 Fa0/27 置于转发状态前需要等待 50s。首先，SW3 在决定不能从根端口接收到相同的根 BPDU 前要等待最大时间（默认为 20s），此时，SW3 将端口 Fa0/27 置于监听状态等待 15s（默认转发延迟）。之后，SW3 将端口 Fa/27 置于学习状态再等待 15s，然后将端口置于转发状态。因此，需要的总时间为 50s。

5）网桥转发表的刷新。

SW3 还必须告知其他网桥更新桥接表中的条目，例如，SW2 的桥接表中，Bob 的 MAC 地址位于端口 Fa0/26，但现在是端口 Fa0/27。因此，SW3 在端口 Fa0/27 上向外发送特殊的拓扑改变提示（TCN）BPDU，当 SW2 收到 TCN，决定基于最大时间（默认时间是 20s）将 MAC 表项超时。

由于 SW3 将端口置于监听状态后立即向外发送 TCN BPDU，SW2 在 SW3 开始转发之前已经移除了 Bob 的 MAC 地址表项。SW2 也向根网桥转发 TCN，以保证所有其他网桥都知道尽快将 MAC 表项超时。

4．STP 的基本配置

（1）配置端口开销。

```
S1(config-if)#spanning-tree cost 25              //设置 Access 端口开销为 25
S1(config-if)#spanning-tree vlan 200 cost 20     //设置 Trunk VLAN200 端口开销为 20
S1(config-if)#no spanning-tree cost              //重置端口开销
```

当端口为接入端口时，生成树使用端口开销值；当接口是中继端口时，生成树将使用 VLAN 端口开销值。

（2）配置网桥优先级。

```
S1(config)#spanning-tree vlan 1 priority 24576   //配置网桥优先级为 24576
```

此命令可更为精确地控制网桥优先级值。优先级值为 0～65536，增量为 4096。

（3）配置端口优先级。

```
S1(config-if)#spanning-tree port-priority 112    //配置端口优先级为 112
```

（4）配置 STP 计时器。

使用默认的 STP 计时器配置，从一条链路失效到另一条接替需要花费 50s。这可能使网络存取被耽误，从而引起超时，不能阻止桥接回路的产生，还会对某些协议的应用产生不良影响，会引起连接、会话或数据的丢失。通过对计时器的修改可以优化生成树协议，但是在未充分了解所管理的网络结构之前，最好不要更改这些计时器。

```
S1(config)#spanning-tree vlan 1 forward-time 20      //修改转发延迟为 20s
S1(config)#spanning-tree vlan 1 hello-time 1         //修改 Hello 时间为 1s
S1(config)#spanning-tree vlan 1 max-age 25           //修改最大老化时间为 25s
```

可以修改每一个 VLAN 的计时器值，当某个交换网络直径为 7 台以上的交换机时，默认配置就会有问题，如将 Hello 时间修改为 1s，将转发时间修改为 20s，最大老化时间为 25s，这样可以支持直径大于 7 的交换网络。注意转发时间过长，会导致生成树的收敛过慢，转发时间过短，可能会在拓扑改变时，引入暂时的路径环路。

（5）配置网络直径。

如果网络管理员认为网络的收敛时间可进一步优化，那么可以通过重新配置网络直径来进行优化。建议不要直接调整 BPDU 计时器，因为这些值已针对具有 7 台交换机直径的网络进行优化。如果将根桥上的生成树直径值调整为较低的值，那么转发延迟和最大老化时间计时器也会针对新的直径自动进行适当调整。通常我们不调整 BPDU 计时器，也不重新配置网络直径。要为 STP 配置不同的网络直径，可在根桥交换机上使用全局配置模式命令 spanning-tree vlan vlan-id root primary diameter value。如将网络直径配置为 5，采用如下命令：

```
S1(config)#spanning-tree vlan 1 root primary diameter 5
```

经过这样的调整后，计时器 Hello 时间仍然是 2s，最大老化时间变为 16，转发延迟变为 12s。

（6）配置 PortFast。

使用 PortFast 的交换机端口，如果被配置为接入端口，该端口会直接从阻塞状态转换到转发状态，绕过常规的 STP 监听和学习状态，而不必等待生成树收敛。方法是在连接到单个工作站或服务器的接入端口上使用 PortFast，以便这些设备立即接入网络。

```
S1(config-if)#spanning-tree portfast      //将 Aceess 端口设置为 PortFast
```

（7）配置检验。

要检验交换机的 STP 配置，输入特权执行模式命令 show spanning-tree。输出如下：

```
Switch#show spanning-tree
Root ID      Priority       32769                          //根桥的优先级
             Address        0003.E471.0C03                 //根桥的 MAC 地址
             Cost           19                             //该交换机到根桥的路径开销
             Port           1(FastEthernet0/1)             //该交换机的根端口编号
             Hello Time     2 sec     Max Age    20 sec    Forward Delay   15 sec
//根桥的各计时器设置值
Bridge ID    Priority       32769              (priority 32768 sys-id-ext 1)
                            //该交换机的优先级
             Address        00D0.D341.1CE6     //该交换机的 MAC 地址
             Hello Time     2 sec     Max Age    20 sec    Forward Delay   15 sec
//该交换机的各个计时器设置值
             Aging Time     20                             //BPDU 的老化时间
```

Interface	Role(角色)	Sts(状态)	Cost(花销)	Prio.Nbr(优先级)	Type(链路类型)
Fa0/1	Root	LRN	19	128.1	P2p
Fa0/2	Altn	BLK	19	128.2	P2p

（8）显示端口 STP 状态。

要显示特定端口 STP 状态，输入特权执行模式命令 show spanning-tree interface *type mod/num*。显示特定端口转发状态信息，输入特权执行模式命令 show spanning-tree summary。

5.1.3　RSTP

1．STP 的缺陷

STP 收敛前，可能存在短暂的连通和环路问题，为了消除收敛前可能发生的短暂的环路问题，STP 对非阻塞端口（根端口和指定端口）增加了监听和学习这两个过渡状态，使得从确定为非阻塞端口开始转发数据帧之间的时间间隔为 $2\times$Forward Delay 时间。其中 Forward Delay 是配置 BPDU 从根网桥辐射到最外围网桥所需要的时间，以此保证只有在 STP 已经收敛的情况下，某个端口才有可能出于转发状态，消除了短暂环路问题。但 STP 消除短暂环路问题的方法不仅没有消除短暂连通问题，在网络拓扑结构发生变化时，反而有可能使网络在 Max Age+$2\times$Forward Delay 时间内存在连通问题。为了在消除短暂环路问题的前提下，加快 STP 收敛时间，提出了快速生成树协议（Rapid Spanning Tree Protocol，RSTP）。

2．RSTP 的特征

RSTP（IEEE 802.1W）是 STP（IEEE 802.1D）的一种发展和演变形式，RSTP 能够到达相当快的收敛速度，有时只有几百毫秒。RSTP 具有如下特征：

（1）RSTP 是首选的阻止二层网络环路的协议。

（2）RSTP 不兼容 STP 的部分增强特性，如 UplinkFast 和 BackboneFast 等。

（3）RSTP 向后兼容传统的 STP。

（4）RSTP 可以把一个端口安全地过渡到转发状态而不依赖于任何时间的配置。

（5）除了版本域和标志域有些不同外，RSTP 保持和 STP 同样的 BPDU。

3．RSTP 端口角色

RSTP 将端口角色分为根端口、指定端口、替换端口、备份端口、边缘端口，各种端口角色的含义如图 5-11 所示。根端口（用 R 表示）和指定端口（用 D 表示）的名称与含义与 STP 相同。替换端口（用 A 表示）的含义等同于 STP 的阻塞端口。如果同一网桥有多个端口连接到共享网络段上，其中端口标识符最小的端口成为指定端口，其他端口则为备份端口（用 B 表示）。

根网桥的所有端口或是指定端口，或是备份端口，假如直接用链路互联根网桥的两个端口，其中一个端口标识符较小的端口为指定端口，另一个为备份端口。备份端口是对指定端口的备份，如果指定端口发生故障，可以用备份端口取代指定端口，这个过程瞬时完成，因此可以大大减少网络存在连通问题的时间。边缘端口（用 E 表示）是指网桥直接连接终端的端口，这些端口不会构成数据帧传输环路，因此，不需要参与 STP 构建生成树过程。边缘端口通过人工配置确定，如果某个边缘端口接收到 BPDU，意味着网络结构发生问题，应立即关闭该端口，以免产生数据帧传输环路。

4．RSTP 端口状态

RSTP 将端口状态简化为三种：丢弃状态（Discarding）、学习状态（Learning）和转发状态（Forwarding），根端口和指定端口可以处于这三种状态的任何一种，处于丢弃状态的根端口和指定端口只允许发送、接收 BPDU；处于学习状态的根端口和指定端口允许发送、接收BPDU，且允许学习数据帧的源 MAC 地址，但不允许转发数据帧；处于转发状态的根端口和指定端口允许输入、输出数据帧。替换端口和备份端口的稳定状态是丢弃状态，处于丢弃状态的替换端口和备份端口只允许接收 BPDU。边缘端口开通后，立即处于转发状态。

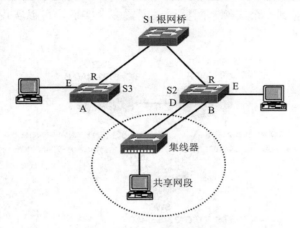

图 5-11　RSTP 端口角色

端口角色确定过程中，就是 RSTP 构建生成树的过程。该过程与 STP 构建生成树过程基本相同。RSTP 与 STP 的最大改进在于端口状态迁移过程。

（1）在 IEEE 802.1D 标准中，只有根端口没有收到 BPDU 后，非根桥才能产生 BPDU；在 IEEE 802.1W 标准中，即便网桥没有从根网桥收到任何 BPDU，非根网桥也会每隔 3 个 Hello时间周期发送包含当前信息的 BPDU。

（2）在 RSTP 中，如果某个网桥的端口在 3 个连续的 Hello 时间周期内没有收到任何BPDU，那么该网桥将立即对协议通信进行老化处理。

（3）STP 中，某个端口被确定为根端口或指定端口后，必须经过 2×Forward Delay 时间才能进入转发状态，RSTP 允许根端口或指定端口快速完成从丢弃状态到转发状态的迁移。

5.1.4　MSTP

1．STP/RSTP 的缺陷

STP 和 RSTP 是单生成树协议，基于整个物理以太网构建单个生成树，这样做，一是无法做到将属于不同 VLAN 的流量均衡分布到多条不同的链路上；二是不同 VLAN 之间传输路径可能经过不同的链路，一旦基于整个物理以太网构建单个生成树，在保证一些 VLAN 的连通性的情况下，可能导致其他一些 VLAN 无法保证连通性。虽然，一些设备厂家，如 Cisco，将 STP 和 RSTP 扩展为基于 VLAN 构建生成树，但由于不同 VLAN 构建生成树的操作相互独立，导致经过共享链路的 BPDU 流量剧增，影响网络性能。

2. MSTP 的基本思想

上述缺陷是单生成树协议自身无法克服的，如果要实现 VLAN 间的负载分担需要使用 MSTP。MSTP 在 IEEE 802.1S 标准中定义，它既可以实现快速收敛，又可以弥补 STP 和 RSTP 的缺陷。MSTP 基于实例（Instance）计算出多棵生成树，每一个实例可以包含一个或多个 VLAN，每一个 VLAN 只能映射到一个实例。网桥通过配置多个实例，可以实现不同 VLAN 之间的负载分担，如图 5-12 所示。

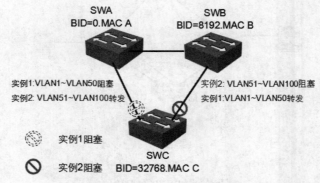

图 5-12　MSTP 实现负载分担

3. MSTP 的基本概念

为了确保 VLAN 到实例的一致性映射，协议必须能够准确地识别区域的边界，交换机需要发送 VLAN 到实例的映射摘要，还要发送配置版本号和名称，如图 5-13 所示。

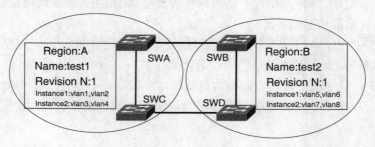

图 5-13　MSTP

（1）具有相同的多生成树 MST 实例映射规则和配置的交换机属于一个 MST 区域，属于同一个 MST 区域的交换机的以下配置必须相同。

（2）MST 配置名称（Name）：用 32 字节长的字符串来标志 MST Region 的名称。

（3）MST 修正号（Revision Number）：用 16 比特长的修正值来标志 MST Region 的修正号。

（4）VLAN 到 MST 实例的映射：在每台交换机上，最多可以新创建 64 个 MST 实例，编号从 1～64，Instance 0 是强制存在的。在交换机上可以通过配置将 VLAN 和不同的 Instance 进行映射，没有被映射到 MST 实例的 VLAN 默认属于 Instance 0。实际上，在配置映射关系之前，交换机上所有的 VLAN 都属于 Instance 0。

4．MSTP 的配置

配置 MSTP 分为以下 5 个步骤：

（1）全局配置模式下使用 **spanning-tree mode mstp** 命令启用交换机 MSTP。

（2）全局配置模式下使用 **spanning-tree mode mstp configuration** 命令进入 MSTP 配置模式。

（3）使用 **name** *name* 命令配置 MSTP 域名称。

（4）使用 **revision** *revision_number* 命令配置 MSTP 版本号。

（5）使用 **instance** *instance_number* **vlan** *vlan_range* 命令将 VLAN 映射到 MST 实例。

（6）使用 **show spanning-tree mstp** 查看 MSTP 状态

5.1.5　以太网链路聚合

提高网络链路带宽，可采用多种解决方案。一种是购买新的高性能设备，如千兆位或者万兆位交换机来提高端口速率，但这种方法的成本高，不符合公司实际需求；另一种是采用链路聚合（也称端口聚合）技术，这种方法成本低。

1．链路聚合的工作原理及作用

链路聚合是链路带宽扩展的一个重要途径，符合 802.3ad 标准。它可以把多个端口的带宽叠加起来，如图 5-14 所示为典型的链路聚合配置。全双工快速以太网端口形成的逻辑链路带宽可以达到 800Mb/s，吉比特以太网接口形成的逻辑链路带宽可以达到 8Gb/s。

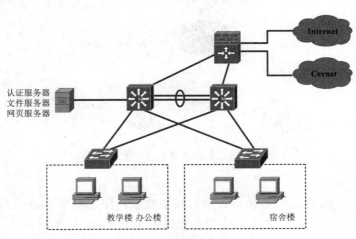

图 5-14　典型的链路聚合配置

链路聚合的主要功能是将两个交换机的多条链路捆绑形成逻辑链路，而其逻辑链路的带宽就是所有物理链路带宽之和；另外使用链路聚合，当其中的一条链路发生故障时，网络仍然能够正常运行，并且当发生故障的链路恢复后能够重新加入到链路聚合中；链路聚合还能在各端口上运行流量均衡算法，起到负载分担的作用，解决交换网络中因带宽引起的网络瓶颈问题。

2．链路聚合的负载均衡原理

链路聚合还可以根据报文的 MAC 地址或 IP 地址进行流量平衡。

（1）源 MAC 地址流量平衡即根据报文的源 MAC 地址把报文分配到各个链路中。不同的主机转发的链路不同，同一台主机的报文，从同一个链路转发。

（2）目的 MAC 地址流量平衡即根据报文的目的 MAC 地址把报文分配到各个链路中。同一目的主机的报文从同一个链路转发，不同目的主机的报文从不同的链路转发。

（3）源 IP 地址/目的 IP 地址对流量平衡是根据报文源 IP 地址与目的 IP 地址进行流量分配的。不同源 IP 地址/目的 IP 地址对的报文通过不同的端口转发，同一源 IP 地址/目的 IP 地址对通过相同的链路转发。该流量平衡方式一般用于三层链路聚合；如果在此流量平衡方式下收到的是二层数据帧，则自动根据源 MAC 地址/目的 MAC 地址对来进行流量平衡。

在图 5-15 中，一个聚合链路同路由器进行通信，路由器的 MAC 地址只有一个，为了让路由器与其他多台主机的通信量能够被多个链路分担，应设置根据目的 MAC 地址进行流量平衡。因此，应根据不同的网络环境设置适合流量分配的方式，以充分利用网络带宽。

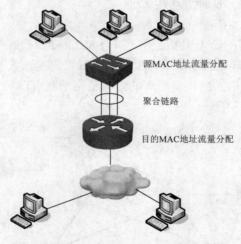

源MAC地址流量分配

聚合链路

目的MAC地址流量分配

图 5-15　链路聚合流量平衡示意图

3．链路聚合协议

PAgP（Port Aggregation Protocol，端口聚集协议）和 LACP（Link Aggregation Control Protocol，链路聚集控制协议）都是用于自动创建链路聚合的。所不同的是，PAgP 是思科专有协议，而 LACP 是 IEEE 802.3ad 定义的公开标准，这就像 ISL 和 802.1q 一样。

无论是 PAgP 还是 LACP，都是通过在交换机的级联接口之间互相发送数据包来协商创建链路聚合的。交换机接口收到对方的要求建立 PAgP 或者 LACP 数据后，如果允许，交换机会动态将物理端口捆绑形成聚合链路。

4. 链路聚合的方式

如果将聚合链路置为 on 或者 off 模式，则不使用自动协商的 PAgP 或 LACP 协议，而是手工配置聚合链路；如果将模式置为 auto、desirable、silent 或 non-silent，则使用 PAgP 协议；如果将模式置为 passive 或 active，则使用 LACP 协议。

5. 链路聚合的条件

值得注意的是，并不是所有的物理端口都能够形成聚合链路，必须是端口的物理参数和配置相同。

（1）端口必须处于相同的 VLAN 之中或都为 Trunk 口（其 Allowed Vlan 和 Native Vlan 都应该相同）。

（2）端口必须使用相同的网络介质。

（3）端口必须都处于全双工工作模式。

（4）端口必须是相同传输速率的端口。

（5）本端是手工（动态）配置，另外一端也应该是手工（动态）配置。

6. 链路聚合的应用

下面分别针对第二层接口（无 Trunk）、第二层接口（有 Trunk）和第三层接口的情况介绍链路聚合的使用。

（1）第二层接口（无 Trunk）。

当希望交换机的级联接口作为普通的二层接口使用，而不希望有 Trunk 流量时，可以使用第二层的链路聚合。采用这种方式的 aggregateport 应该首先将交换机的接口设置为第二层模式。

（2）第二层接口（有 Trunk）。

当希望交换机的级联接口作为二层 aggregateport，并且能够运行 Trunk，可以使用带 Trunk 的第二层 aggregateport 实现。采用这种方式的 aggregateport 应该首先将交换机的接口设置为第二层模式，并且配置好 Trunk，然后配置 aggregateport。

（3）第三层接口。

当希望交换机之间能够通过第三层接口相连，就像两个路由器通过以太网接口相连一样，然后使用 aggregateport 提高访问速度。

7. 链路聚合的基本配置

（1）建立聚合逻辑端口。

```
S1(config)#interface range fastethernet 0/3-4    //进入端口 Fa0/3-4 配置模式
S1(config-if-range)#port-group 1                  //将端口 Fa0/3-4 聚合成逻辑端口 AP1
```

（2）进入聚合逻辑端口。

```
S1(config)#interface aggregateport 1    //进入聚合端口 AP1
```

（3）设置聚合逻辑端口类型。

S1(config-if)#**switch mode trunk**	//设置聚合端口类型为 Trunk

（4）显示聚合逻辑端口。

S1#**show aggregateport summary**	//显示聚合端口的信息

5.1.6　网关的备份和负载分担

1. 网关冗余的必要性

通常，在同一网段内的所有主机都设置为一条相同的以网关为下一跳默认路由。主机发往其他网段的报文将通过默认路由发往网关，再由网关进行转发，从而实现主机与外部网络通信。当网关发生故障时，本网段内所有以网关为默认路由的主机将无法与外部网络通信，如图5-16 所示。

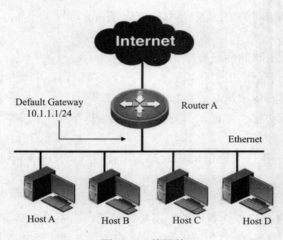

图 5-16　单网关

在双核心层次化网络结构中，为了减少作为网关的路由器（或三层交换机）出现故障时，导致用户无法正常访问网络服务的现象，可考虑在网络设计中应用冗余网关技术。常用的冗余网关协议包括：虚拟路由冗余协议（VRRP）、热备份路由协议（HSRP）、网关负载均衡协议（GLBP）。限于篇幅，本书只讨论 VRRP。

2. VRRP 标准协议简介

VRRP 是一种容错协议，在提高可靠性的同时，简化了主机的配置。VRRP 报文通过指定的组播地址 224.0.0.18 进行发送。VRRP 协议通过交互报文的方法将多台物理路由器模拟成一台虚拟路由器，网络上的主机与虚拟路由器进行通信，一旦 VRRP 组中的某台物理路由器失效，其他路由器自动将接替其工作。

图 5-17 所示，VRRP 涉及的主要术语包括如下几个。

（1）VRRP 组：由具有相同组 ID（范围为 1～255）的多台路由器组成，对外虚拟成一台路由器，充当网关；一台路由器可以参与到多个组中，充当不同的角色，实现负载均衡。

（2）IP 地址拥有者：接口 IP 地址与虚拟 IP 地址相同的路由器被称为 IP 地址拥有者。

（3）虚拟 MAC 地址：一个虚拟路由器拥有一个虚拟 MAC 地址，其格式为 00-00-5E-00-01-[组号]。当虚拟路由器（Master 路由器）回应 ARP 请求时，回应的是虚拟 MAC 地址，而不是接口的真实 MAC 地址。

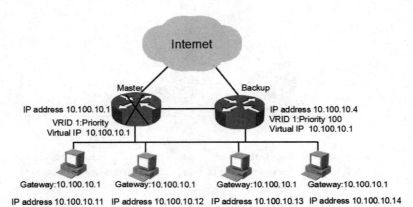

图 5-17　VRRP 原理

（4）Master、Backup 路由器：Master 路由器是 VRRP 组中实际转发数据包的路由器，Backup 路由器是 VRRP 组中处于监听状态的路由器，Master 路由器失效时由 Backup 路由器替代。

（5）优先级：VRRP 中根据优先级来确定参与备份组中的每台路由器的地位。优先级的取值范围是 0～255，数值越大优先级越高，优先级的默认值为 100，但是可配置的范围为 1～254，优先级 0 为系统保留，优先级 255 保留给 IP 地址拥有者。

（6）接口监视：VRRP 开启 track 功能，监视某个接口，并根据所监视接口的状态动态地调整本路由器的优先级。

（7）抢占模式：工作在抢占模式下的路由器，一旦发现自己的优先级比当前的 Master 路由器的优先级高，就会对外发送通告报文，用于保证高优先级的路由器只要接入网络就会成为 Master 主路由器。默认情况下，抢占模式都是开启的。

（8）VRRP 的选举：选举时，首先比较优先级，优先级高者获胜，成为该组的 Master 路由器，失败者成为 Backup 路由器；如果优先级相等，IP 地址大者获胜。在 VRRP 组内，可以指定各路由器的优先级。Master 路由器定期发送 Advertisement 报文，Backup 路由器接收 Advertisement 报文。Backup 路由器如果一定时间内未收到 Advertisement 报文，则认为 Master 路由器 Down，进行新一轮的 Master 路由器选举。

3. VRRP 的应用场合

（1）VRRP 主备工作方式。

在 VRRP 主备工作方式中，仅由 Master 路由器承担网关功能。当 Master 路由器出现故障

时，其他 Backup 路由器会通过 VRRP 选举出一个路由器接替 Master 路由器的工作，如图 5-18
所示。只要备份组中仍有一台路由器正常工作，虚拟路由器就仍然正常工作，这样可以避免由
于网关单点故障而导致的网络中断。

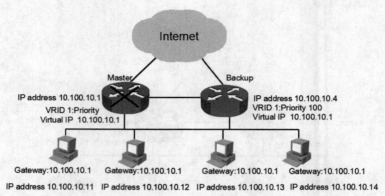

图 5-18　VRRP 主备工作方式

VRRP 主备工作方式中仅需一个备份组，不同的路由器在该备份组中拥有不同的优先级，
优先级最高的路由器成为 Master 路由器。

（2）VRRP 负载分担方式。

VRRP 负载分担方式是指多台路由器同时承担业务，因此负载分担方式需要两个或两个以上
的备份组，每个备份组都包括一个 Master 路由器和若干个 Backup 路由器。各备份组的 Master 路
由器各不相同。同一台路由器同时加入多个 VRRP 备份组，在不同备份组中具有不同的优先级。

如图 5-19 所示，为了实现业务流量在路由器之间的负载分担，需要局域网内主机的默认
网关分别配置为不同的虚拟 IP 地址。在配置优先级时，需要确保备份组中各路由器的 VRRP
优先级形成交叉对应。

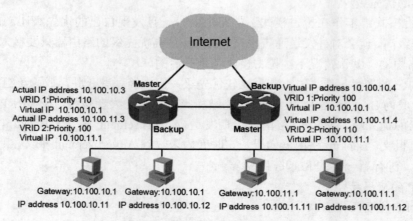

图 5-19　VRRP 负载分担工作方式

（3）VRRP 与 MSTP 的结合。

采用生成树协议只能做到链路级备份，无法做到网关级备份。MSTP 与 VRRP 结合可以同时做到链路级备份与网关级备份，极大地提高了网络的健壮性。在进行 MSTP 和 VRRP 结合配置使用时，需要注意的是保持各 VLAN 的根桥与各自的 VRRP Master 路由器要保持在同一台三层交换机上。一个典型例子如图 5-20 所示。

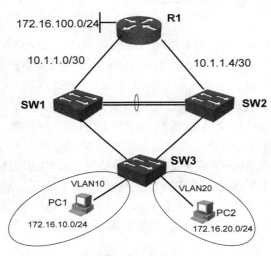

图 5-20 VRRP 与 MSTP 结合应用示例

4. VRRP 的基本配置

（1）配置 VRRP 组。

`Router(config-if)#vrrp group-number ip ip-address [ secondary ]`

group-number 为 VRRP 组的编号，即 VRID，取值范围为 1～255；ip-address 为 VRRP 组的虚拟 IP 地址；secondary 为该 VRRP 组配置的辅助 IP 地址。

（2）配置 VRRP 优先级。

`Router(config-if)#vrrp group-number priority number`

group-number 表示 VRRP 组号；number 表示优先级，取值范围为 1～254，默认为 100。

（3）配置 VRRP 端口跟踪。

`Router(config-if)#vrrp group-number track interface [priority-decrement]`

group-number 表示 VRRP 组号；interface 表示被跟踪的端口；priority-decrement 表示 VRRP 发现被跟踪端口不可用后，所降低的优先级数值，默认为 10。当被跟踪端口恢复后，优先级也将恢复到原先的值。

（4）配置 VRRP 抢占模式。

`Router(config-if)#vrrp group-number preempt [delay delay-time]`

group-number 表示 VRRP 组号；delay-time 表示抢占的延迟时间，即发送通告报文前等待的时间，单位为 s，取值范围为 1～255；默认情况下，抢占模式是启用的，并且如果不配置延迟时间，那么默认值为 0s，即当路由器从故障中恢复后，立即进行抢占操作。

5.2　项目实施

5.2.1　任务 1：配置 MSTP 解决交换环路问题

1. 任务描述

根据 ABC 公司前期网络规划，为了提高网络的可靠性，公司总部采用了扁平的双核心网络拓扑结构，如图 5-21 所示。二层交换机 SW2-1 作为接入层交换设备，将 ABC 公司四个部门的计算机接入网络，同时双上连至三层交换机 SW3-1 和 SW3-2。三层交换机作为核心层设备，将内部各子网连接起来，其中一台核心层交换机与服务器群连接。这样公司内部网络中的每个子网都有两条链路与核心层交换机相连，不会造成单点故障问题，从而提高了网络的可靠性。另外，为了避免四个部门的用户在访问服务器资源时，四个子网的流量要么都经过交换机 SW3-1 或要么都经过交换机 SW3-2 和 SW3-1，这种情况需要均衡网络数据流量，即市场部和财务部所在子网用户访问服务器时，采用经过交换机 SW3-1 为正常链路，经过交换机 SW3-2 和 SW3-1 为备用链路；人力资源部和企划部所在子网用户访问服务器时，采用经过交换机 SW3-2 和 SW3-1 为正常链路，经过交换机 SW3-1 为备用链路。

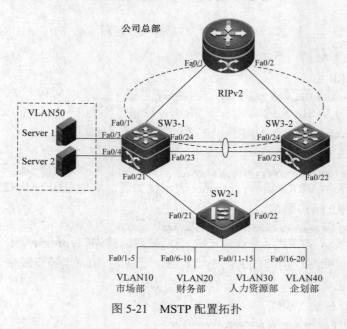

图 5-21　MSTP 配置拓扑

2. 任务要求

为了在网络安全系统集成实训室中模拟本任务的实施，搭建如图 5-21 所示的网络实训环境。在项目 4 的基础上，在交换机 SW2-1、SW3-1 和 SW3-2 上完成 MSTP 的恰当配置，实现交换网络链路可靠性和流量负载均衡功能，具体要求如下：

（1）依据拓扑图，在交换机上配置 MSTP。

（2）创建两个 MSTP 实例，分别为 1 和 2，实例 1 的成员是 VLAN10 和 VLAN20，实例 2 的成员是 VLAN30 和 VLAN40。

（3）设置 SW3-1 为生成树实例 1 的根，SW3-2 为生成树实例 2 的根，并要求 SW3-1 和 SW3-2 互为备份根。

（4）验证各交换机端口的 STP 状态和角色。

（5）测试网络 MSTP 的运行情况。

（6）使用 MyBase 软件对配置脚本进行管理，以便下一次实训和最后网络全网联调设备时使用。

3．任务实施步骤

（1）从本任务起，不再介绍网络设备、IP 地址和 VLAN 规划和环境搭建信息，请读者根据具体任务，参见项目 1～4 中各任务的描述。

（2）将 3 台交换机之间连接的端口设置为 Trunk 模式。

1）SW2-1 交换机上的配置。

SW2-1(config)#**interface range fastethernet** *0/21-22*	//批量指定端口
SW2-1(config-if-range)#**switchport mode trunk**	//交换机端口模式为中继

2）SW3-1 交换机上的配置。

SW3-1(config)#**interface range fastethernet** *0/21*	//指定交换机端口
SW3-1(config-if)#**switchport mode trunk**	//交换机端口模式为中继
SW3-1(config)#**interface range fastethernet** *0/23-24*	//批量指定交换机端口
SW3-1(config-if-range)#**switchport mode trunk**	//交换机端口模式为中继

3）SW3-2 交换机上的配置。

SW3-2(config)#**interface range fastethernet** *0/22*	//指定交换机端口
SW3-2(config-if)#**switchport mode trunk**	//交换机端口模式为中继
SW3-2(config)#**interface range fastethernet** *0/23-24*	//批量指定交换机端口
SW3-2(config-if-range)#**switchport mode trunk**	//交换机端口模式为中继

（3）在 3 台交换机上启用 MSTP。

1）在交换机 SW2-1 中开启 MSTP 功能。

SW2-1(config)#**spanning-tree**	//开启生成树功能，锐捷交换机默认为 MSTP
SW2-1(config)#**spanning-tree mst configuration**	//进入生成树配置模式
SW2-1(config-mst)#**instance** *1* **vlan** *10,20*	//创建实例 1 映射 VLAN10、VLAN20
SW2-1(config-mst)#**instance** *2* **vlan** *30,40*	//创建实例 2 映射 VLAN30、VLAN40

2）在交换机 SW3-1 中开启 MSTP 功能。

SW3-1(config)#**spanning-tree**	//开启生成树功能，锐捷交换机默认为 MSTP
SW3-1(config)#**spanning-tree mst configuration**	//进入生成树配置模式
SW3-1(config-mst)#**instance** *1* **vlan** *10,20*	//创建实例 1 映射 VLAN10、VLAN20
SW3-1(config-mst)#**instance** *2* **vlan** *30,40*	//创建实例 2 映射 VLAN30、VLAN40

3）在交换机 SW3-2 中开启 MSTP 功能。

SW3-2(config)#**spanning-tree**	//开启生成树功能，锐捷交换机默认为 MSTP
SW3-2(config)#**spanning-tree mst configuration**	//进入生成树配置模式
SW3-2(config-mst)#**instance** *1* **vlan** *10,20*	//创建实例 1 映射 VLAN10、VLAN20
SW3-2(config-mst)#**instance** *2* **vlan** *30,40*	//创建实例 2 映射 VLAN30、VLAN40

（4）查看网络中的根交换机。

这里假设 SW2-1 的桥 ID 最小，通过 show spanning-tree 命令，如图 5-22 所示，可以查看到全局的生成树配置，例如 MaxAge、HelloTime 等，同时也可以查看各实例的配置结果（也可以使用命令 show spanning-tree mst configuration 查看），例如实例 0 中的 VLAN 映射表，因为所有 VLAN 默认映射到实例 0，从"RootCost：0、RootPort：0"可以判定，实例 0 中交换机 SW2-1 为根交换机。同样地，在实例 1 和实例 2 中也可以判断交换机 SW2-1 为根交换机。

```
SW2-1# show spanning-tree  //查看生成树信息
StpVersion : MSTP
SysStpStatus : Enabled
BaseNumPorts : 24
MaxAge : 20
HelloTime : 2
ForwardDelay : 15
BridgeMaxAge : 20
BridgeHelloTime : 2
BridgeForwardDelay : 15
MaxHops : 20
TxHoldCount : 3
PathCostMethod : Long
BPDUGuard : Disabled
BPDUFilter : Disabled
###### MST 0 vlans mapped : 1-9,11-19,21-29,
             31-39,41-4094
BridgeAddr : 00d0.f8db.a401
Priority : 32768
TimeSinceTopologyChange : 0d:0h:15m:0s
TopologyChanges : 0
DesignatedRoot : 800000D0F8DBA401
RootCost : 0
RootPort : 0
CistRegionRoot : 800000D0F8DBA401
CistPathCost : 0
###### MST 1 vlans mapped : 10,20
BridgeAddr : 00d0.f8db.a401
Priority : 32768
TimeSinceTopologyChange : 0d:18h:49m:57s
TopologyChanges : 0
DesignatedRoot : 800100D0F8DBA401
RootCost : 0
RootPort : 0
###### MST 2 vlans mapped : 30,40
BridgeAddr : 00d0.f8db.a401
Priority : 32768
TimeSinceTopologyChange : 0d:18h:49m:57s
TopologyChanges : 0
DesignatedRoot : 800200D0F8DBA401
RootCost : 0
RootPort : 0
```

图 5-22　查看网络中的根交换机

请读者在交换机 SW3-1 和 SW3-2 上使用 show spanning-tree 命令，并对输出结果进行分析。

（5）查看各交换机端口的 MSTP 状态和角色。

在交换机 SW3-1 上使用 show spanning-tree mst 1 命令查看特定实例的信息，如图 5-23 所示。从显示结果中可以看到，交换机 SW3-1 在实例 1 中的优先级为 32768，根端口为 Fa0/21。

```
SW3-1#show spanning-tree mst 1      //显示交换机SW3-1上实例1的特性
###### MST 1 vlans mapped : 10,20
BridgeAddr : 00d0.f8ff.4e3f        //交换机SW3-1的MAC地址
Priority : 32768          // 优先级
TimeSinceTopologyChange : 0d:7h:21m:17s
TopologyChanges : 0
DesignatedRoot : 100100d0f8b83287   //后12位是MAC地址，此处显示的是SW2-1交换机的
                        MAC，这说明交换机SW2-1是实例1(instance )的生成树的根交换机
RootCost : 200000
RootPort : 21
```

图 5-23　显示 SW3-1 Instance1 多生成树信息

请读者在交换机 SW2-1、SW3-1 和 SW3-2 上使用 show spanning-tree mst instance interfaces 命令，并对输出结果进行分析。

从上面的分析可以知道，以上的配置并没有实现负载分担的效果，更为糟糕的是根交换机由性能低下的交换机来承担，因此接下来的工作要为不同的生成树实例选举出不同的根交换机。

（6）为不同实例指定不同的首选根桥和备份根桥。

通过使用 spanning-tree mst *instance-id* priority *priority* 调整某台交换机在特定实例中的优先级，实现负载的分担，具体配置如下：

1）交换机 SW3-1 的 MST 配置。

```
SW3-1(config)#spanning-tree mst 1 priority 4096        //实例 1 在 SW3-1 的优先级为 4096
SW3-1(config)#spanning-tree mst 2 priority 8192        //实例 2 在 SW3-1 的优先级为 8192
```

配置优先级比较高是为了使 SW3-1 作为 mst 1 的根节点，一方面是因为它的性能比 SW2-1 强，防止 SW2-1 被选做根节点；更重要的是，如果默认优先级更高的为 SW3-2，则 VLAN10、VLAN20 也会通过 SW3-2 传输，与我们所希望的产生冲突。

2）交换机 SW3-2 的 MST 配置。

```
SW3-2(config)#spanning-tree mst 2 priority 4096        //实例 2 在 SW3-2 的优先级为 4096
SW3-2(config)#spanning-tree mst 1 priority 8192        //实例 1 在 SW3-2 的优先级为 8192
```

（7）查看当前各实例的根交换机。

在交换机 SW3-1 上使用 show spanning-tree mst 1 命令查看是否 SW3-1 作为 mst 1 的根节点；在交换机 SW3-2 上使用 show spanning-tree mst 2 命令查看是否 SW3-2 作为 mst 2 的根节点。

（8）查看当前各交换机端口的 STP 状态和角色。

在交换机 SW3-1 上使用 show spanning-tree summary 命令查看 SW3-1 交换机端口的 STP 状态和角色；在交换机 SW3-2 上使用 show spanning-tree summary 命令查看 SW3-2 交换机端口的 STP 状态和角色。

（9）使用 MyBase 软件对配置脚本进行管理，以便下一次实训和最后网络全网联调设备

Chapter 5

时使用。

5.2.2　任务 2：使用链路聚合增强网络的可靠性

1．任务描述

ABC 公司因业务发展迅速，接入网络中的计算机数量越来越多，不同部门之间需要交换的业务数据越来越频繁，人力资源部和企划部访问内部的服务器流量越来越大，这势必造成交换机 SW3-1 和 SW3-2 之间的链路带宽不够用的问题，严重影响了网络的性能。针对这一问题，可以采用链路聚合技术，解决核心层交换机之间链路带宽的瓶颈问题，并保证核心层交换机之间链路的网络流量均衡，提供更好的灵活性和节约网络建设投资成本。

2．任务要求

为了在网络安全系统集成实训室中模拟本任务的实施，搭建如图 5-21 所示的网络实训环境。在任务 1 的基础上，保障网络链路带宽，完成如下配置任务：

（1）配置交换网络聚合端口。

（2）配置聚合端口的负载均衡。

（3）验证测试聚合端口功能。

（4）使用 MyBase 软件对配置脚本进行管理，以便下一次实训和最后网络全网联调设备时使用。

3．任务实施步骤

（1）在核心层交换机 SW3-1 和 SW3-2 上配置二层静态端口聚合。

1）在 SW3-1 上进行二层静态端口聚合配置。

```
SW3-1(config)#interface range fastethernet 0/23-24      //选定 Fa0/23、Fa0/24 端口
SW3-1(config-if-range)#port-group 1                     //建立聚合逻辑端口
SW3-1(config-if)#exit                                   //返回全局配置模式
SW3-1(config)#interface aggregatePort 1                 //进入聚合端口 AP1
SW3-1(config-if)#switchport mode trunk                  //将聚合接口模式设为 Trunk
```

2）在 SW3-2 上进行二层静态端口聚合配置。

```
SW3-2(config)#interface range fastethernet 0/23-24      //选定 Fa0/23、Fa0/24 端口
SW3-2(config-if-range)#port-group 1                     //建立聚合逻辑端口
SW3-2(config-if)#exit                                   //返回全局配置模式
SW3-2(config)#interface aggregatePort 1                 //进入聚合端口 AP1
SW3-2(config-if)#switchport mode trunk                  //将聚合接口模式设为 Trunk
```

（2）配置交换机 SW3-1 和 SW3-2 聚合端口基于源 IP 地址负载均衡。

在交换机 SW3-1 和 SW3-2 全局配置模式下输入命令：

```
SW3-1(config)#aggregateport load-balance src-dst-ip
SW3-2(config)#aggregateport load-balance src-dst-ip
```

（3）查看二层聚合端口的配置情况。

在交换机 SW3-1 和 SW3-2 上使用 show aggregatePort 1 summary 命令查看聚合端口设置情况，如图 5-24 所示。

```
SW3-1#show aggregatePort 1 summary
AggregatePort        MaxPorts        SwitchPort        Mode        Ports
-----------------------------------------------------------------------------------------------------
Ag1                  8               Enabled           Trunk       Fa0/23,Fa0/24

SW3-2#show aggregatePort 1 summary
AggregatePort        MaxPorts        SwitchPort        Mode        Ports
-----------------------------------------------------------------------------------------------------
Ag1                  8               Enabled           Trunk       Fa0/23,Fa0/24
```

图 5-24　查看聚合端口配置

（4）验证测试聚合端口功能。

在交换机 SW3-1 和 SW3-2 上划分 VLAN100，将 Fa0/10 划分至 VLAN100 中，PC1 和 PC2 分别接入交换机 SW3-1 和 SW3-2 的 Fa0/10 中。配置 PC1 和 PC2 的 IP 地址为 192.168.100.1 和 192.168.100.2，从 PC1 连续向 PC2 发出 ping 命令，断开 SW3-1 的 Fa0/23 端口与 SW3-2 的 Fa0/23 端口之间的链路，观察返回数据包的变化情况。

链路断开期间，交换机需要按照以太网端口聚合协议重新计算，会引起网络短暂中断。

（5）使用 MyBase 软件对配置脚本进行管理，以便下一次实训和最后网络全网联调设备时使用。

5.2.3　任务 3：使用 VRRP 技术提高网络的可用性

1．任务描述

ABC 总公司的各部门计算机用户需要实现可靠访问 Internet 资源，采用如图 5-21 所示的网络拓扑结构。根据本项目任务 1 的规划，市场部和财务部所在子网的计算机的网关应设置在交换机 SW3-1 上，人力资源部和企划部的网关应设置在交换机 SW3-2 上。但是，若其中的任何一台交换机故障，都会造成 ABC 公司的部分用户不能访问 Internet 的情况。为了实现总公司访问 Internet 的高可用性，考虑使用 VRRP 技术。如果配置 VRRP 单备份组，会导致接入计算机网关的备份线路闲置无法使用，造成浪费，因此采用 VRRP 多备份组的方案，使接入计算机网关的两条线路互为备份，并且同时都转发数据。

2．任务要求

为了在网络安全系统集成实训室中模拟本任务的实施，搭建如图 5-21 所示的网络实训环境。在实现本项目前面任务的基础上，在 SW3-1 和 SW3-2 上使用 VRRP 协议，实现网络三层链路的冗余和负载均衡。使用 192.168.x.254（x 为 10、20、30、40）作为虚拟路由器的 IP 地址。完成如下配置任务：

（1）配置 SW3-1 为 VLAN10 和 VLAN20 的活跃路由器，SW3-2 为 VLAN10 和 VLAN20 的备份路由器。

（2）配置 SW3-2 为 VLAN30 和 VLAN40 的活跃路由器，SW3-1 为 VLAN30 和 VLAN40 的备份路由器。

（3）使用 192.168.x.254（x 为 10、20、30、40）作为虚拟路由器的 IP 地址。

（4）使用 MyBase 软件对配置脚本进行管理，以便下一次实训和最后网络全网联调设备时使用。

3. 任务实施步骤

（1）配置 VRRP 双备份组。

本任务是在项目 5 中任务 1 和任务 2 的基础上进行。

1）在 SW3-1 上进行 VRRP 配置。

```
SW3-1(config)#interface VLAN 10              //进入 VLAN 接口配置模式
SW3-1(config-if)#vrrp 10 priority 120        //将 VLAN10 的 VRRP 优先级设为 120
SW3-1(config-if)#vrrp 10 ip 192.168.10.254   //配置虚拟 IP
SW3-1(config)#interface VLAN 20              //进入 VLAN 接口配置模式
SW3-1(config-if)#vrrp 20 priority 120        //将 VLAN20 的 VRRP 优先级设为 120
SW3-1(config-if)#vrrp 20 ip 192.168.20.254   //配置虚拟 IP
SW3-1(config)#interface VLAN 30              //进入 VLAN 接口配置模式
SW3-1(config-if)#vrrp 30 ip 192.168.30.254   //默认优先级为 100，配置虚拟 IP
SW3-1(config)#interface VLAN 40              //进入 VLAN 接口配置模式
SW3-1(config-if)#vrrp 40 ip 192.168.40.254   //默认优先级为 100，配置虚拟 IP
```

2）在 SW3-2 上进行 VRRP 配置。

```
SW3-2(config)#interface VLAN 30              //进入 VLAN 接口配置模式
SW3-2(config-if)#vrrp 30 priority 120        //将 VLAN30 的 VRRP 优先级设为 120
SW3-2(config-if)#vrrp 30 ip 192.168.30.254   //配置虚拟 IP
SW3-2(config)#interface VLAN 40              //进入 VLAN 接口配置模式
SW3-2(config-if)#vrrp 40 priority 120        //将 VLAN40 的 VRRP 优先级设为 120
SW3-2(config-if)#vrrp 40 ip 192.168.40.254   //配置虚拟 IP
SW3-2(config)#interface VLAN 10              //进入 VLAN 接口配置模式
SW3-2(config-if)#vrrp 10 ip 192.168.10.254   //默认优先级为 100，配置虚拟 IP
SW3-2(config)#interface VLAN 20              //进入 VLAN 接口配置模式
SW3-2(config-if)#vrrp 20 ip 192.168.20.254   //默认优先级为 100，配置虚拟 IP
```

（2）测试网络的连通性。

1）在 VLAN10 中的一台主机上 ping 路由器 R1 的回环接口，能否 ping 通。

2）在 VLAN10 中的一台主机上 tracert 路由器 R1 的回环接口，此时路径是（   ）。

3）在 VLAN30 中的一台主机上 ping 路由器 R1 的回环接口，能否 ping 通。

4）在 VLAN30 中的一台主机上 tracert 路由器 R1 的回环接口，此时路径是（   ）。

（3）检查 VRRP 的状态。

在交换机 SW3-1 和 SW3-2 上使用 show vrrp brief 命令查看 VRRP 状态，如图 5-25、图 5-26 所示。

对于 SW3-1 的 VLAN10 和 VLAN20，在组 10 和 20 中优先级为 120，SW3-1 为 Master 路由器；在组 30 和 40 中优先级为默认值 100，SW3-1 为 Backup 路由器。

```
SW3-1#show vrrp brief
Interface        Grp Pri timer Own Pre State  Master addr
                 Group addr
VLAN 10            10  120 3    -   P  Master 192.168.10.253
                 192.168.10.254
VLAN 20            20  120 3    -   P  Master 192.168.20.253
                 192.168.20.254
VLAN 30            30  100 3    -   P  Backup 192.168.30.252
                 192.168.30.254
VLAN 40            40  100 3    -   P  Backup 192.168.40.252
                 192.168.40.254
```

图 5-25 显示 SW3-1 上 VRRP 状态

```
SW3-2#show vrrp brief
Interface        Grp Pri timer Own Pre State  Master addr
                 Group addr
VLAN 10            10  100 3    -   P  Backup 192.168.10.253
                 192.168.10.254
VLAN 20            20  100 3    -   P  Backup 192.168.20.253
                 192.168.20.254
VLAN 30            30  120 3    -   P  Master 192.168.30.252
                 192.168.30.254
VLAN 40            40  120 3    -   P  Master 192.168.40.252
                 192.168.40.254
```

图 5-26 显示 SW3-2 上 VRRP 状态

对于 SW3-2 的 VLAN30 和 VLAN40，在组 30 和 40 中优先级为 120，SW3-2 为 Master 路由器；在组 10 和 20 中优先级为默认值 100，SW3-2 为 Backup 路由器。

（4）检查 VRRP 特性。

在 VLAN10 中的一台主机 PC 上 ping 路由器 R1 的回环接口的 IP 地址，同时在 SW2-1 上关闭与 SW3-1 相连端口 Fa0/21，结果显示，从 PC 可以 ping 通 R1 的回环接口 IP 地址，中间只丢了 1 个报文。

5.3 项目小结

本项目主要介绍了交换网络环境中链路冗余问题，内容涉及 STP、RSTP、MSTP，链路聚合，VRRP 等。其中 STP 主要解决了二层环路带来的广播风暴和单点链路故障问题，STP 在进行无环路的树形结构运算时，首先在网络中选举出根网桥，同时选举出接收 BPDU 报文的根端口和发送 BPDU 报文的指定端口，将没有角色的端口阻塞掉，STP 网络中一个阻塞端口从阻塞状态切换到转发状态需要经过 30～50s。RSTP 主要针对 STP 收敛速度过慢的问题，在端口角色中，增加了替代端口和备份端口，端口状态的过渡不再依赖于任何时间的配置，因此极大地提高了网络收敛速度。传统的 STP 和 RSTP 在进行生成树计算时，没有考虑多个 VLAN 环境中的生成树问题，MSTP 引入了实例概念，每个实例都计算出一个独立的生成树，可将一个 VLAN 或多个 VLAN 映射到一个实例中，这样不同的 VLAN 之间将存在不同的选举结果，从而避免了连通性丢失问题，并起到对流量负载分担的作用。链路聚合可以起到增加网络链路带宽、提高网络可靠性和使网络流量负载均衡等作用。VRRP 作为一种冗余备份解决方案，在共享多路访问介质上提供了网关的冗余性。VRRP 可以工作在主备和负载分担方式。现代企业中，多使用 MSTP+VRRP 相结合的方式。

5.4　过关训练

5.4.1　知识储备检验

1．填空题

（1）交换网络环境中环路的形成会产生（　　）、（　　）和（　　）问题。

（2）IEEE 定义的生成树规范有（　　）、（　　）和（　　）。

（3）链路聚合协议的标准有（　　）和（　　），聚合方式分为（　　）和（　　）。

（4）国际标准网关级冗余被称为（　　），有（　　）和（　　）工作方式。

2．选择题

（1）（　　）端口拥有从非根桥到根网桥的最低成本路径。

　　　A．根　　　　　　　B．指定　　　　　　C．阻塞　　　　　　D．非根非指定

（2）RSTP 中（　　）状态等同于 STP 的监听状态。

　　　A．阻塞　　　　　　B．丢弃　　　　　　C．学习　　　　　　D．监听

（3）在为连接大量客户主机的交换机配置链路聚合后，应选择（　　）流量平衡算法。

　　　A．dst-mac　　　　B．src-mac　　　　C．dst-ip　　　　　D．src-ip

（4）具有（　　）MST 实例映射规则的交换机组成一个 MST 区域。

　　　A．名称　　　　　　　　　　　　　　B．修正号

　　　C．优先级　　　　　　　　　　　　　D．VLAN 到 MSTP 映射实例

（5）交换机启动 VRRP 后，若主交换机要关闭 VRRP 协议，则其发布通告的优先级（　　）。

　　　A．变为 0　　　　　B．变为 1　　　　　C．变为 255　　　　D．不变

3．简答题

（1）为什么要使用链路冗余技术？主要实现技术有哪些？

（2）简述 STP 中最短路径的选择过程。

（3）描述 RSTP 做了哪些改进来缩短收敛时间。

（4）简述 MSTP 的实现过程。

（5）简述链路聚合的作用及聚合时应具备的条件。

（6）在 MSTP 和 VRRP 网络中，如何合理设置根交换机及主交换机？

5.4.2　实践操作检验

采用生成树协议只能做到链路级备份，无法做到网关级备份。MSTP 与 VRRP 结合可以同时做到链路备份与网关级备份，极大地提高了网络的健壮，试根据图 5-27，在 SW1、SW2 和 SW3 上完成恰当的配置，实现 VLAN10 和 VLAN20 所在主机上网关备份和流量负载均衡功能。

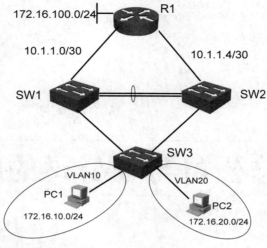

图 5-27　MSTP+VRRP 配置拓扑图

5.4.3　挑战性问题

试分析图 5-28 中各交换机和端口的角色。

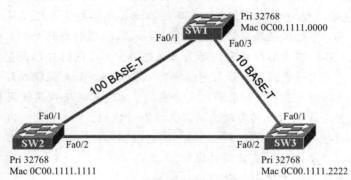

图 5-28　STP 桥和端口角色

6

实现企业总公司与分公司的网络连通

项目导引

　　大中型企业局域网是指由三层交换机或路由器连接多个网段构成的局域网，网段之间可能相距较远，也可能不直接相连。当需要将数据包从一个子网发往另一个子网的时候，必须借助具有 IP 数据包路由能力的三层交换机或路由器。具有路由能力的三层设备有 3 种方式获得网络中的路由信息，包括从链路层协议直接学习、人工配置静态路由和从动态路由学习。各类路由各有优缺点，可根据网络结构和实际需求来选择。如果网络拓扑是星状，各节点之间没有冗余链路，则可以使用静态路由；如果网络中有冗余链路，如全互联或环形拓扑，则可以使用动态路由，以增强路由可靠性。如果网络是分层的，则通常在接入层使用静态路由来降低资源的消耗；而在汇聚层或核心层使用动态路由来增加可靠性。

　　通过本项目的学习，读者将达到以下知识和技能目标：

- 熟悉路由器端口类型及其端口配置；
- 了解路由表、静态路由和动态路由的基本概念；
- 理解路由器转发数据包的过程及路由表的形成、结构与作用；
- 掌握有类路由和无类路由的基本概念；
- 掌握静态路由的应用场合及其配置方法；
- 能够规划与部署动态路由协议和掌握动态路由协议的配置方法；
- 具备网络管理和维护岗位操作规范的能力。

项目描述

　　ABC 公司在网络建设过程中，为了把公司总部和分部连为一体，需要实现公司总部和分部之间网络的互联互通，对此做出整合，进行网络规划。使用路由器连接公司总部与分部内部网络。ABC 公司总部和分部内部网络使用动态路由协议 RIP，ABC 公司总部和分部的骨干网络使用动态路由协议 OSPF 作为多核心网络的路由解决方案，ABC 公司总部和分部的内部网络与骨干网络之间使用静态路由。

任务分解

根据项目要求，将项目的工作内容分解为三个任务：
- 任务 1：利用静态路由实现总公司与分公司的用户访问 Internet；
- 任务 2：利用 RIP 动态路由实现总公司和分公司内网连通；
- 任务 3：利用 OSPF 动态路由实现 Internet 网络连通。

6.1 预备知识

6.1.1 路由器概述

1．路由器的主要功能

路由器提供了将不同网络互联的机制，实现将报文从一个网络转发到另一个网络，从而实现不同网络之间的通信，这其中使用了两项最主要的功能，即寻径和转发功能。

2．路由器物理接口标识

"端口"用在路由器上时，正常情况下它是指用来管理访问的一个管理端口，如 Console、AUX 端口。而"接口"一般是指有能力发送和接收用户流量的口。路由器接口一般需要具备不同类型接口，每个接口都有第 3 层 IP 地址和子网掩码，表示该接口属于特定的网络。路由器接口主要有以下两种类型。

（1）LAN 接口。

以太网中的网络接口类型通常包括双绞线接口、光纤接口两种。路由器的 LAN 接口主要用于和网络中的核心交换机连接。

（2）WAN 接口。

LAN 接入 WAN 的方式有多种，如 DDN、ADSL、光纤接入等，为了满足用户的多种需要，路由器需要配备多种 WAN 接口。如串行接口、ISDN 接口和帧中继接口。路由器上常见的接口如图 6-1 所示。

3．路由器逻辑接口

路由器的逻辑接口是在实际的硬件接口（物理接口）的基础上，通过路由器操作系统软件创建的一种虚拟接口。这些虚拟接口可被网络设备当成物理接口来使用，以提供路由器与特定类型的网络介质之间的连接。在路由器可配置不同的逻辑接口，主要如子接口、Loopback 接

6

Chapter

口、Null 接口以及 Tunnel 接口等。

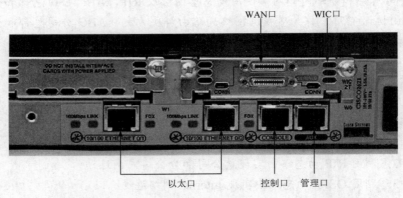

图 6-1　路由器接口

（1）子接口。

子接口是一种特殊的逻辑接口，它绑定在物理接口上，并作为一个独立的接口来引用。子接口有自己的第 3 层属性，比如 IP 地址。子接口名由其物理接口的类型、编号、英文句点和另一个编号所组成。例如 F0/1.1 是物理接口 F0/1 的一个子接口；Serial0/0.1 是 Serial0/0 的一个子接口。

（2）Loopback 接口。

Loopback 接口又称回环接口，是一种虚拟接口，交换机、路由器应用这种接口来模拟真正的接口。Loopback 接口的特点是：接口状态永远是 UP 的；接口可以配置地址，而且可以配置全 1 的掩码——这样做可以节省宝贵的地址空间；接口不能封装任何链路层协议；可接收或发送 IP 数据包。

（3）Null 接口。

Null 接口又称清零接口，主要用来过滤某些网络数据。其特点是：Null 口是个伪接口（pseudo-interface），不能配置地址，也不能被封装；总是 UP 的；从不转发或接受任何数据流量，由于这个特点，通常用它来防止路由环路。

（4）Tunnel 接口。

Tunnel 接口又称隧道或通道接口，用于支持某些物理接口不能直接支持数据报的传输。Tunnel 接口不特别指定传输协议或者负载协议，它提供的是一个用来实现相关标准的点对点的传输模式。由于 Tunnel 实现的是点对点的传输链路，所以，对于每一链路必须设置一对Tunnel 接口。Tunnel 传输适用于以下情况：

1）允许运行非 IP 协议的本地网络之间通过一个 IP 网络通信，因为 Tunnel 支持多种不同的负载协议。

2）允许在广域网上提供虚拟专网（Virtual Private Network，VPN）功能。

4．路由器接口配置注意事项

（1）路由器接口配置原则。

1）一般地，路由器的物理接口通常要有一个 IP 地址。

2）相邻路由器的相邻接口 IP 地址必须在同一 IP 网段上。

3）同一路由器的不同接口的 IP 地址必须在不同 IP 网段上。

4）除了相邻路由器的相邻接口外，所有网络中路由器所连接的网段，即所有路由器的任何两个非相邻接口都必须不在同一网段上。

（2）配置以太网接口。

①R(config)#**interface** *type mod/num*	//指定欲配置的接口，进入接口配置模式
②R(config-if)#**ip address** *ip-address mask*	//为接口配置一个 IP 地址
③R(config-if)#**ip address** *ip-address mask* **secondary**	//给一个接口指定多个 IP 地址
④R(config-if)#**description** *description-string*	//设置对接口的描述
⑤R(config-if)#**duplex** {**auto**	**full**	**half**}	//设置通信方式
⑥R(config-if)#**bandwidth** *kilobits*	//配置接口带宽，该命令用于一些路由协议
⑦R(config-if)#**speed** {**10**|**100**|**1000**|**auto**}	//接口速度，给路由器接口指定速度
⑧Router(config-if)#**mtu** *mtu_size*	//用于配置路由器本地接口收发数据包的最大值
⑨R(config-if)#**no shutdown**	//启用接口
⑩R(config-if)#**shutdown**	//禁用接口

（3）检查路由器接口。

①R#**show interface**	//显示所有接口的状态信息
②R#**show interface** *type slot/number*	//显示指定接口的状态信息
③R#**show ip interface brief**	//以紧缩形式查看部分接口信息
④R#**show running-config**	//显示出路由器接口的状态信息

（4）配置广域网接口。

①R(config)#**interface serial** *mod/num*	//指定欲配置的串行接口
②R(config-if)#**encapsulation** {**frame-relay**	**hdlc** |**ppp**|**lapb**|**X25**}	//配置封装协议
③R(config-if)#**clock rate** {*9600*	··· |··· |*8000000*}	//配置同步接口的时钟速率
④R#**show controllers serial** *mod/num*	//检验串行接口

（5）配置逻辑接口。

1）子接口配置。

R(config)#**interface f** *0/1.1*	//定义子接口 F0/1.1 并进入子接口
R(config-subif)#	//进入子接口配置模式
R(config)#**interface s** *0/0.1* **point to point**	**multi-point to point**	
//定义广域网串口 S0/0 点到点或点到多点连接子接口 S0/0.1	

2）配置 Loopback 接口。

R(config)#**interface loopback** *number*	//设置 Loopback 接口号<0-2147483647>
R(config-if)#**ip address** *ip-address mask*	//为 Loopback 接口配置一个 IP 地址

3）配置 Null 接口。

R(config)#**interface null** *n*	// *n* 取值范围是 0～2147483647

4）配置 Tunnel 接口。

Router(config)#**interface tunnel** *tunnel-number*	//创建 Tunnel 接口并进入接口配置模式

6 Chapter

6.1.2　路由技术概述

1．什么是路由

路由是把数据从一个网络转发到另一个网络的过程，完成这个过程的设备就是路由器。路由的动作包括两项基本内容：寻径和转发。寻径即为确定到达目的地的最佳路径；转发即沿确定好的到达目的地的最佳路径传送信息分组。路由器的转发特点是逐跳转发，在如图 6-2 所示的网络拓扑中，Network A 的 IP 报文要想发送给 Network B，首先发给 R1，R1 收到后根据报文的目的 IP 地址查找路由并将报文转发给 R2，R2 收到后根据报文的目的 IP 地址查找路由并将报文转发给 R3，R3 收到后将报文转发给 Network B。这就是路由转发的逐跳性，即路由只指导本地转发，而不影响其他设备转发，设备之间的转发是相互独立的。

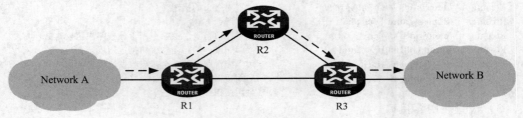

图 6-2　路由转发示意图

2．什么是路由表

路由表是保存在 RAM 中的数据文件，存储了直连网络以及远程网络相关的信息。路由表的主要用途是为路由器提供通往不同目的网络的路径。为此，路由器需要搜索存储在路由表中的路由信息。路由表包含若干路由条目，在路由器中使用 show ip route 命令可以显示路由器的路由表，如图 6-3 所示。

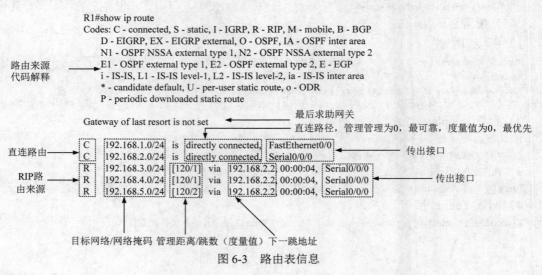

图 6-3　路由表信息

从图 6-3 可以看出，路由表由两部分组成：代码（Codes）部分和路由表的实体部分。其中代码部分解释了每个代码的具体含义；在路由表实体部分的每一行，从左到右包含如下内容：路由的类型、目标网络/网络掩码、管理距离/度量值、下一跳地址/传出接口等，表 6-1 为这些内容的解释。

表 6-1　路由条目解释

条目	含义
C、S、R、O、D（特殊 R*、S*等）	路由来源：可以是直连路由、静态路由或动态路由等
目标网络/子网掩码	路由器将数据包中的目的 IP 地址与这个字段进行比较，来找到匹配的路由
下一跳地址/传出接口	Next hop 告诉路由器把匹配这条路由的数据包转发到其他路由器的路由中；Out interface 告诉路由器把匹配这条路由的数据包从本地路由器的接口送出
管理距离（AD）/度量值（Metric）	为了区别不同路由协议获得路由的可信度，用 AD 加以表示，其值越小，表示越可信。路由协议会给去往目的地的多条路径计算一个度量值，其值越小，路径越佳，注意不同路由协议计算度量值的方法不同

3．路由来源

路由器将路由加入路由表有 3 种方法。

（1）直连路由。

直连路由是指直连到路由器某一接口的网络。当路由器接口配置有 IP 地址和子网掩码时，此接口即成为该相连网络的主机。接口的网络地址和子网掩码以及接口类型和编号都将直接输入路由表，用于表示直连网络。路由器若要将数据包转发到某一主机（如 PC2），则该主机所在的网络应该是路由器的直连网络。生成直连路由的条件有两个：接口配置了 IP 地址，并且这个接口物理链路是连通的。

（2）静态路由。

静态路由是由网络管理员手工配置在路由器中的路由信息。当网络的拓扑结构或链路的状态发生变化时，网络管理员需要手工去修改路由表中相关的静态路由信息。

（3）动态路由。

由路由器按指定的协议格式在网上广播和接收路由信息，通过路由器之间不断交换路由信息，动态地更新和确定路由表，并随时向附近的路由器广播，这种方式称为动态路由。动态路由通过检查其他路由器的信息，并根据开销、链接等情况自动决定每个包的路由途径。动态路由由于较具灵活性，使用配置简单，成为目前主要的路由类型。

4．路由度量值

路由度量值（Metric）表示到达这条路由所指目的地的代价，也称为路由权值（Cost）。计算路由度量值时通常会考虑：跳数、链路带宽、链路延时、链路使用率、链路可信度以及链路 MTU 等因素。

不同的动态路由协议会选择其中的一种或几种因素来计算度量值。在常用的路由协议中，RIP 使用"跳数"来计算度量值，跳数越小，其路由度量值也就越小；而 OSPF 使用"链路带宽"来计算度量值，链路带宽越大，其路由度量值越小。度量值通常只对动态路由协议有意义，静态路由和直连路由的度量值统一规定为 0。

通过 RIP 和 OSPF 两个协议度量值计算的参考依据可以看出，路由度量值只在同一种路由协议内有比较意义，在不同的路由协议之间路由度量值没有比较意义，也不存在换算关系。

5．管理距离

管理距离（Administration Distance，AD）指出了路由协议的可信度，每种路由协议都指定了一个默认值，路由器将按从低到高的顺序来优先选择路由协议。管理距离越小，其可信度就越高。一般而言直连路由的可信度最高，其 AD 值为 0，静态路由的可信度（AD 值为 1）次之，最不可靠的是动态路由（不同的动态路由协议 AD 值不一样，如 RIP 的 AD 值为 120，OSPF 的 AD 值为 110）。AD 的主要作用是，决定路由进程使用哪个路由来源，如图 6-4 所示。

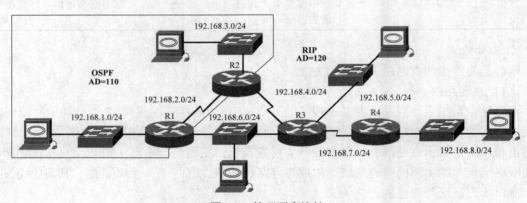

图 6-4　管理距离比较

R2 当前同时使用 RIP 和 OSPF 路由协议（请记住：通常情况下，路由器很少会使用多个动态路由协议，此处只是为了说明管理距离的工作原理）。R2 使用 OSPF 从 R1 获悉通往 192.168.6.0/24 的路由，同时，也使用 RIP 从 R3 获悉了该路由。R1 的管理距离值为 120，而 OSPF 的管理距离值相对较低，为 110。这样，R2 会将 OSPF 所获悉的路由添加到路由表中，并且将发往 192.168.6.0/24 网络的所有数据包转发到路由器 R1。

如果到 R1 的链路无法使用，会发生什么情况？如果是这样，R2 似乎就没有到 192.168.6.0 网络的路由了。而实际上，R2 在 RIP 数据库中仍旧保存了有关 192.168.6.0 网络的 RIP 路由信息。这可以通过 show ip rip database 命令来查看。此命令可以显示 R2 了解到的所有 RIP 路由，包括添加在路由表中的 RIP 路由和没有添加的 RIP 路由。

路由优先级的取值范围为 0～255，0 表示直接连接的路由，255 表示任何来自不可信源端的路由，数值越小表明优先级越高。路由器默认的 AD 值如表 6-2 所示。

表 6-2 默认管理距离

路由信息源	默认管理距离值	路由信息源	默认管理距离值
直连路由	0	OSPF	110
静态路由（出口为本地接口）	0	IS-IS	115
静态路由（出口为下一跳）	1	RIPv1，RIPv2	120
EIGRP 汇总路由	5	EIGRP（外部）	170
外部边界网关协议（eBGP）	20	内部边界网关协议（iBGP）	200
EIGRP（内部）	90	未知	255
IGRP	100		

通过上面的讨论，可以得出：在同一路由协议内，各目的地址相同的路由以度量值作为判断的依据；而在不同的路由协议之间，各目的地相同的路由以 AD 值作为判断的依据。

6.1.3 静态路由

1．静态路由概述

静态路由是由网络管理员手工输入到路由器的，当网络拓扑发生变化而需要改变路由时，网络管理员就必须手工改变路由信息，不能动态反映网络拓扑。静态路由不会占用路由器的 CPU、RAM 和线路的带宽。同时静态路由也不会把网络的拓扑暴露出去。

但是配置静态路由时存在容易出错、维护困难和需要完全了解整个网络的情况才能进行操作的缺点。

2．静态路由的应用场合

由于静态路由不能对网络拓扑的改变做出反应，一般用于规模不大、拓扑结构固定的网络中，因此在以下情况使用静态路由。

（1）网络中仅包含几台路由器。

在这种情况下，使用动态路由协议并没有任何实际好处，相反动态路由可能会增加额外的管理负担。

（2）网络仅通过单个 ISP 接入 Internet。

因为该 ISP 是唯一的 Internet 出口点，所以不需要在此链路间使用动态路由协议。通常把这种网络称为末端网络，或末节网络、存根网络、边界网络和边缘网络。

（3）以集中星状拓扑结构配置大型网络。

集中星状拓扑结构由一个中央位置（中心点）和多个分支位置（分散点）组成，其中每个分散点仅有一条到中心点的连接，所以不需要动态路由。

3．静态路由的配置

（1）ip route 命令。

配置静态路由的命令是 ip route，在全局配置模式下，建立静态路由的命令格式为：

ip route *destination-perfix destination-perfix-mask {address|interface} [distance]* [**tag** tag] [**permanet**]

具体参数解释如表 6-3 所示。

表 6-3　ip route 命令参数表

参数	描述
destination-perfix	目的网络或子网 IP 地址
destination-perfix-mask	目的网络 IP 地址的子网掩码
address	可以用来达到目的网络的下一跳 IP 地址
interface	要使用的网络接口
distance	（任选项）管理距离
tag tag	（任选项）为了通过路由映像控制重发布，可以被用作匹配参数的标记值
permanet	（任选项）即使接口被关闭，路由也不能取消

（2）配置静态路由的方法。

在配置静态路由时，一般使用更为简单的语法版本，如下所示：

ip route *destination-perfix destination-perfix-mask {address|interface}*

根据语法，静态路由有两种配置方法：一种方法是把数据发往下一跳路由器的 IP 地址；另一种方法是从自己的某个接口把数据转发出去，它们的默认管理不同，如表 6-2 所示，这是因为带下一跳地址的静态路由，需要通过递归路由查找解析送出接口。

因此，在配置静态路由时，在点到点网路中最好使用带传出接口的方式，以提高查找的速度。对于使用出站以太网的静态路由，最好同时使用下一跳地址和传出接口。

（3）可以使用 no ip route 命令来删除静态路由。

（4）可以使用 show ip route 命令来显示路由器中的路由表。

（5）可以使用 show running-config 命令来检查静态路由的配置情况。

3．默认路由

默认路由也称缺省路由，是指路由器没有明确路由时所采纳的路由，或为最后可用的路由。当路由器不能用路由表中的一个更具体条目来匹配一个目的网络时，它将使用默认路由，即"最后的可用路由"。实际上，路由器用默认路由来将数据包转到另一台路由器，这台新的路由器必须要么有一条到目的地的明细路由，要么有他自己的到另一台路由器的默认路由。以此类推，最后数据包应该被转发到真正有一条到目的地网络的路由器上。没有默认路由，目的地址在路由表中无匹配表项的包将被丢弃。

（1）默认路由一般处于整个网络末端的路由器上，这台路由器被称为默认网关，它负责向外连接的任务，默认路由也需要手工配置。

（2）默认路由可以尽可能地将路由表的大小保持得很小，使路由器能够转发目的地为任何 Internet 主机的数据包而不必为每个 Internet 网络都维护一个路由表条目。

（3）默认路由可由管理员静态的输入或者通过路由选择协议被动态地学到。

（4）默认路由的配置。

配置默认路由通常有两种：

1）0.0.0.0 路由。

创建一条到 0.0.0.0/0 的 IP 路由是配置默认路由最简单的方法。在全局配置模式下建立默认路由的命令格式为：

```
Router(config)#ip route 0.0.0.0   0.0.0.0   {next-hop-ip|interface}
```

其中：next-hop-ip 为相邻路由器的相邻接口地址；interface 为本地物理接口号。

2）default-network 路由。

ip default-network 命令可以被用来标记一条到任何 IP 网络的路由，而不仅仅是 0.0.0.0/0，作为一条候选默认路由。候选默认路由在路由表中是用 "*" 来标注的，并且被认为是最后的网关。命令语法格式如下：

```
Router(config)#ip default-network network
```

其中，参数 network 所指代的是主网络号。使用该命令的路由器的路由表中必须存在达到该网络的路由，或者至少存在一条该主网的子路由，否则不会产生默认路由。

4．静态路由应用举例

图 6-5 中的 R2 模拟一个公司的出口路由器，R3 模拟 ISP 的接入路由器，作为 R2、R3 来讲，他们之间没有必要运行动态路由协议，因为 R2 没有必要将外部成千上万条路由加入路由表中来降低查询速度，何况有很多路由条目对公司网络运行没有任何好处；对 R3 而言，本来路由表就庞大，因此应尽可能地减少 R3 中的路由条目。因此我们可以在 R2 上配置一条默认路由，指向 ISP 路由器，供公司接入 ISP 时使用；在 ISP 路由器上配置一条指向客户路由器的静态路由，用于路由目的地为客户网络内部的地址流量。

因为公司内部运行 RIPv1 协议，默认静态路由只在 R2 上有，R1 没有，这样会导致和路由器 R1 相连的网络不会路由至 Internet，因此此在 R1 上也应该有一条通往 ISP 的默认路由，可以采取静态的配置方式（但可扩展性较差），也可以采用动态发布的方式，如执行 default-information originate 或 ip default-network 或 redistribute static 命令。

5．用静态路由实现路由备份和负载分担

在前面已经介绍过：到达同一网络如有多条不同管理距离的路由存在，路由器将采用管理距离低的路由。路由备份和负载分担的原理是利用路由的不同管理距离。下面以图 6-6 为例，利用静态路由实现路由备份和负载分担。

（1）路由备份。

在路由器 RA 进行如下配置：

```
RA(config)#ip route 110.0.0.0 255.255.255.0 192.168.2.2   5
RA(config)#ip route 110.0.0.0 255.255.255.0 192.168.1.2   10
```

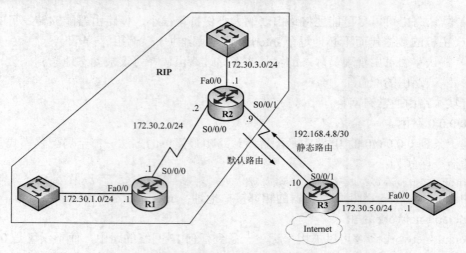

图 6-5　静态路由应用举例

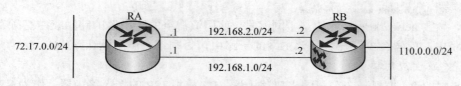

图 6-6　静态路由实现路由备份和负载分担

在路由器 RB 上进行如下配置：

```
RA(config)#ip route 72.17.0.0 255.255.255.0 192.168.2.2   5
RA(config)#ip route 72.17.0.0 255.255.255.0 192.168.1.2   10
```

当使用 show ip route 查看路由器 RA 的路由表时就会发现只有一条 110.0.0.0/255.255.255.0 的路由（下一跳为 192.168.2.2）。

当把图 6-6 中上面那条以太网链路断开后，再使用 show ip route 查看路由器 RA，路由表发生了变化。可以看到，到达 110.0.0.0/255.255.255.0 的路由的下一跳变为 192.168.1.2，也就是说原来被掩盖的路由浮出来了。这样就实现了图 6-6 中的下面那条以太线路实际上成为了上面以太网线路的备份线路。

（2）负载分担。

在路由器 RA 进行如下配置：

```
RA(config)#ip route 110.0.0.0 255.255.255.0 192.168.2.2   5
RA(config)#ip route 110.0.0.0 255.255.255.0 192.168.1.2   5
```

在路由器 RB 上进行如下配置：

```
RA(config)#ip route 72.17.0.0 255.255.255.0 192.168.2.2   5
RA(config)#ip route 72.17.0.0 255.255.255.0 192.168.1.2   5
```

当使用 show ip route 查看路由器 RA 的路由表时就会发现有两条 110.0.0.0/255.255.255.0

的路由（下一跳为 192.168.2.2 和 192.168.1.2）。

6．全网静态路由的配置方法

静态路由要求在 IP 数据包转发所经过的所有路由器上，必须手工添加去往目标网络的路由，如果随意进行路由配置，很容易遗忘路由，这样就会造成网络无法连通，所以必须保证每台路由器上的每条路由都不会漏配。通常按以下步骤来完成静态路由的配置：

（1）为路由器的每个接口配置 IP 地址（按地址表）。

（2）确定本路由器有哪些直连网段的路由信息。

（3）确定网络中有哪些属于本路由器的非直连网段。

（4）添加本路由器的非直连网段相关的路由信息。

一般小型网络都可以参照以上步骤进行配置，重点分析清楚各路由器的非直连网段，能正确判断传递至非直连网段的数据包所要通过的本地接口或下一跳路由器的直连接口的 IP 地址。下面结合如图 6-7 所示的网络拓扑，可以得出表 6-4 所示的静态路由配置分析表。

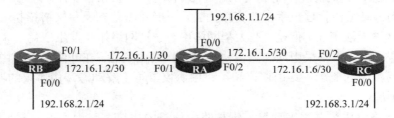

图 6-7　静态路由配置实例

表 6-4　静态路由配置分析表

设备名称	直连网段	本地接口	非直连网段	下一跳 IP 地址
RA	172.16.1.0/30	F0/1	192.168.2.0	172.16.1.2
	172.16.1.4/30	F0/2	192.168.3.0	172.16.1.6
	192.168.1.0/24	F0/0		
RB	172.16.1.0/30	F0/1	192.168.1.0	172.16.1.1
	192.168.2.0/24	F0/0	172.16.1.4	172.16.1.1
			192.168.3.0	172.16.1.1
RC	192.168.3.0/24	F0/0	172.16.1.0	172.16.1.5
	172.16.1.4/24	F0/2	192.168.1.0	172.16.1.5
			192.168.2.0	172.16.1.5

分析：该网络中共有 5 个网段，因此每个路由器的"直连网段+非直连网段的数目为 5 个网段"。在路由器上需要配置到达非直连网段的静态路由。

RA 上需配置 2 条静态路由：

```
RA(config)#ip route 192.168.2.0    255.255.255.0    172.16.1.2
RA(config) #ip route 192.168.3.0    255.255.255.0    172.16.1.6
```

RB 上需配置 3 条静态路由：

```
RB(config)#ip route 192.168.1.0    255.255.255.0    172.16.1.1
RB(config)#ip route 172.16.1.4    255.255.255.252    172.16.1.1
RB(config)#ip route 192.168.3.0    255.255.255.0    172.16.1.1
```

RC 上需配置 2 条静态路由：

```
RC(config)#ip route 192.168.1.0    255.255.255.0    172.16.1.5
RC(config)#ip route 172.16.1.0    255.255.255.252    172.16.1.5
RC(config)#ip route 192.168.2.0    255.255.255.0    172.16.1.5
```

6.1.4　动态路由协议

1．动态路由协议概念

静态路由信息在默认情况下是私有的，不会传递给其他的路由器。静态路由信息在网络拓扑发生变化时，必须由管理员手工改变路由表，不能及时动态反映网络拓扑，有可能引起网络的延迟甚至网络无法工作。但是，在大型网络中，一旦网络拓扑发生变化，这种缺点将会导致很严重的后果，因此需要采用动态路由协议来交换路由信息。在介绍动态路由协议之前，先来比较两个容易混淆的概念：路由协议和可路由协议，再了解动态路由协议的概念。

（1）路由协议。

简单来说，路由协议是用来计算、维护路由信息的协议。路由协议通常采用一定的算法计算出路由，以及用一定的方法确定路由的正确性、有效性并维护之。路由协议一般工作在 OSI 参考模型的传输层或者应用层，常见的路由协议有 RIP、OSPF、BGP（Border Gateway Protocol，边界网关协议）等。

（2）可路由协议。

可路由协议又称为被路由协议，指可以被路由器在不同逻辑网段间路由的协议。可路由协议通常工作在 OSI 参考模型的网络层，定义数据包内各字段的格式和用途，其中包括网络地址等，路由器可根据数据包内的网络地址对数据包进行转发。常见的可路由协议有：IP 协议和 IPX 协议。

（3）动态路由协议。

动态路由协议就是路由器用来动态交换路由信息，动态生成路由表的协议。动态路由机制的运作依赖路由器的两个基本功能：对路由表的维护；路由器之间适时的路由信息交换。路由器通过动态路由协议实现这两个功能。通过图 6-8，可以直观地看出路由信息交换的过程。

根据是否在一个自治系统（Autonomous System，AS）内部使用，动态路由协议分为内部网关协议（IGP）和外部网关协议（EGP），如图 6-9 所示。AS 是一个具有统一管理机构、统一路由策略的网络集合，在同一个 AS 中所有的路由器共享相同的路由表信息。AS 内部采用的路由选择协议称为内部网关协议，用于同一个 AS 中的路由器间交换路由选择信息，如 RIP、

OSPF 等；外部网关协议主要用于多个 AS 之间的路由通信，如 BGP 和 BGP-4。

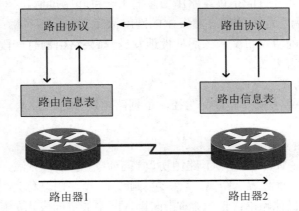

图 6-8　动态路由信息交换过程

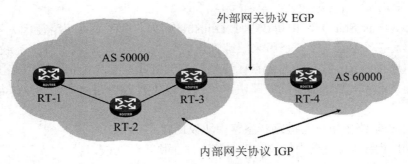

图 6-9　IGP 与 EGP

2．动态路由协议的工作过程

动态路由协议是在路由器之间通过运行某种算法相互交换一定的信息来计算路由，每种路由协议都有自己特定的报文格式，如果两台路由器都支持某种路由协议并正确启动了该协议，则具备了相互通信的基础。

各种动态路由协议共同的目的是计算与维护路由。通常，各种动态路由协议的工作过程包含下面 4 个阶段：

（1）邻居发现：运行了某种路由协议的路由器会主动把自己获得的路由信息介绍给网段内的其他路由器。既可以通过广播方式发送路由协议消息，也可以通过单播方式将路由协议报文发送给指定的邻居路由器。

（2）交换路由信息：发现邻居后，每台路由器将自己已知的路由相关信息发给相邻的路由器，相邻路由器又发送给下一台路由器。这样经过一段时间后，最终每台路由器都会收到网络中所有的路由信息。

（3）计算路由：每台路由器都会运行某种算法（取决于使用哪种路由协议），并计算出最终的路由。实际上需要计算的是该条路由信息的下一跳和度量值。

（4）维护路由：为了能够感知突然发生的网络故障（如设备故障或线路中断），路由协议规定两台路由器之间的协议报文应该周期性地发送。如果路由器有一段时间收不到邻居发来的路由协议，则认为邻居失效了。

3．动态路由协议分类

动态路由协议通过算法来计算最优路径，根据路由所执行的算法，动态路由协议一般分为以下两类。

（1）距离矢量路由协议。

距离矢量（Distance-Vector，D-V）路由协议基于贝尔曼-福特算法，通过判断距离查找到达远程网络的最佳路径。跳数表示距离，数据包每通过一个路由器称为一跳，使用最少跳数到达目的网络的路由称为最佳路由；下一跳即指向远程网络的方向表示矢量；路由器发送整个路由表到直连相邻的路由器；RIP 协议就是距离矢量路由协议。

（2）链路状态路由协议。

链路状态（Link-State）路由协议基于 Dijkstra 算法，也称为最短路径优先算法。使用该协议的路由器有三个独立表，一个用来跟踪直连的邻居、一个用来判定整个互联网络的拓扑、一个用于路由选择。路由器发送包含自己连接状态的链路状态更新信息给网络上的所有其他路由器，配置了链路状态路由协议的路由器可以获取所有其他路由器的信息来创建完整的网络图。

（3）距离矢量路由协议与链路状态路由协议比较。

表 6-5 列出了距离矢量路由协议与链路状态路由协议的比较。

表 6-5　距离矢量路由协议与链路状态路由协议比较

距离矢量路由协议	链路状态路由协议
从网络邻居的角度了解网络拓扑	有整个网络的拓扑信息
复制完整路由表到邻居路由器	仅链路状态的变化部分传送到其他路由器
频繁、定期发送路由信息，数据包多、收敛慢	事件触发发送路由信息，数据包少、收敛快
简单、占有较少的 CPU 和 RAM 资源	复杂、占有较多的 CPU 和 RAM 资源

6.1.5　距离矢量路由协议 RIP

RIP 最初是为 Xerox 网络系统 Xeroxparc 通用协议而设计的，采用距离矢量算法，即路由器根据距离选择路由，所以也称为距离矢量协议。

1．几个距离矢量路由概念

（1）定期更新。

定期更新意味着每经过特定时间周期就要发送更新信息。需要注意，如果更新信息的发送过于频繁可能会引起网络拥塞，但如果更新信息发送不频繁，网络收敛时间可能长得不能被接受。RIP 每隔 30s 向 UDP 端口 520 发送一次路由更新报文。

（2）邻居。

在路由器看来，邻居通常意味着共享相同数据链路的路由器。距离矢量路由选择协议向邻接路由器发送更新信息，并依赖邻居向它的邻居传递更新信息。因此，距离矢量路由协议被说成是使用逐跳更新方式。

（3）广播更新。

当路由器首次在网络上被激活时，路由器怎样寻找其他路由器呢？它又是怎样宣布自己的存在呢？最简单的方法是向广播地址（在 IP 网络中，广播地址是 255.255.255.255）发送更新信息。使用相同路由选择协议的邻居路由器将会收到广播数据包，并且采取相应的动作，不关心路由更新信息的主机和其他设备会丢弃该数据包。

（4）全路由表更新。

大多数距离矢量路由协议使用非常简单的方法告诉邻居它所知的一切，该方法就是广播它的整个路由表。邻居在收到这些更新信息之后，会收集自己需要的信息，其他则被丢弃。另外，广播自己的全部路由表，每一个 RIP 数据包包含一个指令、一个版本号和一个路由域及最多 25 条路由信息（最大为 512 个字节）。这也是造成网络广播风暴的重要原因之一，且其收敛速度也很慢，所以 RIP 只适用于小型的同构网络。

（5）路由度量值。

RIP 的度量是基于跳数的，每经过一台路由器，路径的跳数加 1。这样，跳数越多，路径就越长。RIP 算法总是优先选择跳数最少的路径，它允许的最大跳数为 15，任何超过 15 跳数（如 16）的目的地均被标记为不可达。

2．RIP 的工作机制

RIP 路由协议的工作包括：路由表的初始化、路由表的更新以及路由表的维护。

（1）路由表的初始化。

RIP 路由协议刚运行时，路由器之间还没有开始互发路由更新包。每个路由器的路由表里只有自己所直接连接的网络（直连路由），其距离为 0，是绝对的最佳路由，如图 6-10 所示。

（2）路由表的更新。

路由器知道了自己直连的子网后，每 30 秒就会向相邻的路由器发送路由更新包，相邻路由器收到对方的路由信息后，先将其距离加 1，并改变接口为自己收到路由更新包的接口，再通过比较距离大小，每个网络取最小距离保存在自己的路由表中，如图 6-11 所示。路由器 R1 从路由器 R2 处学到 R2 的路由"3.0.0.0 S0 1"和"2.0.0.0 S0 1"，而自己的路由表"2.0.0.0 S0 0"为直连路由，距离更小，所以不变。

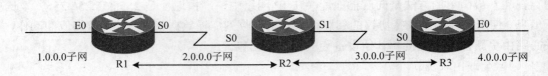

E0 ─ S0   2.0.0.0子网   S0 ─ S1   3.0.0.0子网   S0 ─ E0
1.0.0.0子网   R1   R2   R3   4.0.0.0子网

| R1 路由表 | | | R2 路由表 | | | R3 路由表 | | |
子网	接口	距离	子网	接口	距离	子网	接口	距离
1.0.0.0	E0	0	2.0.0.0	S0	0	3.0.0.0	S0	0
2.0.0.0	S0	0	3.0.0.0	S1	0	4.0.0.0	E0	0

图 6-10　路由表的初始状态

| R1 路由表 | | | R2 路由表 | | | R3 路由表 | | |
子网	接口	距离	子网	接口	距离	子网	接口	距离
1.0.0.0	E0	0	2.0.0.0	S0	0	3.0.0.0	S0	0
2.0.0.0	S0	0	3.0.0.0	S1	0	4.0.0.0	E0	0
3.0.0.0	S0	1	1.0.0.0	S0	1	2.0.0.0	S0	1
			4.0.0.0	S1	1			

图 6-11　路由器开始向邻居发送路由更新包，通告自己直接连接的子网

　　路由器把从邻居那里学来的路由信息不仅放入路由表，而且放进路由更新包，再向邻居发送，一次一次地，路由器就可以学习到远程子网的路由了。如图 6-12 所示，路由器 R1 再次从路由器 R2 处学到路由器 R3 所直接连接的子网 "4.0.0.0S0 2"，路由器 R3 也能从路由器 R2 处学到路由器 R1 所直接连接的子网 "1.0.0.0S0 2"，距离值在原基础上增 1 后变为 2。

E0 ─ S0   2.0.0.0子网   S0 ─ S1   3.0.0.0子网   S0 ─ E0
1.0.0.0子网   R1   R2   R3   4.0.0.0子网

| R1 路由表 | | | R2 路由表 | | | R3 路由表 | | |
子网	接口	距离	子网	接口	距离	子网	接口	距离
1.0.0.0	E0	0	2.0.0.0	S0	0	3.0.0.0	S0	0
2.0.0.0	S0	0	3.0.0.0	S1	0	4.0.0.0	E0	0
3.0.0.0	S0	1	1.0.0.0	S0	1	2.0.0.0	S0	1
4.0.0.0	S0	2	4.0.0.0	S1	1	1.0.0.0	S0	2

图 6-12　路由器把从邻居那里学到的路由放进路由更新包，通告给其他邻居

RIP 路由表的更新有以下三条原则：

1）对于本路由表中已有的路由项，当发送响应报文的 RIP 邻居相同时，不论响应报文中携带的路由项度量值是大还是小，都更新该路由项（度量值相同时只将其老化定时器清零）。

2）对于本路由表中已有的路由项，当发送响应报文的 RIP 邻居不同时，只在路由项度量值减少时，更新该路由项。

3）对于本路由表中不存在的路由项，在度量值小于协议规定的最大值时，在路由表中增加该路由项。

（3）路由表的维护。

网络中若是拓扑发生变化，将引起路由表的更新。如图 6-13 所示，RA 在更新路由表后，立即传送更新后的 RIP 路由信息，通知其他路由器同步更新，如图中的 RB 同步更新。这种更新与前面所说的路由器周期性的发送更新信息不一样，它是在路由器更新路由表后立即进行的，无需等待。

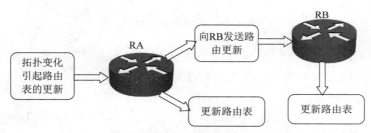

图 6-13　拓扑变化引起的路由表更新

3. RIP 防环机制

（1）路由环路的产生。

路由环路是指数据包在一系列路由器之间不断传输却始终无法到达其预期目的网络的一种现象，如图 6-14 所示。

R1 收到目的地址为 10.4.0.0 的 IP 报文后，查看路由表，发现下一跳是 1.1.1.2，转发接口是 S0/0，于是通过 S0/0 接口将数据包转发给 R2；R2 收到后查看路由表发现下一跳是 2.2.2.2，转发接口是 S1/0，于是通过 S1/0 接口将数据包转发给 R3；R3 收到后查看路由表发现下一跳是 3.3.3.1，转发接口是 S2/0，于是通过 S2/0 接口又将数据包转发给了 R1。就这样，数据包在三台路由器之间循环转发，直到数据包中的 TTL 字段为 0 后丢弃。

（2）路由环路的影响。

路由环路产生的主要原因是配置错误或者网络规划错误。比如，在配置静态路由的时候，下一跳互相指向对方就会造成路由环路；或者双向使用了默认路由。另外，某些动态路由协议（如 RIP）在特定的环境下或者配置不当时；路由重分发配置错误以及发生改变的网络的收敛速度缓慢，也有可能产生环路。路由环路发生后会产生如下影响：

1）环路内的路由器占用链路带宽来反复收发流量。

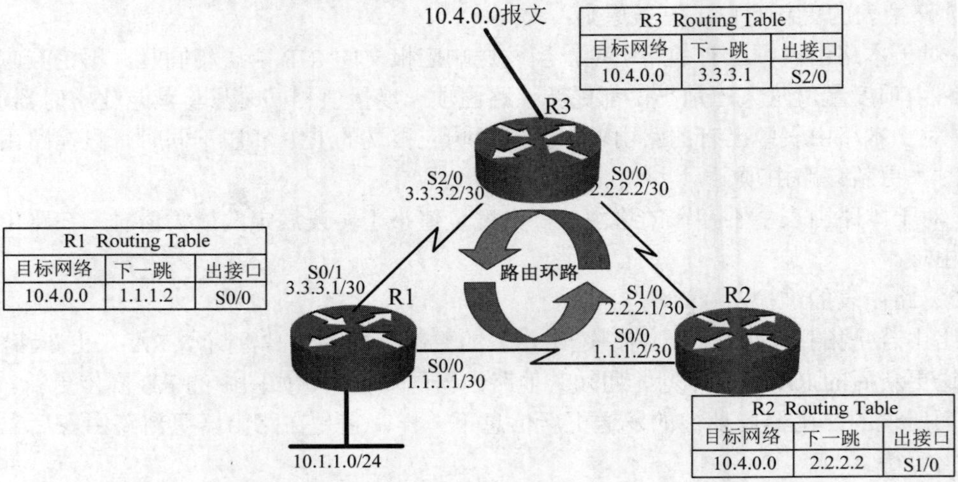

10.4.0.0报文

R3 Routing Table		
目标网络	下一跳	出接口
10.4.0.0	3.3.3.1	S2/0

R3

S2/0
3.3.3.2/30

S0/0
2.2.2.2/30

路由环路

R1 Routing Table		
目标网络	下一跳	出接口
10.4.0.0	1.1.1.2	S0/0

S0/1
3.3.3.1/30   R1

S1/0
2.2.2.1/30   R2

S0/0
1.1.1.2/30

S0/0
1.1.1.1/30

10.1.1.0/24

R2 Routing Table		
目标网络	下一跳	出接口
10.4.0.0	2.2.2.2	S1/0

图 6-14　路由环路示意图

2）路由器的 CPU 承担了无用的数据包转发工作，从而影响到网络收敛。

3）路由更新可能会丢失或无法得到及时处理。

（3）RIP 中的计时器。

RIP 中一共使用了 4 个定时器：Update Timer（更新计时器）、Timeout Timer（无效计时器）、Holddown Timer（抑制计时器）和 Flush Timer（刷新计时器）。

1）Update Timer。

Update Timer 是指路由器以预定义的时间间隔向邻居发送完整的路由表。对于 RIP 来说，无论拓扑结构是否发生变化，这些更新都将每隔 30s 以广播的形式发送出去。

2）Timeout Timer。

每当路由器收到一条路由更新报文后，计时器将重置为 0。如果一条路由更新在 180s 内还没收到，则将它被标记为不可达到的路由。Timeout Timer 的默认时间为 180s。

3）Flush Timer。

RIP 协议的 Flush Timer 默认时间是 240s，比 Timeout Timer 多了 60s，这意味着在一个路由条目在没有收到更新报文时，Timeout Timer 超时。路由条目中该路由被标记为 x.x.x.x is possibly down，直到 Flush Timer 也超时了该路由条目才被删除。

4）Holddown Timer。

Holddown Timer 的默认时间是 180s，主要稳定路由信息，并有助于在拓扑结构根据信息收敛的过程中防止路由环路。在某条路由被标记为不可达后，它处于抑制状态的时间必须足够长，以便拓扑结构中所有路由器在此期间获知该网络不可达。

以 RIP 为例，Timeout Timer、Flush Timer 和 Holddown Timer 之间的关系如图 6-15 所示。

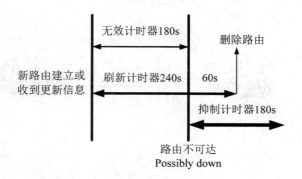

图 6-15　Timeout Timer、Flush Timer 和 Holddown Timer 之间的关系

（4）路由环路问题的解决方法。

1）定义最大值。

定义跳数最大值为 15。也就是说，路由更新信息可以向不可达的网络的路由中的路由器发送 15 次，一旦超过最大值，就视为网络不可达，存在故障，将不再接收来自访问网络的任何路由更新信息。

2）水平分割技术。

不向原始路由更新的方向再次发送路由更新信息。

3）路由毒化逆转。

路由器在发现目标网络不可达后，立即向邻居路由器发送一个称为毒化逆转的更新信息，说明网络不可达，并将其度量值标为无穷大，同时不再接收关于失效路由的更新信息，这是超越水平分割的一个特例，这样能够保证所有的路由器都接收到了毒化的路由信息。

4）触发更新。

一旦网络发生变化，路由器立刻发送路由更新信息，以响应某些变化。触发更新一般结合抑制计时器一起使用。抑制规则要求一旦路由无效，在抑制时间内，到达同一目的地有同样或更差度量值的路由将会被忽略掉，这样触发更新将有时间传遍这个网络，从而避免了已损坏的路由重新插入到已经收到触发更新的邻居中，也就解决了路由环路问题。

4. 有类和无类路由协议

根据路由协议在进行路由信息宣告时是否包含网络掩码，可以把路由协议分为以下两种：有类（Classful）路由协议，它们在宣告路由信息时不携带网络掩码；无类（Classless）路由协议，它们在宣告路由信息时携带网络掩码。

（1）有类路由。

1）有类路由协议发送路由更新规则，如图 6-16 所示。

R1 向 R2 发送路由更新信息时，首先检查路由更新网络是否与发送端口 S0/0 在同一主网：

● 否，路由更新自动汇总成主类网络，如 172.10.1.0/24，网络自动汇总成 172.10.0.0/16 主类网络发送出去；192.168.1.0/25 网络自动汇总成 192.168.1.0/24 主类网络发送出去。

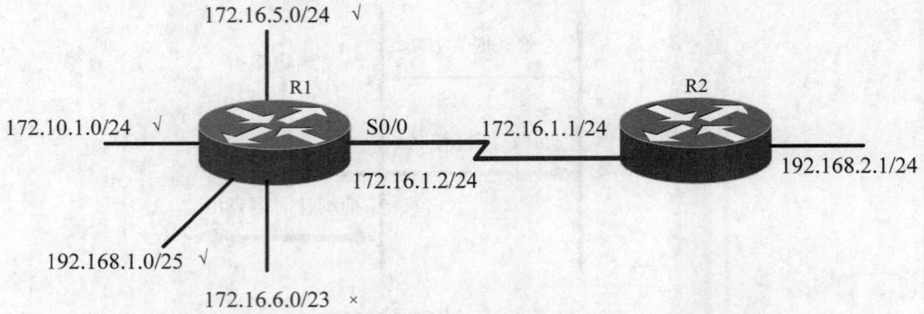

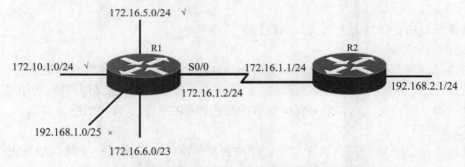

图 6-16　有类路由协议发送路由更新规则

- 是，继续检查更新的路由是否与发送接口的掩码一致：是，发送更新，如 172.16.5.0/24 与 S0/0 接口所在的 172.16.1.0/24 是同一主网，并且掩码都是 24 位，所以可以发送更新；否，忽略更新，如 172.16.6.0/23 的网络掩码为 23，与 S0/0 接口掩码不一样，因此 172.16.6.0/23 不会从 S0/0 口发送该网络。

2）有类路由协议接收路由更新规则，如图 6-17 所示。

172.16.5.0/24 √

R1　　　　　　　　　　　　　　　　　R2

172.10.1.0/24 √　　　　S0/0　　172.16.1.1/24

172.16.1.2/24　　　　　　192.168.2.1/24

192.168.1.0/25 ×

172.16.6.0/23

图 6-17　有类路由协议接收路由更新规则

R2 从 S0/0 口接收到发送过来的路由更新信息后，会将网络地址和接收接口的网络地址进行比较，判断是否处于同一主网络：

- 是，直接赋予该网络地址接收接口的掩码并写入路由表，如 172.16.5.0/24 网络与 S0/0 接口的 172.16.5.0/24 处于同一主类网络 172.16.0.0/16，所以 R2 会将这一条路由更新信息直接放在自己的路由表中，并使用 S0/0 接口的掩码。
- 否，首先查看路由表是否存在该主类网络的任一子网，若不存在，接收该网络地址，赋予该网络地址一个有类掩码，同时写入路由表，如 172.10.1.0/24 网络；若存在，忽略该路由更新并丢弃，如 R1 通过的 192.168.1.0/25 网络会被丢弃，因为 R2 的路由表中已经存在 192.168.2.0/24。

3）有类路由协议的特性。

● 同一个主网络下的子网若掩码不一致，则会出现子网丢失，即不支持可变长子网掩码（VLSM），如图 6-17 中的 172.16.6.0/23。
● 在边界路由器上面会产生自动汇总，并且这个自动汇总是无法关闭的。对于不连续子网，必然导致多个路由器通告相同的路由更新（汇总后的），这样将导致网络不正常，所以不支持不连续子网，如图 6-18 所示。对于连续子网，则是支持的。

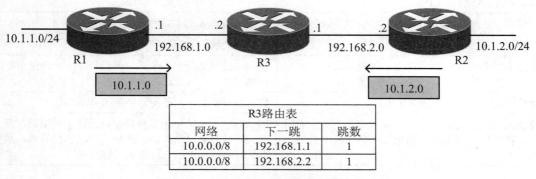

图 6-18　有类路由协议不支持不连续子网

（2）无类路由。

无类路由协议发送路由更新时，携带子网掩码，支持可变长子网掩码（VLSM），并且在边界路由器上面的自动汇总可以关闭，所以可以支持不连续子网。当路由器执行无类路由查找时，不会注意目的地址的类别，替代的方式是，它在目的地址和所有已知的路由之间执行逐位（bit-by-bit）的最佳匹配。

5. RIP 的版本

RIP 目前有两个版本：第一版 RIPv1 和第二版 RIPv2，下面讨论这两个版本的共同点和不同点。

（1）RIPv1 和 RIPv2 的共同点。

1）RIP 以到达目的网络的最小跳数作为路由选择度量标准，而不是以链路带宽和延迟进行选择。

2）RIP 最大跳数为 15 跳，这限制了网络的规模。

3）RIP 默认路由更新周期为 30 s，并使用 UDP 协议的 520 端口。

4）RIP 的管理距离为 120。

5）支持等价路径（在等价路径上负载均衡），默认为 4 条，支持的最大条数和 IOS 的版本相关。

（2）RIPv1 和 RIPv2 的不同点。

RIPv1 和 RIPv2 最主要的区别是，RIPv1 是有类路由协议，而 RIPv2 是无类路由协议，它们之间的区别见表 6-6。

表 6-6　RIPv1 与 RIPv2 的区别

RIPv1	RIPv2
是一个有类别路由协议，不支持不连续子网设计（在同一路由器中其子网掩码相同），不支持全 0 全 1 子网	是一个无类别路由协议，支持不连续子网设计（在同一路由器中其子网掩码可以不同），支持全 0 全 1 子网
不支持 VLASM 和 CIDR	支持 VLASM，不支持 CIDR
采用广播地址 255.255.255.255 发送更新路由	采用组播地址 224.0.0.9 发送路由更新
不提供认证	提供明文和 MD5 认证
在路由选择更新包中不包含子网掩码信息，只包含下一网关信息	在路由选择更新包中子网掩码信息、下一跳路由器的 IP 地址
默认自动汇总，且不能关闭自动汇总	默认自动汇总，但能用命令关闭自动汇总
路由表查询方式由大类-->小类（即先查询主类网络，把属同一主类的全找出来，再在其中查询子网号）	路由表中每个路由条目都携带自己的子网掩码，下一跳地址，查询机制是由小类-->大类（按位查询、最长匹配、精确匹配，先检查 32 位掩码的）

6．RIPv2 手工汇总

RIPv2 发送分组中含有子网掩码信息，支持 VLSM，该协议默认开启了自动汇总功能，如果需要向不同主类网络发送子网信息，需要手工关闭自动汇总功能（no auto-summary），RIPV2 只支持将路由汇总至主类网络，无法将不同主类网络汇总，所以不支持无类别域间路由（CIDR）。

路由汇总与 CIDR 的区别在于：两者的功能虽然都是为了减少路由条目，将多个网络汇总为一个路由条目，但路由汇总一般是在主类网络的边界内进行，CIDR 可以合并多个网络，CIDR 没有类的概念，它是个纯数字概念。

7．RIP 的基本配置

（1）Route(config)#**router rip**　　　　　　//启用 RIP 路由进程，进入路由器配置模式

（2）Route(config-router)#**version** {*1*|*2*}

//设置 RIP 路由协议的版本号，即使用 RIPv1 还是 RIPv2 路由协议，默认版本为 1

（3）Route(config-router)#**network** *network-number*

//设置参与 RIP 路由的网络。要注意，它必须是路由直接连接的网络，可定义多个。只要是直连，都需要定义。Network 命令完成以下三个功能：

1）公告属于某个基于类的网络的路由。

2）在所有接口上监听属于这个基于类的网络的更新。

3）在所有接口上发送属于这个基于类的网络的更新。

（4）Router(config-router)#**passive-interface** *interface*

//配置被动接口，选择性通告路由

在局域网内的路由不需要向外发送路由更新，这时可以将路由器的该接口设置为被动接

口，如图 6-19 所示。所谓被动接口指在路由器的某个接口上只接收路由更新，却不发送路由更新。

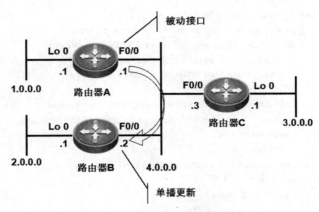

图 6-19 被动接口和单播更新

（5）Router(config-router)#**neighbor** *ip-address*　　　　//配置单播更新
（6）Router(config-router)#**default-information originate**　　//传播默认路由
（7）Router(config-router)#**no auto-summary**　　　　//关闭自动汇总
（8）Router(config-if)#**ip summary-address rip**　　//在接口下启用手工汇总功能
（9）Router(config-if)#**ip rip triggered**　　　　//配置触发更新避免环路
（10）Router#**show ip route**

//该命令将显示整个路由表（包括直连路由、静态路由和动态路由），所以在检查路由收敛的时候，一般都会使用此命令，命令输出条目解释，请参见图 6-3。

（11）Router#**show ip protocols**　　//用于检验大多数 RIP 参数，从而确认以下内容

● 是否已配置 RIP 路由。
● 发送和接收 RIP 更新的接口是否正确。
● 路由通告的网络是否正确。
● RIP 邻居是否发送了路由更新。

下面对该命令的输出内容进行详细解释，图 6-20 显示了 show ip protocols 命令的输出。

1）显示当前该路由器上运行的路由协议是 RIP。

2）显示计时器，路由信息的更新间隔是 30s，下次更新将将于 9s 后发出，无效计时器默认值是 180s，抑制计时器默认值为 180s，刷新计时器默认值为 240s。

3）表示在出入两个方向上都没有设置路由信息的过滤列表和重分布路由。

4）显示默认的版本控制信息。发布 RIPv1 的更新，可以接收任何版本的 RIP 更新，同时报告了接口上版本的通告状况，发布 RIPv1，接收 RIPv1 和 RIPv2。

5）显示路由器 RA 当前正在有类边界上执行汇总，并且默认情况下将使用最多 4 条等价

路由进行流量负载均衡。

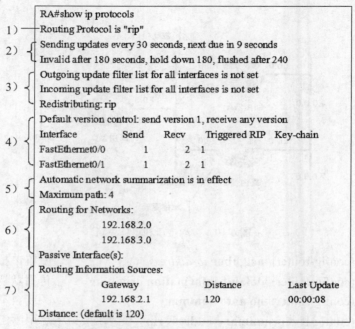

图 6-20　show ip protocols 命令输出

6）列出使用 network 命令配置的有类网络。

7）列出 RIP 邻居。Gateway 是向 RA 发送更新的邻居的下一跳 IP 地址。Distance 是 RA 对该邻居所发送的更新使用的 AD。Last Update 是自上次收到该邻居的更新以来经过的秒数。最后一行表示协议的管理距离。

6.1.6　链路状态路由协议 OSPF

1．OSPF 的基本概念

OSPF 是一种典型的链路状态路由协议，运行 OSPF 的每一台路由器都维护一个描述 AS 拓扑结构的数据库，该数据库由每一个路由器的链路状态信息、路由器相连的网络状态信息、该 AS 的外部状态信息等组成。所有的路由器运行相同的 SPF 算法，根据该路由器的拓扑数据库，构造出以自己为根节点的最短路径树，该最短路径树的叶子节点是 AS 内部的其他路由器。当到达同一目的地存在多条相同等价路由时，OSPF 能够在多条路径上实现负载均衡。要了解 OSPF 的详细工作过程，需要了解 OSPF 的几个术语，下面分别加以介绍。

（1）OSPF 协议的协议号和进程号。

OSPF 协议用 IP 报文直接封装协议报文，其协议号为 89。在同一台路由器上可以运行多个不同的 OSPF 进程，它们之间互不影响，彼此独立。OSPF 进程号具有本地概念，不影响与其他路由器之间的报文交换。因此，不同的路由器之间即使进程号不同也可以进行报文交换。路由器的一个接口只能属于某一个 OSPF 进程。

（2）Router ID（路由器标识）。

因为运行 OSPF 的路由器要了解每条链路是连接在哪个路由器上的，因此，就需要有一个唯一的标识来标记 OSPF 网络中的路由器，这个标识称为 Router ID。OSPF 使用一个 32 位的无符号整数来标识 Router ID，支持手工配置和自动从当前所有接口的 IP 地址选举一个 IP 地址作为 Router ID，选举规则是：

● 优选通过手工配置指定的 Router ID。

● 次选本路由器最大的 Loopback 接口地址。

● 如果没有配置 Loopback 接口，那么就选取路由器中最大的物理接口地址。

使用 Loopback 接口作为 Router ID 的主要好处是：Loopback 接口比任何其他的物理端口都更稳定。如果一台路由器的 Router ID 在运行中改变，则必须重启 OSPF 协议或重启路由器才能使新的 Router ID 生效。在实际工程中配置 OSPF 时都需要手工指定路由器的 Router ID，这已经成为了一种标准配置。

（3）Cost（链路开销）。

Cost 是指从该接口发送出去的数据包的出站接口代价，并使用 16 位的无符号的整数表示。OSPF 路由协议依靠计算链路的带宽，来得到到达目的地的最短路径（路由）。Cost 的值是取 10^8/带宽（b/s）的整数部分，两台路由器之间的 Cost 之和的最小值为最佳路径。通常 Loopback 接口的 Cost 值为 1，10Mb/s 以太网的链路开销为 10，56kb/s 的串行链路开销为 1785。如果网络中所有的路由器没有使用同一种计算 Cost 的方式来指定 OSPF 的 Cost，那么 OSPF 协议将不能正确地进行路由选择；在现代一些高于 100Mb/s 的网络介质中，仍然使用 10^8/带宽（bps）来计算 Cost，这就意味着更高带宽的传输介质在 OSPF 协议中将会计算出一个小于 1 的数，这在 OSPF 协议中是不允许的，因此必须使用 OSPF 的相关命令来进行修正。

（4）Neighbor（邻居）。

通过各自的接口连接到相同网络的两台路由器被称之为邻居。OSPF 的邻居发现是其获知网络状况并构建路由表的第一步。这一过程使得需要在路由器之间发送多播 Hello 包，并从学习到邻居的路由器标识（RID）开始。

（5）Adjacency（邻接）。

OSPF 必须首先发现邻居，形成邻居关系的目的是为了交换路由信息，不是所有的邻居路由器都可以形成邻接关系。从实际意义上而言，邻接关系控制了路由信息更新的分发：只有形成了邻接关系的路由器之间才会发送更新并处理更新。

关于 OSPF 路由器的邻居和邻接关系之间的区别很容易解释，但通常都被人们所忽视。可以举这样一个例子，假设你有许多邻居，虽然偶遇时可能会招手致意，但是你们之间并不是亲密的朋友。但是某些情况下，你可能会和最初的邻居成为亲密的朋友，那么这种亲密朋友也可以称之为邻接。之后，你们或许会在夏日的庭院里相互攀谈，或共进晚餐，诸如此类。总之，你和他们已经拥有了更进一步的沟通关系。

（6）OSPF 的三张表（也称数据库）。

1）邻居表。运行 OSPF 路由协议的路由器会维护三张表，邻居表是其中的一张。凡是路由器认为和自己有邻居关系的路由器，都会出现在这个表中。只有形成了邻居表，路由器才可能向其他路由器学习网络拓扑。

2）拓扑表。当路由器建立了邻居表后，运行 OSPF 路由协议的路由器会互相通告自己所了解的网络拓扑建立拓扑表。在 OSPF 路由域里，所有的路由器应该形成相同的拓扑表。只有建立了拓扑表之后，路由器才能使用 SPF 算法从拓扑表里计算出路由。

3）路由表。在运行 OSPF 路由协议的路由器中，当完整的拓扑表建立起来之后，路由器就会按照链路带宽的不同，使用 SPF 算法从拓扑表里计算出路由，记入路由表。

（7）OSPF 中的 5 类包。

OSPF 路由协议依靠 5 种不同类型的包来标识它们的邻居以及更新链路状态路由信息。这 5 种类型的包使得 OSPF 具备了高级和复杂的通信能力，完成邻居建立、数据库同步等功能，表 6-8 列出了 OSPF 常用的包类型。

表 6-8　OSPF 的包类型

状态名称	描述
类型 1：Hello 数据包	建立和维护同邻居路由器的邻居关系
类型 2：DBD（Database Description，数据库状态描述包）	描述每台 OSPF 路由器的链路状态库的内容
类型 3：LSR（Link State Request，链路状态请求包）	请求相邻路由器发送 LSDB 中的具体条目
类型 4：LSU（Link State Update，链路状态更新包）	向相邻路由器发送链路状态通告（LSA）
类型 5：LSAck（Link State Acknowledgement，链路状态确认）	确认邻居发过来的 LSA 已经收到

Hello 报文用于发现和维护邻居关系，并保证邻居间的双向通信；DBD 和 LSR 报文用于建立邻接关系；LSU 和 LSAck 报文用于实现 OSPF 可靠的更新机制。

2．OSPF 分层结构

（1）OSPF 协议运行存在的问题。

随着网络规模的扩大，当在一个大型网络中的路由器都运行 OSPF 时，大量的路由器会对 LSA 报文进行泛洪，降低了带宽的利用率，严重时造成网络拥塞；路由器数量的增多会导致 LSDB 过于庞大，占用大量内存空间，过大的 LSDB 使得在进行 SPF 计算时效率低下；网络规模越大，拓扑结构发生变化的可能性也越大，每次变化都会导致网络中的所有路由器重新计算路由，引起网络的振荡。

（2）OSPF 区域概念。

OSPF 协议通过将 AS 划分为不同的区域（Area）来解决上述问题。区域的概念和子网类似，因为区域和子网内的路由都很容易被汇总。换句话说，区域就是连续逻辑网络内路由器划分为不同的组，每个组用区域号（Area ID）来标识。区域的边界是路由器，而不是链路，一个网段（链路）只能是一个区域，或者说每个运行 OSPF 的接口必须指明属于哪一个区域，如图 6-21 所示。

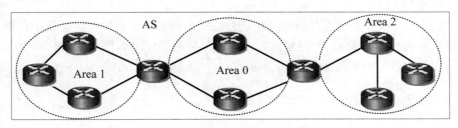

图 6-21　OSPF 以区域运行于 AS 中

在 AS 中划分多个区域能够实现在区域边界做路由汇总，减小了路由表规模；控制 LSA 只在区域内洪泛，有效地把拓扑变化控制在区域内，拓扑的变化影响限制在本区域；使得网络更加易于管理并减少路由流量。具备这些好处的原因在于，区域内的拓扑状态对于区域外的路由器都是不可见的，这种设计方式实质上是提高了 OSPF 的运行效率。

（3）OSPF 多区域的划分。

在 OSPF 网络中，可以划分出多种区域，如图 6-22 所示。对 OSPF 进行区域划分后，并非所有的区域都是平等的关系。OSPF 把大型网络划分为骨干区域和非骨干区域。骨干区域只有一个，并且被固定地称为区域 0，负责区域之间的路由，非骨干区域之间的路由信息必须通过骨干区域来转发。对此 OSPF 有两个规定：所有骨干区域必须与非骨干区域保持连通和骨干区域自身也必须保持连通。

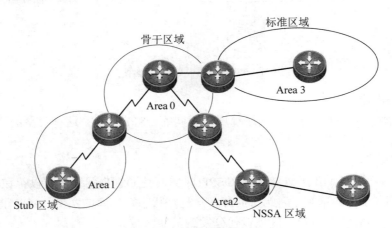

图 6-22　OSPF 区域的划分

但在实际中，可能存在骨干区域不连续，或者一个区域与骨干区域不连续的情况，此时可以通过设置"虚链路"来解决这个问题；为了进一步减少路由信息在 AS 之间的传递，如控制一个区域的路由信息或外部路由信息传递至另一个区域，将非骨干区域划分为标准区域和特殊区域，针对不同区域的拓扑特点采用不同的策略，如图 6-22 所示，图中的 Stub 区域和 NSSA 区域为特殊区域。

（4）OSPF 路由器类型。

OSPF 使用 4 种不同类型的路由器来构建分层路由结构。在这种分层结构中，每一台路由器都拥有相应的角色和一系列定义的特点。图 6-23 描绘了一个典型的 OSPF 网络，不同区域中包含了不同类型的 OSPF 路由器。

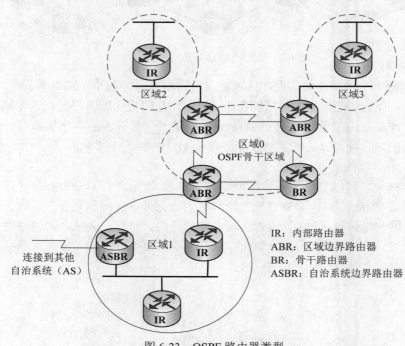

图 6-23　OSPF 路由器类型

1）内部路由器。

内部路由器（IR）直连的所有网络都属于相同的 OSPF 区域。这种类型的路由器只有一份链路状态数据库，因为它只属于一个区域。

2）区域边界路由器。

区域边界路由器（ABR）连接多个 OSPF 区域，且 OSPF 网络中可以存在多台 ABR。正是由于 ABR 连接了多个区域，因此它拥有多份链路状态数据库的实例。ABR 将每个区域的数据库进行汇总，然后转发至骨干区域以便分发到其他区域。

如果路由器位于 OSPF 区域的边界，并负责将这些区域连接到骨干网络，那么这些路由器被称为 ABR。ABR 既属于骨干区域，同时也属于所连接的区域。另外，ABR 需要维护描述骨干区域和其他区域拓扑的多份链路状态数据库。ABR 必须和骨干区域相连，并发送汇总 LSA 给骨干区域。

3）自治系统边界路由器。

自治系统边界路由器（ASBR）连接多个 AS，并和其他 AS 内的路由器交换路由信息。ASBR 负责把学到的外部路由信息通告给它所连接的 AS。同一个 AS 内的每一台路由器都知道如何到达所在 AS 的 ASBR。ASBR 可能同时运行了 OSPF 和其他路由协议，如 RIP 或 BGP。

4）骨干路由器。

所有接口都连接在骨干区域内的路由器被称为骨干路由器（BR）。BR 没有连接到其他 OSPF 区域的接口；否则，这种路由器应该被称为 ABR。

（5）OSPF LSA 类型。

和距离矢量（如 RIP）不同，OSPF 并不向其他路由器发送路由表条目。相反，OSPF 的路由表是通过 LSA 数据库计算得到的。OSPF 拥有多种路由器角色和区域类型，这些复杂的设计概念要求 OSPF 尽可能地交互准确的信息内容，从而获得最优路由。为了完成这种通信需求，OSPF 使用各种不同类型的 LSA。OSPF 中对路由信息的描述都是封装在 LSA 中发布出去的，常用的 LSA 类型有 6 种类型。对每种类型的 LSA，应当了解其由谁产生、传播范围和主要功能。

1）类型 1：路由器 LSA。

路由器 LSA 描述了区域内路由器链路的状态，且此类 LSA 只能被泛洪至所在区域的成员路由器上。1 类 LSA 和其他类型 LSA 的最大不同在于，它描述的是区域内链路的状态。1 类 LSA 的链路状态 ID 是产生该 LSA 的起源路由器的 RID。

2）类型 2：网络 LSA。

网络 LSA 只能由指定路由器（DR）产生，用于描述通过非广播多路访问（NBMA）或广播网络互相连接的路由器的情况。2 类 LSA 的链路状态 ID 是 DR 接口的 IP 地址。有关 DR 的作用将在下一节讨论。

3）类型 3：汇总 LSA。

汇总 LSA 由区域边界路由器（ABR）产生，用于描述到达其他区域网络的域间路由。具体来说，3 类 LSA 所描述的网络位于 OSPF 自治系统内部，但是这些网络信息需要从一个 OSPF 区域发往另一个 OSPF 区域。3 类 LSA 的泛洪范围只在不存在所描述网络或子网的单个区域内。3 类 LSA 的链路状态 ID 是目的网络的网络号。

4）类型 4：ASBR 汇总 LSA。

4 类 LSA 的作用和 3 类 LSA 相似，但是切勿混淆两类 LSA。每一条汇总 LSA（3 类）描述了一条位于自治系统内、OSPF 区域外的目的路由（即域间路由），而 4 类汇总 LSA 同样由 ABR 产生，描述去往自治系统边界路由器（ASBR）的路由。因此，4 类 LSA 使得其他路由器能够获知如何到达 ASBR。4 类 LSA 的链路状态 ID 是它所描述的 ASBR 的路由器 ID。

5）类型 5：自治系统外部 LSA。

外部网络是指位于 OSPF 路由器进程所在 AS 以外的网络。这些外部网络能够以不同路由源的形式注入到 OSPF 中，如 RIP。ASBR 负责把这些路由注入到 OSPF 的 AS 内。5 类 LSA 由 ASBR 产生，这些 LSA 描述了去往 AS 外部的目的地的路由，5 类 LSA 能够被泛洪到除末节区域以外的所有 OSPF 区域。这里使用一个实例来解释 5 类 LSA 的作用。如，AS 拥有一条去往 Internet 的默认路由，且 ASBR 已经获知了这条路由。为了让 AS 内的其他路由器能够获知默认路由，ASBR 必须将路由注入到通告中，为其他路由器携带默认路由信息的链路状态通告就是 5 类 LSA。5 类 LSA 的链路状态 ID 是外部网络的网络号。

6）类型 7：次末节区域 LSA。

7 类 LSA 由 ASBR 产生，用于描述次末节区域（NSSA）内的外部路由。ABR 可以汇总 7 类 LSA，或将 7 类 LSA 转成 5 类 LSA 并转发至其他 OSPF 区域。当转换完成后，这些外部路由信息将被分发到所有支持 5 类 LSA 的区域。

（6）LSA 运用实例。

目前为止，我们已经介绍了 6 种可供使用的 LSA 类型。通过参考图 6-24 所示给出的各种类型的 LSA 在 OSPF 网络中运用及交互情况的直观拓扑，可以更好地理解各类型 LSA 是如何在 OSPF 功能环境下进行操作的。

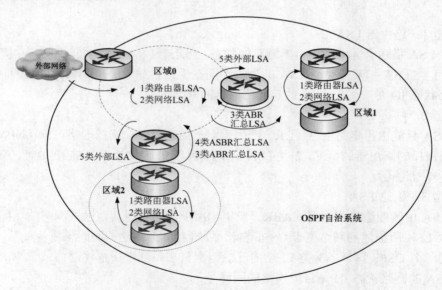

图 6-24　OSPF LSA 类型

如前所述，路由器 LSA 描述路由器上属于某个区域的接口状态，且每台路由器都会产生一份描述其所有接口状态的路由器 LSA。汇总 LSA 由 ABR 产生，此类 LSA 负责在区域之间分发网络可达性信息。通常情况下，OSPF 域内的所有路由信息都必须注入到骨干区域（区域

0），然后再由骨干区域将这些信息分发至其他区域。另外，ABR 还负责产生 ASBR 的可达性信息（即 ASBR 汇总 LSA），从而帮助 OSPF 域内路由器获知如何到达其他自治系统中的外部网络。

尽管各种类型的 LSA 都拥有不同的功能目的，但它们却共同维护了 OSPF 路由表的完整性和准确性。当一台路由器接收到一条 LSA，它将立即检查自身的链路状态数据库。如果接收到的 LSA 是最新的，那么路由器便向其邻居泛洪这条 LSA。当新的 LSA 被添加进入 LSA 数据库后，路由器开始重新运行 SPF 算法。为了保持路由表的准确性，SPF 算法必须被重新执行。这是因为 SPF 算法负责计算最终的路由表，且任意 LSA 的变更都可能引起路由表的变更。在图 6-25 所示的场景中，由于路由器 RA 丢失了一条链路，从而触发了最短路径优先算法的重新计算。接着，描述状态变更的 LSA 从其余正常的接口泛洪出去。这条新的 LSA 立即被泛洪到其他路由器上，并触发了路由器 RB 和 RC 的分析。路由器 RB 和路由器 RC 执行了 SPF 重新运算，并继续从其他接口泛洪 LSA 到路由器 RD。

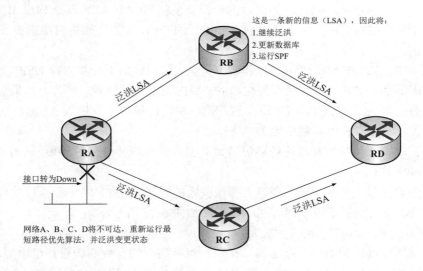

图 6-25　OSPF LSA 泛洪

（7）OSPF 网络的路由类型。

OSPF 网络被划分成多个区域后，路由的计算方法也发生了变化。

1）域内路由。

域内路由是指目的地和源在同一个 OSPF 区域内的路由。在 OSPF 协议中，域内路由使用路由器（1 类）和网络（2 类）LSA 来描述。查看 OSPF 路由表可以发现，域内路由使用"O"来标识。

2）域间路由。

域间路由是指流量需要穿越两个或更多的 OSPF 区域才能达到目的地的路由，但是目的地和源依然位于相同的 AS 内。网络汇总（3 类）LSA 负责对此类路由进行描述。当数据包需要在两个非骨干区域间路由时，那么该数据包一定会穿越骨干区域。查看 OSPF 路由表可以发现，域间路由使用"O IA"来标识。

3）外部路由。

OSPF 可以通过很多方法获知外部路由的信息。最为常用的是将另一个路由协议重分布到 OSPF 内。为使所有的 OSPF 路由器能获知外部路由的信息，外部路由必须穿越整个 OSPF 的 AS。AS 边界路由器（ASBR）负责泛洪外部路由信息到 AS 内，但默认不会对这些信息进行汇总。除了末节区域外，AS 内的所有路由器都可以接收到外部路由信息。

【注意】只有当配置了出站分发列表（distribute-list）或 OSPF 汇总命令时，ASBR 才会对外部路由信息进行过滤或汇总。但是默认情况下，Cisco 路由器放行所有的外部路由进入 AS。OSPF 拥有以下两种外部路由类型。

● E1 路由：E1 路由的开销是内部和外部 OSPF 路由度量（被重分发进入 OSPF 的初始度量值）的总和。例如，如果数据包需要发往另一个 AS，那么相应 E1 路由的开销等于外部 OSPF 度量加上所有内部 OSPF 的开销。此类外部路由在路由表中使用"E1"标识。

● E2 路由：OSPF 默认使用的外部路由类型。这类路由不计算内部 OSPF 的度量，而仅使用外部 OSPF 度量，且不关注 OSPF 域内路由器的位置。例如，如果数据包需要发往另一个 AS，那么相应 E2 路由的开销仅和路由被重分发进入 AS 时的初始外部度量相关，与 OSPF 内部路由无关。

【注意】比较去往相同目的地的不同路由类型，优先级为：域内路由>域间路由>E1>E2。

（8）OSPF 的网络类型。

根据路由器接口类型的不同，在建立邻接关系的时候，OSPF 路由器执行的操作也略有不同。因此 OSPF 协议定义了以下四种网络类型，如图 6-26 所示。

1）点到点（Point-to-Point）网络。

点到点网络连接单独的一对路由器。在点到点网络上的有效邻居总是可以形成邻接关系。在这些网络上的 OSPF 报文的目的地址也总是保留的 D 类 IP 地址 224.0.0.5。点到点网络一般采用 PPP 协议、HDLC 协议等。在 Cisco 路由器上串行接口默认封装的协议是 HDLC，所以将两台路由器的串行接口连接在一起就是一条点到点链路，OSPF 的网络类型就是点到点网络。

2）广播型（Broadcast）网络。

广播型网络，像以太网等，可以更确切地定义为广播多路访问网络，以便区别于非广播多路访问（NBMA）网络。广播型网络是多路访问网络，因而它们可以连接多于两台路由器设备。而且由于它们是广播型的，因而连接在这种网络上的所有设备都可以接收到传送的报文。在广播型网络上的 OSPF 路由器会选举一个指定路由器 DR 和一个备份指定路由器 BDR。Hello 报文像所有始发于 DR 和 BDR 的 OSPF 报文一样，是以组播方式发送到 ALLSPFRouters（目的 IP 地址是 224.0.0.5）的。携带这些报文的数据帧的目的介质访问控制（MAC）地址是

0100.5E00.0005。其他所有的路由器都将以组播方式发送 LSU 报文和 LSAck 报文到保留的 D 类 IP 地址 224.0.0.6，这个组播地址称为 ALLDRouters。携带这些报文的数据帧的目的 MAC 地址是 0100.5E00.0006。

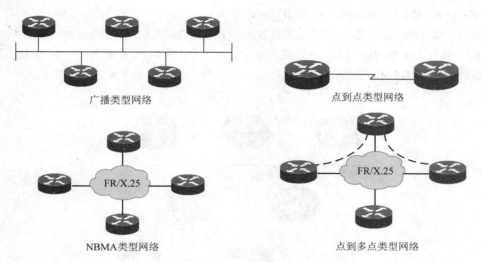

图 6-26　OSPF 网络类型

3）非广播多路访问（NBMA）网络。

NBMA 网络，如 X.25 帧中继和 ATM 等，可以连接两台以上的路由器，但是它们没有广播数据包的能力。一个在 NBMA 网络上的路由器发送的报文将不能被其他与之相连的路由器收到。结果，在这些网络上的路由器有必要增加另外的配置来获得它们的邻居。在 NBMA 网络上的 OSPF 路由器需要选举 DR 和 BDR，并且所有的 OSPF 报文都是单播的。

4）点到多点（Point-to-Multipoint）网络。

点到多点网络是 NBMA 网络的一个特殊配置，可以被看作是一群点到点链路的集合。在这些网络上的 OSPF 路由器不需要选举 DR 和 BDR，因为这些网络可以被看作点到点链路，而且 OSPF 报文是以组播方式发送的。

（9）OSPF 多路访问网络中的 DR 和 BDR 选举。

1）OSPF 多路访问网络存在的问题。

对于上述的四种网络类型，路由器建立邻接关系的步骤略有不同。例如，在如图 6-27 中，路由器 A、B、C、D、E 连接在同一广播网段上，如果每两个路由器之间都要建立邻接关系，那么，就会构成 5×(5-1)/2 个邻接关系。若网络中有 n 台路由器，每台路由器都会通告 n-1 条 LSA 信息到与之存在邻接关系的邻居路由器。那么这种情况就会显得比较混乱，而且也会浪费许多不必要的网络资源。

2）OSPF 网络中 DR 和 BDR 的作用。

为了避免这些问题的发生，OSPF 会选举一个指定路由器（DR）负责收集和分发 LSA。

6
Chapter

还会选举出一个备用指定路由器（BDR），以防 DR 发生故障。其他所有路由器变为 DRothers（这表示该路由器既不是 DR 也不是 BDR）。一旦 DR 和 BDR 路由器选举成功，DRothers 将只和 DR 及 BDR 路由器之间形成邻接关系，如图 6-28 所示。所有的路由器将继续以组播方式发送 Hello 包到 ALLSPFRouter（组播 IP 地址是 224.0.0.5），因此它们能够跟踪它们的邻接路由器，但是 DRothers 路由器只以组播方式发送更新数据包到 ALLSPFRouter（组播 IP 地址是224.0.0.6）。只有 DR 和 BDR 的路由器监听这个地址。DR 路由器将使用组播 IP 地址 224.0.0.5泛洪更新数据包到 DRothers。

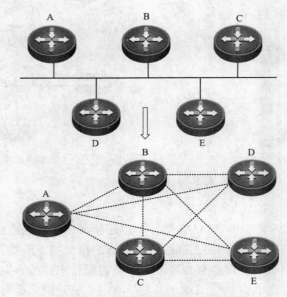

图 6-27　完全网状的 OSPF 链接关系

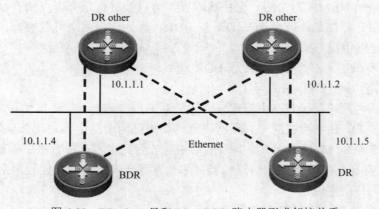

图 6-28　DRothers 只和 DR、BDR 路由器形成邻接关系

3）DR 和 BDR 的选举过程。

DR 是有利于 OSPF 的，但是 OSPF 如何决定网络中哪一台路由器将成为 DR 呢？如图 6-29 的步骤描述了 OSPF 选举 DR 路由器的过程。这里描述的如何选举 DR 的步骤是建立在当前网络中没有 DR 存在的假设之上。如果是 DR 已存在的情景，那么该过程会发生细微的变化；如需获得更多信息，请查阅 RFC2328 文档。

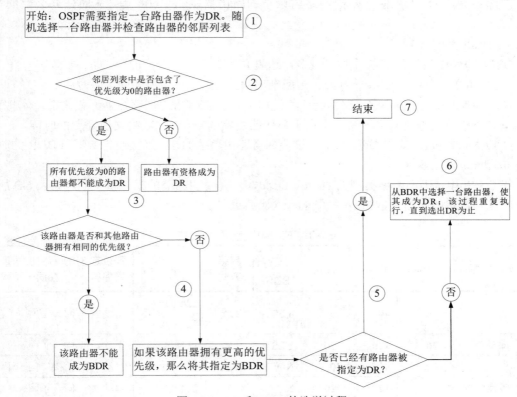

图 6-29　DR 和 BDR 的选举过程

①OSPF 随机选择一个路由器并检查其邻居表，不妨称该路由器为 T。路由器邻居表包含了所有之前已经建立了双向通信的路由器。

②路由器 T 从邻居列表中移除所有资格成为 DR 的路由器。这包括那些配置了 OSPF 路由优先级为 0 的路由器。列表中依然存在路由器（即优先级不为 0）将进入下一步骤。

③通过比较哪台路由器拥有更高的优先级，首先选出 BDR。如果多台路由器拥有相同的优先级值，那么 OSPF 将选取最高 Router ID 来打破这一平局。

④优先级可以被更改或保持默认值。如果当前已存在 DR，那么此时任何路由器都没有资格进行选举。

⑤如果没有其他路由器选出自己为 DR，那么则选举 BDR 成为新的 DR。

⑥如果路由器 T 成为 DR，那么此时便开始确定哪些路由器作为 BDR。例如，如果路由器 T 是 DR，当重复步骤 3 时它将没有资格参与 BDR 的选举，这就确保了一台路由器不会同时宣称自己是 DR 和 BDR。在完成了选举之后，假设路由器 T 成为 DR，那么路由器将相应地设置好 OSPF 接口的角色。这里的角色是指 DR 的接口角色为 DR，而其他路由器的接口角色为 DRother。

⑦选举完成后，DR 便开始向网络内余下的路由器发送 Hello 包，从而建立必要的邻接关系。

3. OSPF 中的定时器

OSPF 协议中所涉及到的计时器较多，这里介绍常用的 3 个定时器。

（1）HelloTimer：Hello 计时器。指两个 Hello 报文之间的周期性间隔时间。

（2）RouterDeadInterval：路由死亡间隔时间。指在宣告邻居路由器无效之前，本地路由器从与一个接口相连的网络上帧听来自于邻居路由器的一个 Hello 报文所经历的时间。

（3）WaitTimer：等待时间。路由器等待邻居路由器的 Hello 报文通告 DR 和 BDR 的时间，就是 RouterDeadInterval。

在 OSPF 中，不同网络类型的 Hello、Dead、Wait 时间间隔的默认值不同，如表 6-9 所示。通常，点到多点的网络是 NBMA 网络的一个特殊配置。

表 6-9　不同网络计时器的设置

网络类型	Hello	Dead	Wait	DR/BDR	更新方式	地址	是否定义邻居	所有路由器是否在同一子网
广播多路	10	40	40	YES	组播	224.0.0.5/224.0.0.6	自动	同一子网
非广播多路	30	120	120	YES	单播	单播地址	手工	同一子网
点到点	10	40	40	NO	组播	224.0.0.5	自动	两接口同一子网
点到多点广播	30	120	120	NO	组播	224.0.0.5	自动	同一子网
点到多点非广播	30	120	120	NO	单播	单播地址	手工	多个子网时定义子接口

4. OSPF 路由形成过程

在 OSPF 网络中，路由的计算不是简单地把源地址与目的地址进行关联这么简单，它需要考虑很多因素，以确定一条最佳路径。整个 OSPF 路由计算过程可分为"建立邻居关系→DR/BDR 选举→LSDB 同步→产生路由表→维护路由信息"这五大步骤。

（1）建立邻居关系。

OSPF 协议通过 Hello 协议建立路由器的邻居关系，邻居关系的建立要经历 3 个状态。

1）Down：是 OSPF 的第一个邻居状态。该状态代表本地路由器尚未从邻居那里接收到任何消息，但是却可以给邻居发送 Hello 包。Attempt：该状态仅在 NBMA 环境下出现，这一状态代表路由器正在给邻居发送 Hello 包（或者已经发送了），但是还未收到任何回复。

2）Init（图 6-30 中的步骤 1）：该状态是指路由器接收到了邻居发送的 Hello 包，但是自己的 Router ID 并不存在于收到的 Hello 包内。如果一台路由器接收到了来自于邻居的 Hello 包，那么路由器应该在它自己所发送的 Hello 包中列出已发送的 Router ID（即邻居），以此确认上一个 Hello 包的正确性。

3）2-way（图 6-30 中的步骤 2）：当 OSPF 路由器达成该状态后，那么它们便成为了邻居。该状态表明两台路由器之间已经建立了双向的通信。其中双向通信的含义是指每台路由器都从对方发送的 Hello 包中看到了自己的 Router ID，并且所有的计时器（Hello 和 Dead）都达成了一致。

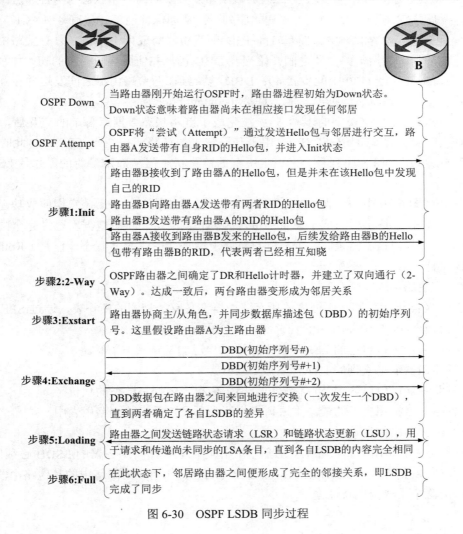

图 6-30　OSPF LSDB 同步过程

（2）DR/BDR 选举。

两台路由器建立邻居关系后，路由器 A 将决定和谁建立邻接关系，这是根据接口所连接的网络接口类型决定，如表 6-9 所示。如果是点对点网络，就与其直连的路由器建立邻接关系。如果是多路访问网络，包括广播或非广播，则进行必要的 DR/BDR 选举，选举过程如图 6-29 所示，每台路由器只与 DR/BDR 建立邻接关系。

（3）LSDB 同步。

LSDB 的同步过程从建立邻接关系开始，在完全邻接关系已建立时结束。完全邻接关系的形成需要经历 4 个状态。

1）Exstart（图 6-30 中的步骤 3）：这是形成邻接关系的第一个状态。两台邻居路由器协商主/从角色和数据库描述（DBD）包的初始序列号，从而保证能够正确确认（ACK）后续交换的信息，避免重复内容的产生。拥有较高 RID 的路由器将成为主角色，只有主路由器才能控制序列号的增加。之后，路由器之间开始交互 DBD 包，并使用协商一致的初始序列号。

2）Exchange（图 6-30 中的步骤 4）：DBD 包持续在两台路由器之间发送并相互确认，直到两台路由器的链路状态数据库完成了目录（content）同步。

3）Loading（图 6-30 中的步骤 5）：在完成了链路状态数据库目录的交互后，路由器开始向邻居发送链路状态请求（LSR），用于获取缺失的链路状态通告（LSA）。此时，路由器将根据某些字段（即 LS 序列号）来确定所有的链路状态信息都是最新的，并且 LSA 是正确无误的。

4）Full（图 6-30 中的步骤 6）：当 OSPF 路由器达成这一状态后，它们便成功建立了邻接关系。此时 OSPF 路由器形成了完全邻接，因为它们的链路状态数据库已经完全同步了。在 DR（BDR）与其他路由器之间，或点到点链路上通常会形成 Full 状态，但是 DRother 路由器之间持续保持 2-Way 状态。

（4）产生路由表。

当 LSDB 同步后，同一区域内的所有路由器都具有了相同的拓扑表，通过 SPF 算法计算并生成路由表，OSPF 中使用 SPF 计算路由的过程如图 6-31 所示。

1）各路由器发送自己的 LSA，其中描述了自己的链路状态信息。

2）各路由器汇总收到的 LSA，生成 LSDB。

3）各路由器以自己为根节点计算出最小生成树，依据是链路的代价。

4）各路由器按照自己的最小生成树得出路由条目，并安装到路由表中。

（5）维护路由信息。

运行 OSPF 的路由器要依靠 LSDB 计算得出路由表，所有路由器的 LSDB 必须保持同步。当链路状态发生变化时，路由器通过扩散过程将这一变化通知给网络中的其他路由器。图 6-32 显示了路由器拓扑结构更新过程。

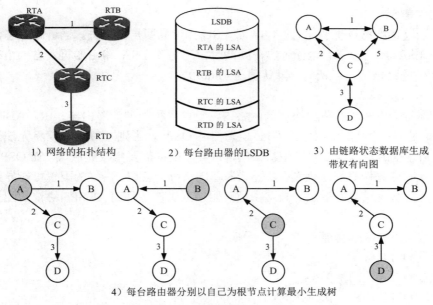

1）网络的拓扑结构　　　　2）每台路由器的LSDB　　3）由链路状态数据库生成
带权有向图

4）每台路由器分别以自己为根节点计算最小生成树

图 6-31　SPF 算法的基本过程

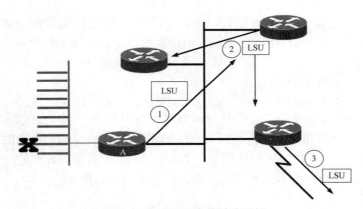

图 6-32　OSPF 中的链路更新

1）路由器了解到一个链路状态发生变化时，将含有更新后的 LSA 条目的 LSU，使用组播地址 224.0.0.6 发送给 DR 和 BDR 路由器。一个 LSU 数据包可能包含多个 LSA。DR 和 BDR 需要使用 LSAck 对收到的 LSU 进行确认。

2）DR 通过组播地址 224.0.0.5，将 LSU 扩散到其他路由器上，其他路由器也需要确认该 LSU。

3）当收到新的 LSA 后，路由器将更新它的 LSDB，然后使用 SPF 算法生成新的路由表。为降低 flapping 带来的影响，每次收到一个 LSU 时，路由器在重新计算路由表之前等待一段时间，默认值是 5s。

总之，当链路状态发生变化时，LSA 被 LSU 携带立即扩散出去。当链路状态没有发生变化时，每个 LSA 都有一个老化计时器，到期时由产生该 LSA 路由器再发送一个有关网络的 LSU 以证实该链路仍然是活跃的（默认值是 1800s）。

5. OSPF 的基本配置

在一个运行 OSPF 动态路由协议的网络内，包含各种类型的路由器：IR、ABR、ASBR、BR 等。无论是哪种类型的路由器，都必须先使能 OSPF，否则 OSPF 协议将无法正常运行。使能 OSPF 后，路由器可以使用一些默认值，也可以根据需要修改默认值。在 OSPF 路由器上进行各项配置时应先做好网络规划，以区域为基础来统一考虑，错误的配置可能导致相邻路由器之间无法相互传递信息，甚至导致路由信息阻塞或者产生环路。OSPF 协议的配置包括以下几部分：

- 配置 OSPF 基本功能。
- 配置 OSPF 区域。
- 配置 OSPF 的网络类型。
- 配置 OSPF 的路由信息控制。
- 配置 OSPF 的网络调整优化。
- OSPF 的显示和维护。

限于篇幅，本书重点讨论 OSPF 基本功能、网络类型配置和 OSPF 的显示和维护，对于 OSPF 区域、路由信息控制和网络调整优化只给出配置命令，详细参数说明，请读者参考相关书籍。

（1）声明使用 OSPF 路由协议。

Router(config)#**router ospf** *processs-id*

其中：processs-id 是进程号，范围为 1～65535。进程 ID 仅在本地有效，这意味着路由器之间建立邻接关系时无需匹配该值。在同一个使用 OSPF 路由协议的网络中的不同路由器可以使用不同的进程号。一台路由器可以启用多个 OSPF 进程，但是不建议在同一台路由器上运行多个 OSPF 进程，这样会产生多个数据库实例，将带来额外负担。

（2）发布网段。

Router(config-router)#**network** *address wildcard-mask* **area** *area-id*

其中：address 可以是网段、子网或者接口的地址；wildcard-mask 是子网掩码的反码，用于确定与指定 OSPF 区域关联的主机或子网范围；area-id 是区域标识，它的范围是 0～4294967295，OSPF 路由协议在发布网段时必须指明其所属的区域，如果所有的路由器都在同一区域，则必须使用相同的 area-id 来配置 network 命令。可以使用任何 area-id，但比较好的做法是在单区域 OSPF 中使用 0，便于以后将该网络配置为多个 OSPF 区域，从而使区域 0 变成骨干区域。

（3）配置 Router ID。

1）使用 route-id 命令。

Router(config-router)#**route-id** *ip-address*

该命令用于确定 Router ID，优先于使用回环接口或物理接口 IP 地址来确定 Router ID。

2）使用回环地址。

Router(config)#**interface loopback** *number*　　　　　　　　//创建回环接口
Router(config-if)#**ip address** *ip-address subnet-mask*　　　　//配置回环接口 IP 地址

使用回环接口地址作为 Router ID 可以确保稳定性，因为该接口不会出现链路失效的情况。要取代最高的接口 IP 地址，该回环接口必须在 OSPF 进程开始之前被配置。

3）重新加载路由器。

Router(config)#**clear ip ospf process**

使用 route-id 命令时可以修改 Router ID，但必须通过此命令来重新加载路由器，才能使修改后的 Router ID 生效。需要注意的是，同一 OSPF 区域中，出现重复的 Router ID，会导致邻居关系不能建立，将无法正常路由。

（4）配置 OSPF 接口参数。

1）修改 OSPF 路由器优先级。

Router(config-if)#**ip ospf priority** *number*

可以通过修改默认的 OSPF 路由器优先级来操纵 DR/BDR 的选举。为 0 的优先级值将防止路由器被选举为 DR 或 BDR。与 OSPF 只有单个路由器 ID 不同，每个 OSPF 接口都可以宣告一个不同的优先级值，范围为 0～255，默认为 1。

2）修改链路开销。

Router(config-if)#**bandwidth** *bandwidth*

OSPF 路由器使用与接口相关联的链路成本（Cost）来确定最佳路由，要让链路成本的计算公式准确，必须为串行接口配置适当的带宽值。

Router(config-if)#**ip ospf cost** *number*

要让 OSPF 能正确地计算路由，连接到同一条链路上的所有接口必须对该链路使用相同的链路成本。在一个多厂商设备的路由环境中，可以使用该命令修改接口上的默认链路成本，以使之与其他厂商设备的链路成本值相等，Cost 的取值范围为 1～65535。ip ospf cost 和 bandwidth 命令的区别是：前者直接将链路开销设置为特定值并免除了计算过程；后者使用开销计算的结果来确定链路开销。

Router(config-if)#**auto-cost reference-bandwidth** *reference-bandwidth*

现在出现了比快速以太网快得多的链路，使用 10^8/bandwidth（b/s）计算出来的 cost 值都为 1。为获得更精确的开销计算结果，可以使用此命令修改参考带宽，以适应这些更快链路的要求。在使用此命令时，需同时用在所有路由器上，使得 OSPF 的路由度量保持一致。

3）修改 Hello 和 Dead 间隔时间。

Router(config-if)#**ip ospf hello-interval** *seconds*
Router(config-if)#**ip ospf dead-interval** *seconds*

更改 Hello 间隔后，IOS 立即自动将 Dead 间隔时间修改为 Hello 间隔时间的 4 倍。然而，最好是明确修改该计时器，因为手动修改可使修改情况记录在配置中。seconds 为 1～65535s。

6

Chapter

（5）配置 OSPF 的网络类型。

通过前面的讨论已经知道，OSPF 支持多种网络类型：broadcast（广播类型）、point-to-point（P2P，点对点类型）、point-to-multipoint（P2MP，点对多点类型）、non-broadcast（NBMA，非广播多路访问）类型，当接口封装的数据链路层协议不同时，OSPF 网络接口类型的默认值也不统一。

1）配置 OSPF 网络模式。

Router(config-if)#**ip ospf network** *network-type*

该命令被用来指定 OSPF 的网络模式（这不是必须的物理接口配置），network-type 可以为 broadcast、non-broadcast、point-to-point、point-to-multipoint。需要注意的是当接口配置为广播、NBMA 和 P2MP 网络类型，双方接口在同一网段才能建立邻居关系。

2）手工指定 OSPF 的邻居列表。

Router(config-router)#**neighbor** *ip-address*

在非广播型网络上，DR 的选举是一个问题，因为这种网络模式不具有广播能力，因此必须通过手工的方式来指定邻居。ip-address 为邻居接口的 IP 地址。

（6）OSPF 默认路由发布。

在一个路由器上将指定配置重新发布路由到 OSPF 路由域时，该路由器会自动成为 ASBR 路由器。但是，即使是 ASBR 路由器也不会默认产生一条默认路由到 OSPF 路由域中。如图 6-33 所示，在 R3 上下发一条默认路由，确保与 Internet 网络的互通，那么使用 default-information originate 下发默认路由时，必须在 R3 上配置一条前往 Internet 的默认路由，这样再执行 default-information originate 下发命令时，在 R1 和 R2 的路由表中才能有一条前往 Internet 的默认路由。

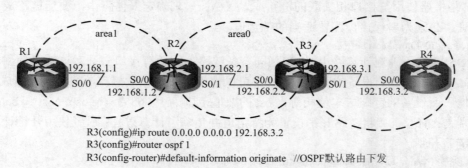

R3(config)#ip route 0.0.0.0 0.0.0.0 192.168.3.2
R3(config)#router ospf 1
R3(config-router)#default-information originate   //OSPF默认路由下发

图 6-33　OSPF 默认路由下发拓扑图

要强制 ASBR 路由器产生一条默认路由，可使用命令：default-information originate always，参数 always 表明无论 OSPF 中的路由器上是否存在默认路由，总是宣告默认路由。

（7）OSPF 配置检查。

1）show ip ospf neighbor。

该命令用于检查 OSPF 邻居关系，如果未显示邻居路由器的 Router ID，则表明两台路由器未建立邻居关系，可能的原因有子网掩码不匹配，导致两台路由器分处于不同的网络中；Hello 计时器和 Dead 计时器不匹配；网络类型不匹配；使用了不正确的 network 命令等。下面分析 show ip ospf neighbor 命令的输出，如图 6-34 所示。

```
R1#show ip ospf neighbor
Neighbor ID       Pri    State        Dead time      Address        Interface
100.100.100.100   1      FULL/DR      00:00:37       10.200.17.1    Ethernet0/1
100.100.100.99    1      FULL/DR      00:00:37       10.200.27.1    Ethernet0/2
```

图 6-34   show ip ospf neighbor 输出

- Neighbor ID：该相邻路由器的 Router ID。
- Pri：该接口的 OSPF 优先级。
- State：该接口的 OSPF 状态。FULL 状态表明该路由器和其他邻居具有相同的 LSDB；BDR 表示在某一接口所处的网络中，相应路由器是 BDR；DR 表示在某一接口所处的网络中，相应路由器是 DR；"-"表示在点到点的链路上 OSPF 不进行 DR 和 BDR 选举。
- Dead Time：表示路由器在宣告邻居进入 down 状态之前等待该设备发送 Hello 数据包所剩的时间。
- Address：该邻居用于与本路由器直连的接口 IP 地址。
- Interface：本路由器用于与该邻居建立邻居关系的接口。

2）show ip protocols。

该命令用于快速检验关键 OSPF 配置信息，包括 OSPF 进程 ID、Router ID、路由器正在通告的网络、正在向该路由器更新的邻居及默认管理距离等。

```
R1#show ip protocols
Routing Protocol is "ospf 1"                                 //当前 OSPF 运行的路由进程 ID 为 1
Outgoing update filter list for all interfaces is not set
Incoming update filter list for all interfaces is not set
//以上两行表明入方向和出方向都没有配置分发列表
Router ID 100.100.100.94                                     //本路由器 Router ID
Number of areas in this router is 1.1 normal 0 stub 0 nssa   //本路由器接口所属区域数量及区域类型
Maximum path:4                                               //默认支持等价负载均衡的数目
Routing for Networks:
10.0.0.0 0.255.255.255 are 0
//以上两行表明激活 OSPF 进程接口匹配的范围及所在的区域
Reference bandwidth unit is 100 mbps                         //默认参考带宽为 $10^8$bps
Routing Information Sources:
   Gateway          Distance       Last Update
   10.200.26.2      110            00:15:16
   100.100.100.93   110            00:15:18
//以上 5 行表明路由信息源，管理距离和最后一次更新时间
Distance:(default is 110)                                    //OSPF 路由协议默认的管理距离为 110
```

3）show ip ospf。

该命令用来查看 OSPF 进程 ID、路由器 ID、OSPF 区域信息、OSPF 进程启动和持续时间以及 SPF 算法执行次数等。

```
R1#show ip ospf
Routing Process "ospf 1" with ID 100.100.100.94          //路由进程和路由 ID
Start time: 00:14:08.512,time elapsed: 00:31:36.612       //OSPF 进程启动时间和持续时间
Supports only single TOS(TOS) routes                      //提供支持服务的类型
Supports opaque LSA                                        //支持透明 LSA
SPF schedule delay 5 sccs,Hold time between two SPFs 10 secs
//SPF 运算计划延时，防止路由器持续运行 SPF 算法的保留时间
Minimum LSA interval 5 secs.Minimum LSA arrival 1 secs     //LSA 最小间隔
Number of external LSA 1. Checksum Sum 0x0081c5
Number of opaque AS LSA 0.Checksum Sum 0x000000
Number of DCbitless external and opaque AS LSA 0
Number of DoNotAge external and opaque AS LSA 0
Number of areas in this router is 1.1 normal 0 stub 0 nssa
External flood list length 0
Area BACKBONE(0)      骨干区域
Number of interfaces in this area is 3                     //区域运行 OSPF 的接口数量
Area has message digest authentication                    //区域没有启用验证
SPF algorithm executed 4 times                            //SPF 算法运行的次数
Area ranges are
Number of LSA 22.Checksum Sum 0x0a166b
Number of opaque link LSA 0.checksum Sum 0x000000
Number of DCbitless LSA 0
Number of indication LSA 0
Number of DoNotAge LSA 0
Flood list length 0
```

4）show ip interface。

该命令用于查看运行 OSPF 的接口或特定接口的情况，如接口所在的区域、网络类型、Cost、Hello 间隔和 Dead 间隔等。

```
R1#show ip ospf interface FastEthernet 0/1
FastEthernet 0/1 is up,line protocol is up
Internet address is 10.200.28.2/24,Area 0                 //接口地址和所在的区域
Process ID 1,Router ID 100.100.100.93,Network Type BROADCAST,Cost:1
//进程 ID、路由器 ID、网络类型和接口 Cost 值
Transmit Delay is 1 see,State BDR,Priority 1              //接口传输延迟、状态和优先级
Designated Router(ID)100.100.100.99,Interface address 10.200.28.1    //DR 路由器 ID 和接口 IP 地址
Backup Designated Router(ID) 100.100.100.93,Interface address 10.200.28.2   //BDR 路由器 ID 和接口 IP 地址
Timer intervals configured, Hello 10,Dead 40,Wait 40,Retransmit 5
//默认 Hello、Dead 时间间隔，等待时间和重传 OSPF 数据包的次数
Hello duce in 00:00:02                                     //距离下次发送 Hello 包的时间
Index 2/2,flood queue length 0                            //接口上泛洪的列表和泛洪队列长度
Next 0x0(0)/0x(0)
Last flood scan length is 1,maximum is 1                  //上一次泛洪列表的最大条目
```

Last flood scan time is 0 msec,maximum is 0 msec	//上一次泛洪所有时间及最大泛洪时间
Neighbor Count is 1,Adjacent neighbor count is 1	//邻居个数以及建立邻接关系的邻居的个数
Adjacent with neighbor 100.100.100.99 　(Designated Router)	//已建立邻接关系的邻居路由器 ID
Suppress hello for 0 neighbor(s)	//对邻居没有 Hello 抑制
Message digest authentication enabled	//MD5 认证使能
Youngest key id is 1	//最新的密钥 ID

5）show ip route。

查看 OSPF 的路由表。

```
R3#show ip rute
Codes:C-Connected.S-static,R-RIP.M-mobile,B-BGP
       D-EIGRP,EX-EIGRP external,O-OSPF,IA-OSPF inter area
       NI-OSPF NSSA external type 1,N2-OSPF NSSA external type 2
       E1-OSPF external type 1,E2-OSPF external type 2
       i-IS-IS.su-IS-IS summary.LI-IS-IS level-1.L2-IS-IS level-2
       ia-IS-IS inter area.*-candidate default.U-per-user static route
       o-ODR.P-periodic downloaded static route
```

//以上路由代码

Gateway of last resort is 172.16.255.6 to network 0.0.0.0		//最后求助网关
	172.16.0.0/30 is subnetted, 3 subnets	
C	172.16.255.0 is directly connected Serial1/0	//直连路由
C	172.16.255.0 is directly connected Serial1/1	//直连路由
O	10.1.2.1 [110/65] via 192.168.1.1. 00:11:40, Serial1/0	//区域内 OSPF 路由
OIA	172.16.255.8[110/128] via 172.16.255.6. 00:00:12.Serial1/1	//区域间 OSPF 路由
	131.131.0.0/24 is subnetted, 2 subnets	
OE2	131.131.1.0[110/20] via 172.16.255.1 00:00:12, Serial1/0	//OSPF 第 2 外部路由
OE1	131.131.2.0[110/200] via 172.16.255.1 00:00:12, Serial1/0	//OSPF 第 1 外部路由
O*E2	0.0.0.0/0 [10/1] via 172.16.255.6. 00:00:12. Serial1/1	//向 OSPF 注入的默认路由

6）show ip ospf database。

该命令用来查看 OSPF 链路状态数据库信息。

```
R1#show ip ospf database
        OSPF Router with ID (10.1.2.1)(Process ID 1)
```

Router Link States(Area 1)　　　　　//类型 1 的 LSA

Link ID	ADV Router	Age	Seq#	Checksum	Link count
10.1.2.1	10.1.2.1	923	0x80000003	0x00C85D	3
192.168.1.5	192.168.1.5	723	0x80000002	0x002DB4	2

Summary Net Link States (Area 1)　　　//类型 3 的 LSA

Link ID	ADV Router	Age	Seq#	Checksum
192.168.1.4	192.168.1.5	739	0x80000001	0x00E33E

Summary ASB Link States (Area 1)　　　//类型 4 的 LSA

Link ID	ADV Router	Age	Seq#	Checksum
192.168.1.6	192.168.1.5	226	0x80000001	0x00D348

Type-5 AS External Link States　　　//类型 5 的 LSA

Link ID	ADV Router	Age	Seq#	Checksum	Tag
172.16.1.0	192.168.1.6	231	0x80000001	0x002F8E	0
172.16.2.0	192.168.1.6	231	0x80000001	0x002498	0

6

Chapter

| 172.16.3.0 | 192.168.1.6 | 262 | 0x80000001 | 0x0019A2 | 0 |

- Link ID：标识每个 LSA。
- ADV Router：是指通告链路状态信息的路由器 ID。
- Age：老化时间，范围是 0～60min，老化时间达到 60min 的 LSA 条目将从 LSDB 中删除。
- Seq#：序列号，范围是 0x80000001～0x7fffffff，序号越大，LSA 越新。为了确保 LSDB 同步，OSPF 每隔 30min 对链路状态刷新一次，序列号会自动加 1。
- Checksum：校验和，计算除了 Age 字段以外的所有字段，LSA 存放在 LSDB 中，每 5min 进行一次校验，以确保 LSA 没有损坏。
- Link count：通告路由器在本区域内的链路数目。
- Tag：外部路由标识，在 router-map 中，可以通过匹配"tag"值来定义策略路由。

以上使用的 show ip ospf database 所显示的内容不是数据库存储的关于每条 LSA 的全部信息，而仅仅是 LSA 的头部信息，要查看 LSA 的全部信息，该命令后面还要接表 6-10 所示的参数。

表 6-10　显示 OSPF LSDB 中 LSA 的全部信息

命令	含义
Show ip ospf database router	显示 OSPF LSDB 中类型 1 的 LSA 信息
Show ip ospf database network	显示 OSPF LSDB 中类型 2 的 LSA 信息
Show ip ospf database summary	显示 OSPF LSDB 中类型 3 的 LSA 信息
Show ip ospf database absr-summary	显示 OSPF LSDB 中类型 4 的 LSA 信息
Show ip ospf database external	显示 OSPF LSDB 中类型 5 的 LSA 信息
Show ip ospf database nssa-external	显示 OSPF LSDB 中类型 7 的 LSA 信息

6.2　项目实施

6.2.1　任务 1：利用静态路由实现总公司与分公司的用户访问 Internet

1. 任务描述

ABC 公司总部和分部之间通过出口路由器并使用专线连接，公司在前期的网络规划中采用单线接入 Internet 方案。作为公司的出口路由器与 Internet 上的路由器之间没有必要运行动态路由协议，因为公司出口路由器没有必要将外部成千上万条路由加入路由表中来降低查询速度，何况有很多路由条目对公司网络运行没有任何好处；对 Internet 中的路由器而言，本来路由表就庞大，应尽可能地减少在 Internet 中路由器的路由条目。因此，在公司的出口路由器上采用静态路由技术满足公司内网用户访问 Internet 的需求。

2．任务要求

为了在网络安全系统集成实训室中模拟本任务的实施，搭建如图 6-35 所示的网络实训环境。图中的 R1、R3 和 R4 用于模拟 ABC 公司的出口路由器，R2 用于模拟 Internet 中的一台路由器；公司总部和分部的内网使用私有 IP 地址，在内网三层交换机或路由器上只提供本地内网用户的路由，利用默认路由提供内网用户对 Internet 的访问，Internet 上的路由器 R2 只提供注册 IP 地址的路由，其路由表里不包含私有 IP 地址。按网络管理和维护岗位操作规范，完成如下配置任务：

（1）使用静态路由技术，实现公司内网用户都能访问 Internet。

（2）采取恰当的措施，对配置结果进行验证。

（3）使用 MyBase 软件对配置脚本进行管理，以便下一次实训和最后网络全网联调设备时使用。

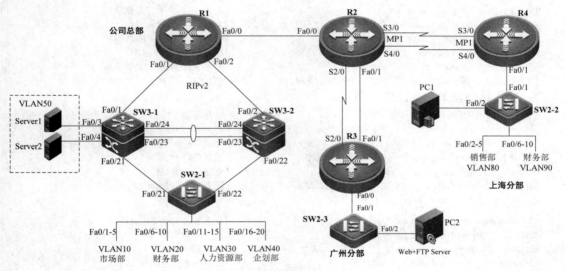

图 6-35　静态路由配置拓扑

3．任务实施步骤

（1）建立物理连接并运行超级终端。

用合适的网线（直连线和交叉线）及串行电缆将交换机和路由器连接起来，配置电缆和超级终端的运行请读者参见项目 3 中任务 1 的相关操作。

（2）基本 IP 地址配置和验证接口配置参数。

为了确保本任务顺利实施和后续任务的完成，这里按照项目二规划的 IP 地址方案，在 SW3-1、SW3-2、R1、R2、R3、R4 设备上完成 IP 地址配置，具体配置如下：

1）配置交换机 SW3-1 上的 IP 地址。

SW3-1(config)#interface FastEthernet *0/1*　　　　　　　//选定交换机接口

```
SW3-1(config-if)#no switchport                              //将二层端口切换为三层接口
SW3-1(config-if)#ip address 192.168.60.1 255.255.255.252    //配置接口 IP 地址
SW3-1(config-if)#interface VLAN 10                          //进入 VLAN 接口配置模式
SW3-1(config-if)#ip address 192.168.10.253 255.255.255.0    //配置接口 IP 地址
SW3-1(config-if)#interface VLAN 20                          //进入 VLAN 接口配置模式
SW3-1(config-if)#ip address 192.168.20.253 255.255.255.0    //配置接口 IP 地址
SW3-1(config-if)#interface VLAN 30                          //进入 VLAN 接口配置模式
SW3-1(config-if)#ip address 192.168.30.253 255.255.255.0    //配置接口 IP 地址
SW3-1(config-if)#interface VLAN 40                          //进入 VLAN 接口配置模式
SW3-1(config-if)#ip address 192.168.40.253 255.255.255.0    //配置接口 IP 地址
```

2）配置交换机 SW3-2 上的 IP 地址。

```
SW3-2(config)#interface FastEthernet 0/1                    //选定交换机接口
SW3-2(config-if)#no switchport                              //将二层端口切换为三层接口
SW3-2(config-if)#ip address 192.168.60.5 255.255.255.252    //配置接口 IP 地址
SW3-2(config-if)#interface VLAN 10                          //进入 VLAN 接口配置模式
SW3-2(config-if)#ip address 192.168.10.254 255.255.255.0    //配置接口 IP 地址
SW3-2(config-if)#interface VLAN 20                          //进入 VLAN 接口配置模式
SW3-2(config-if)#ip address 192.168.20.254 255.255.255.0    //配置接口 IP 地址
SW3-2(config-if)#interface VLAN 30                          //进入 VLAN 接口配置模式
SW3-2(config-if)#ip address 192.168.30.254 255.255.255.0    //配置接口 IP 地址
SW3-2(config-if)#interface VLAN 40                          //进入 VLAN 接口配置模式
SW3-2(config-if)#ip address 192.168.40.254 255.255.255.0    //配置接口 IP 地址
```

3）配置路由器 R1 上的 IP 地址。

```
R1(config)#interface FastEthernet 0/0                       //选定路由器接口
R1(config-if)#ip address 19.1.1.1 255.255.255.252          //配置接口 IP 地址
R1(config-if)#interface FastEthernet 0/1                    //选定路由器接口
R1(config-if)#ip address 192.168.60.2 255.255.255.252       //配置接口 IP 地址
R1(config-if)#interface FastEthernet 0/2                    //选定路由器接口
R1(config-if)#ip address 192.168.60.6 255.255.255.252       //配置接口 IP 地址
```

4）配置路由器 R2 上的 IP 地址。

```
R2(config)#interface multilink 1                            //创建 multilink 1 逻辑接口
R2(config-if)#ip address 19.1.1.9 255.255.255.252          //配置 IP 地址
R2(config-if)#encapsulation ppp                             //封装 PPP 协议
R2(config-if)#ppp multilink                                 //使能 MP 功能
R2(config-if)#interface serial 3/0                          //进入具体物理口，进行逻辑绑定
R2(config-if)#encapsulation ppp                             //封装 PPP 协议
R2(config-if)#ppp multilink                                 //使能 MP 功能
R2(config-if)#ppp multilink group 1                         //绑定逻辑口，组号与 multilink 号一致
R2(config)#interface serial 4/0                             //进入具体物理口，进行逻辑绑定
R2(config-if)#encapsulation ppp                             //封装 PPP 协议
R2(config-if)#ppp multilink                                 //使能 MP 功能
R2(config-if)#ppp multilink group 1                         //绑定逻辑口，组号与 multilink 号一致
R2(config)#interface Serial 2/0                             //选定路由器接口
R2(config-if)#ip address 19.1.1.13 255.255.255.252         //配置接口 IP 地址
R2(config-if)#clock rate 64000                              //配置路由器 DCE 端时钟频率
R2(config-if)#interface FastEthernet 0/0                    //选定路由器接口
R2(config-if)#ip address 19.1.1.2 255.255.255.252          //配置接口 IP 地址
R2(config-if)#interface FastEthernet 0/1                    //选定路由器接口
```

| R2(config-if)#**ip address** *19.1.1.5 255.255.255.252* | //配置接口 IP 地址 |

5）配置路由器 R3 上的 IP 地址。

R2(config)#**interface Serial** *2/0*	//选定路由器接口
R2(config-if)#**ip address** *19.1.1.14 255.255.255.252*	//配置接口 IP 地址
R1(config-if)#**interface FastEthernet** *0/0*	//选定路由器接口
R1(config-if)#**ip address** *222.168.5.1 255.255.255.252*	//配置接口 IP 地址
R1(config-if)#**interface FastEthernet** *0/1*	//选定路由器接口
R1(config-if)#**ip address** *19.1.1.6 255.255.255.252*	//配置接口 IP 地址

6）配置路由器 R4 上的 IP 地址。

R4(config)#**interface multilink** *1*	//创建 multilink 1 逻辑接口
R4(config-if)# **ip address** *19.1.1.10 255.255.255.252*	//配置 IP 地址
R4(config-if)#**encapsulation ppp**	//封装 PPP 协议
R4(config-if)#**ppp multilink**	//使能 MP 功能
R4(config-if)#**interface serial** *3/0*	//进入具体物理口，进行逻辑绑定
R4(config-if)#**encapsulation ppp**	//封装 PPP 协议
R4(config-if)#**ppp multilink**	//使能 MP 功能
R4(config-if)#**ppp multilink group** *1*	//绑定逻辑口，组号与 multilink 号一致
R4(config-if)#**interface serial** *4/0*	//进入具体物理口，进行逻辑绑定
R4(config-if)#**encapsulation ppp**	//封装 PPP 协议
R4(config-if)#**ppp multilink**	//使能 MP 功能
R4(config-if)# **interface serial** *3/0*	//进入具体物理口，进行逻辑绑定
R4(config-if)#**interface fastethernet** *0/1*	//进入端口 F0/1
R4(config-if)#**no shutdown**	//打开物理接口
R4(config-if)#**exit**	//回退到全局模式
R4(config)#**interface fastethernet** *0/1.80*	//进入子接口
R4(config-subif)#**ip address** *192.168.80.254 255.255.255.0*	//配置子接口 IP 地址
R4(config-subif)#**encapsulation dot1q** *80*	//封装子接口
R4(config-subif)# **no shutdown**	//打开子接口
R4(config-subif)# **interface fastethernet** *0/1.90*	//进入子接口
R4(config-subif)#**ip address** *192.168.90.254 255.255.255.0*	//配置 IP 地址
R4(config-subif)#**encapsulation dot1q** *90*	//封装子接口
R4(config-subif)#**no shutdown**	//打开子接口

在 SW3-1、SW3-2、R1、R2、R3、R4 设备上完成 IP 地址配置后，使用 show ip interface brief 命令查看接口状态、IP 地址配置是否正确。如图 6-36 所示为在路由器 R2 上使用 show ip interface brief 命令后的输出结果。

```
R2#show ip interface brief
Interface              IP-Address(Pri)      OK?      Status
multilink 1            19.1.1.9/30          YES      UP
Serial 2/0             19.1.1.13/30         YES      UP
Serial 3/0             no address           YES      DOWN
Serial 4/0             no address           YES      DOWN
FastEthernet 0/0       19.1.1.2/30          YES      UP
FastEthernet 0/1       19.1.1.5/30          YES      UP
```

图 6-36　检查 R2 各接口 IP 地址配置和接口状态

请读者使用 show ip interface brief 命令查看 SW3-1、SW3-2、R1、R3、R4 设备各接口的 IP 地址配置和接口状态。

6
Chapter

（3）在路由器上查看路由表。

在 SW3-1、SW3-2、R1、R2、R3、R4 设备的相关接口正确配置 IP 地址后，在三层设备的路由表中会自动生成关于接口的直连路由。如图 6-37 所示为在路由器 R2 上使用 show ip route 命令后的输出结果。

```
R2#show ip route
Codes: C - connected, S - static, R - RIP, B - BGP
       O - OSPF, IA - OSPF inter area
       N1 - OSPF NSSA external type 1, N2 - OSPF NSSA external type 2
       E1 - OSPF external type 1, E2 - OSPF external type 2
       i - IS-IS, su - IS-IS summary, L1 - IS-IS level-1, L2 - IS-IS level
       ia - IS-IS inter area, * - candidate default
Gateway of last resort is no set
C    19.1.1.0/30 is directly connected, FastEthernet 0/0
C    19.1.1.2/32 is local host.
C    19.1.1.4/30 is directly connected, FastEthernet 0/1
C    19.1.1.5/32 is local host.
C    19.1.1.8/30 is directly connected, multilink 1
C    19.1.1.9/32 is local host.
C    19.1.1.10/32 is directly connected, multilink 1
C    19.1.1.12/30 is directly connected, Serial 2/0
C    19.1.1.13/32 is local host.
```

图 6-37　检查 R2 的路由表

请读者使用 show ip route 命令查看 SW3-1、SW3-2、R1、R3、R4 设备的路由表。

（4）配置各测试计算机的 IP 地址，并测试网络的连通性。

采用 VLAN10 中的一台 PC 机作为测试主机，配置 IP 地址 192.168.10.2，掩码 255.255.255.0，网关 192.168.10.254，发送 ping 命令，分别测试去往 SW3-1 接口 Fa0/1、R1 接口接口 Fa0/1、R1 接口接口 Fa0/0、R2 接口 Fa0/0 等的连通性，记录结果并分析存在的问题。

（5）静态路由配置规划。

根据 ABC 公司网络前期规划的要求，公司总部和分部均采用 RIPv2 动态路由协议，广域网连接部分采用 OSPF 动态路由协议。为了使得公司总部和分部的计算机用户能够访问 Internet，需要在出口路由器 R1、R3 和 R4 上配置默认路由。

（6）配置静态路由。

1）R1 上静态路由配置。

R1(config)#**ip route** *0.0.0.0 0.0.0.0* **fastethernet** *0/0*　　　　　//配置默认路由，出接口为 fastethernet0/0

2）R4 上静态路由配置。

R4(config)#**ip route** *0.0.0.0 0.0.0.0 19.1.1.9*　　　　　//配置默认路由，下一跳为 19.1.1.9

3）R3 上静态路由配置。

R3(config)#**ip route** *0.0.0.0 0.0.0.0* **fastethernet** *0/1*　　　　　//配置默认路由，出接口为 fastethernet0/1
R3(config)#**ip route** *0.0.0.0 0.0.0.0* **serial** *2/0 10*　　　　　//配置默认路由，出接口为 serial2/0，AD 值为 10

R3 上配置了 2 条默认路由，主要实现链路的备份功能。考虑到以太网链路的带宽高于串行链路的带宽，故以太网链路作为主链路，因此将通过串行链路达到目标节点的默认路由的 AD 值设置为 10。

（7）验证路由表。

　　在网络中三层设备上正确配置 IP 地址并写入静态路由命令后，静态路由将在路由表中存在。如图 6-38 所示为在路由器 R4 上配置静态路由命令后使用 show ip route 命令的输出结果。

```
R4#show ip route
Codes: C - connected, S - static, R - RIP, B - BGP
       O - OSPF, IA - OSPF inter area
       N1 - OSPF NSSA external type 1, N2 - OSPF NSSA external type 2
       E1 - OSPF external type 1, E2 - OSPF external type 2
       i - IS-IS, su - IS-IS summary, L1 - IS-IS level-1, L2 - IS-IS level
       ia - IS-IS inter area, * - candidate default

Gateway of last resort is 192.168.70.1 to network 0.0.0.0

C    19.1.1.8/30 is directly connected, multilink 1
C    19.1.1.10/32 is local host.
C    192.168.80.0/24 is directly connected, FastEthernet 0/1.80
C    192.168.80.254/32 is local host.
C    192.168.90.0/24 is directly connected, FastEthernet 0/1.90
C    192.168.90.254/32 is local host.
S    19.1.1.0/30 [1/0] via 19.1.1.9
```

图 6-38　检查 R4 的路由表

请读者使用 show ip route 命令查看 R1 和 R3 设备的路由表。

6.2.2　任务 2：利用 RIP 动态路由实现公司内网本地连通

1. 任务描述

由于 ABC 公司网络规模不是太大，公司内部网络采用动态路由协议 RIPv2，以减轻对交换机和路由器的 CPU、内存要求的压力；同时在出口路由器上使用 RIP 默认路由发布技术，使内网中三层交换机上都产生一条前往 Internet 的默认路由，以减轻网络管理员的负担。这样便可实现公司内网本地用户之间的相互通信，并且内网主机都能访问 Internet 的需求。

2. 任务要求

为了在网络安全系统集成实训室中模拟本任务的实施，搭建如图 6-39 所示的网络实训环境。本任务是在本项目任务 1 的基础上，采用动态路由协议 RIPv2，实现公司总部和上海分部网络的本地连通，需按网络管理和维护岗位操作规范，完成如下配置任务：

（1）实现公司内网用户的本地连通。

（2）公司内网用户均能访问 Internet。

（3）采取恰当的措施，对配置结果进行验证。

（4）使用 MyBase 软件对配置脚本进行管理，以便下一次实训和最后网络全网联调设备时使用。

3. 任务实施步骤

本任务在本项目任务 1 的基础上完成以下配置工作。由于公司总部和分部的内部网络运行 RIPv2 协议，因此需要在 SW3-1、SW3-2、R1 和 R4 上配置 RIPv2。

6
Chapter

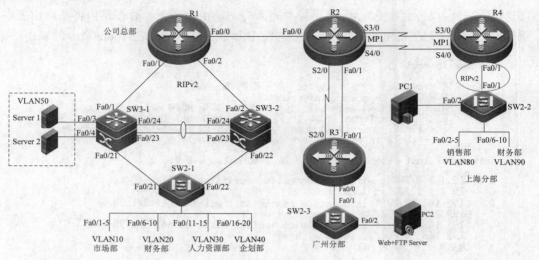

图 6-39　RIPv2 配置拓扑

（1）配置 RIPv2。

1）在 SW3-1 上配置 RIPv2。

SW3-1(config)#**ip routing**	//启动交换机路由功能
SW3-1(config)#**router rip**	//启用 RIP 协议
SW3-1(config-router)#**version** *2*	//定义 RIP 协议版本号为 2
SW3-1(config-router)#**network** *192.168.10.0*	//宣告直连网段
SW3-1(config-router)#**network** *192.168.20.0*	//宣告直连网段
SW3-1(config-router)#**network** *192.168.30.0*	//宣告直连网段
SW3-1(config-router)#**network** *192.168.40.0*	//宣告直连网段
SW3-1(config-router)#**network** *192.168.50.0*	//宣告直连网段
SW3-1(config-router)#**network** *192.168.60.0*	//宣告直连网段
SW3-1(config-router)#**no auto-summary**	//关闭自动汇总

2）在 SW3-2 上配置 RIPv2。

SW3-2(config)#**ip routing**	//启动交换机路由功能
SW3-2(config)#**router rip**	//启用 RIP 协议
SW3-2(config-router)#**version** *2*	//定义 RIP 协议版本号为 2
SW3-2(config-router)#**network** *192.168.10.0*	//宣告直连网段
SW3-2(config-router)#**network** *192.168.20.0*	//宣告直连网段
SW3-2(config-router)#**network** *192.168.30.0*	//宣告直连网段
SW3-2(config-router)#**network** *192.168.40.0*	//宣告直连网段
SW3-2(config-router)#**network** *192.168.60.0*	//宣告直连网段
SW3-2(config-router)#**no auto-summary**	//关闭自动汇总

3）在 R1 上配置 RIPv2。

在 R1 上配置 RIPv2 的过程和在 SW3-2 上配置 RIPv2 的过程一致，需要注意的是 R1 的 Fa0/0 接口是和外部网络相连，在此台路由器上不应该有外部网络的明细路由，因此在配置 RIPv2 时，不应宣告此网段，只需将和内部网络相连的网段宣告进 RIP 进程即可。另外，为了让公司总部内网用户能够访问外部网络，并减少网络管理员配置路由的工作量，需将 R1 上已有的默认路由下发至 SW3-1 和 SW3-2 设备，以便 SW3-1 和 SW3-2 设备能够学习到这条默认路由。以下为完成这一功能的相关配置：

R1(config)#**router rip**	//启用 RIP 协议
R1(config-router)#**version** *2*	//定义 RIP 协议版本号为 2
R1(config-router)#**network** *192.168.60.0*	//宣告直连网络
R1(config-router)#**default-information originate**	//下发默认路由
R1(config-router)#**no auto-summary**	//关闭自动汇总

4）在 R4 上配置 RIPv2。

R4(config)#**router rip**	//启用 RIP 协议
R4(config-router)#**version** 2	//定义 RIP 协议版本号为 2
R4(config-router)#**network** *192.168.80.0*	//宣告直连网络
R4(config-router)#**network** *192.168.90.0*	//宣告直连网络
R4(config-router)#**no auto-summary**	//关闭自动汇总

【注意】在本任务中，通常情况下不需要在 R4 上运行 RIPv2 协议，但是如果需要总部和分部网络互通，并且要能相互学习到对方的 RIP 路由信息时，就需要在 R4 上运行 RIPv2 协议，具体应用详见项目 10 任务 1。

（2）验证路由表。

在 SW3-1、SW3-2、R1 和 R4 上使用命令 show ip route 命令查看路由表。如图 6-40 所示为在路由器 SW3-1 上运行 RIPv2 协议后使用 show ip route 命令的输出结果。

```
SW3-1#show ip route
Codes: C - connected, S - static, R - RIP, B - BGP
       O - OSPF, IA - OSPF inter area
       N1 - OSPF NSSA external type 1, N2 - OSPF NSSA external type 2
       E1 - OSPF external type 1, E2 - OSPF external type 2
       i - IS-IS, su - IS-IS summary, L1 - IS-IS level-1, L2 - IS-IS level
       ia - IS-IS inter area, * - candidate default

Gateway of last resort is 192.168.60.6 to network 0.0.0.0
R*    0.0.0.0/0 [120/1] via 192.168.60.2, 00:35:29, FastEthernet 0/1
C     192.168.10.0/24 is directly connected, VLAN 10
C     192.168.10.253/32 is local host.
C     192.168.10.254/32 is local host.
C     192.168.20.0/24 is directly connected, VLAN 20
C     192.168.20.253/32 is local host.
C     192.168.20.254/32 is local host.
C     192.168.30.0/24 is directly connected, VLAN 30
C     192.168.30.253/32 is local host.
C     192.168.40.0/24 is directly connected, VLAN 40
C     192.168.40.253/32 is local host.
C     192.168.50.0/24 is directly connected, VLAN 50
C     192.168.50.253/32 is local host.
C     192.168.60.0/30 is directly connected, FastEthernet 0/1
C     192.168.60.1/32 is local host.
R     192.168.60.4/30 [120/1] via 192.168.60.2, 00:17:10, FastEthernet 0/1
                      [120/1] via 192.168.40.252, 00:17:10, VLAN 40
                      [120/1] via 192.168.30.252, 00:17:10, VLAN 30
                      [120/1] via 192.168.20.252, 00:17:10, VLAN 20
                      [120/1] via 192.168.10.252, 00:17:10, VLAN 10
```

图 6-40　检查 SW3-1 的路由表

从输出结果中可以知道，SW3-1 的路由表已经收到了与 SW3-1 非直连网段的路由信息 192.168.60.4/30，并且存在一条标记为 R* 的默认路由，说明是通过 RIP 协议学习到的。

请读者使用 show ip route 命令查看 SW3-2、R1 和 R4 设备的路由表。

（3）测试网络的连通性。

采用 VLAN10 中的一台 PC 机作为测试主机，配置 IP 地址 192.168.10.2，掩码 255.255.255.0，网关 192.168.10.254，发送 ping 命令，分别测试去往 SW3-1 接口 Fa0/1、R1 接口 Fa0/1、R1 接口接口 Fa0/0、R2 接口接口 Fa0/0 等的连通性，记录结果并分析存在的问题。

至此，内部网络已经连通，下面的任务为实现公司总部和分部之间广域网的连通。

6.2.3　任务 3：利用 OSPF 动态路由实现 Internet 网络连通

1. 任务描述

ABC 公司网络的出口路由器是网络的边界，一侧是公司的内网，另一侧是 Internet。Internet 网络是大规模网络，若采用静态路由和 RIP 显然不适应网络扩展性需求，因此需要采用诸如 BGP、OSPF、IS-IS 等这样的动态路由协议，这里使用 OSPF 动态路由协议，满足公司内网用户访问 Internet 时对网络连通性的需求。

2. 任务要求

为了在网络安全系统集成实训室中模拟本任务的实施，搭建如图 6-41 所示的网络实训环境。图中的 R1、R3 和 R4 用于模拟 ABC 公司的出口路由器，R2 用于模拟 Internet 中的一台路由器。另外，对 OSPF 做了层次体系结构设计，将 OSPF 路由域划分了 4 个区域。在路由器上按网络管理和维护岗位操作规范，完成如下配置任务：

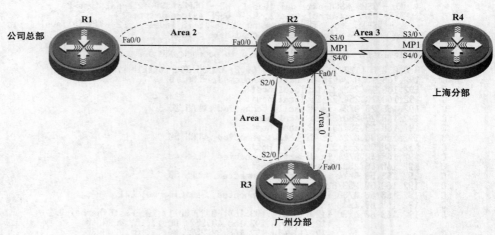

图 6-41　OSPF 配置拓扑

（1）降低路由器的 CPU、内存等资源消耗。

（2）提高网络的稳定性。

（3）实现 Internet 网络的连通性。

（4）采取恰当的措施，对配置结果进行验证。

（5）使用 MyBase 软件对配置脚本进行管理，以便下一次实训和最后网络全网联调设备时使用。

3. 任务实施步骤

本任务在本项目任务 1 的基础上完成以下配置工作。由于公司总部和分部的之间的网络运行 OSPF 协议，因此需要在 R1、R2、R3 和 R4 上配置 OSPF。注意，实际网络工程中是不需要在出口路由器 R1、R3 和 R4 上运行动态路由协议的，这里只是模拟广域网网络环境的需要，才将出口路由器的外部接口也运行了动态路由协议。

（1）OSPF 区域规划。

广域网网络部分划分了 4 个区域，其中，路由器 R2 与 R3 直连区域划分为主干区域（Area0），备份链路区域为区域 1（Area1），公司总部出口路由器 R1 与 R2 相连区域为区域 2（Area2），上海分部出口路由器 R4 与 R2 相连区域为区域 3（Area3）。

（2）配置 OSPF。

1）在 R1 上配置 OSPF。

```
R1(config)#router ospf 1                          //启用 OSPF 进程
R1(config-router)#router-id 1.1.1.1               //定义 OSPF 区域中路由器 ID 号
R1(config-router)#network 19.1.1.0 0.0.0.3 area 2 //宣告网段，与区域 2 关联
```

2）在 R2 上配置 OSPF。

```
R2(config)#router ospf 1                            //启用 OSPF 进程
R2(config-router)#router-id 2.2.2.2                 //定义 OSPF 区域中路由器 ID 号
R2(config-router)#network 19.1.1.4 0.0.0.3 area 0   //宣告网段，与区域 0 关联
R2(config-router)#network 19.1.1.12 0.0.0.3 area 1  //宣告网段，与区域 1 关联
R2(config-router)#network 19.1.1.0 0.0.0.3 area 2   //宣告网段，与区域 2 关联
R2(config-router)#network 19.1.1.8 0.0.0.3 area 3   //宣告网段，与区域 3 关联
```

3）在 R3 上配置 OSPF。

```
R3(config)#router ospf 1                            //启用 OSPF 进程
R3(config-router)#router-id 3.3.3.3                 //定义 OSPF 区域中路由器 ID 号
R3(config-router)#network 19.1.1.4 0.0.0.3 area 0   //宣告网段，与区域 0 关联
R3(config-router)#network 19.1.1.12 0.0.0.3 area 1  //宣告网段，与区域 1 关联
```

4）在 R4 上配置 OSPF。

```
R4(config)#router ospf 1                           //启用 OSPF 进程
R4(config-router)#router-id 4.4.4.4                //定义 OSPF 区域中路由器 ID 号
R4(config-router)#network 19.1.1.8 0.0.0.3 area 3  //宣告网段，与区域 3 关联
```

6
Chapter

（3）检查路由表。

在 R1、R2、R3 和 R4 上使用命令 show ip route 命令查看路由表。如图 6-42 所示为在路由器 R1 上运行 OSPF 协议后使用 show ip route 命令的输出结果。

从输出结果可以知道，标记为"O IA"的路由为 OSPF 区域间的路由，分别为前往区域 0、区域 1 和区域 3 的路由。

请读者使用 show ip route 命令查看 R2、R3 和 R4 设备的路由表。

至此公司总部和分部之间的广域网网络连通，任何广域网网络上的主机之间可以互访。

到目前为止，公司总部和分部的主机还不能访问 Internet，主要原因是公司总部和分部的主机使用私网地址，公网上路由器没有关于公司总部和分部内部网络的路由信息，要解决这一问题，需要使用 NAT 技术，有关这方面的具体应用，请参见本书项目 9。

```
R1#show ip route

Codes:  C - connected, S - static, R - RIP, B - BGP
        O - OSPF, IA - OSPF inter area
        N1 - OSPF NSSA external type 1, N2 - OSPF NSSA external type 2
        E1 - OSPF external type 1, E2 - OSPF external type 2
        i - IS-IS, su - IS-IS summary, L1 - IS-IS level-1, L2 - IS-IS level
        ia - IS-IS inter area, * - candidate default

Gateway of last resort is no set
C     19.1.1.0/30 is directly connected, FastEthernet 0/0
C     19.1.1.1/32 is local host.
O IA  19.1.1.4/30 [110/2] via 19.1.1.2, 00:42:03, FastEthernet 0/0
O IA  19.1.1.8/30 [110/26] via 19.1.1.2, 00:40:09, FastEthernet 0/0
O IA  19.1.1.12/30 [110/51] via 19.1.1.2, 00:42:03, FastEthernet 0/0
R     192.168.10.0/24 [120/1] via 192.168.60.1, 00:19:55, FastEthernet 0/1
                      [120/1] via 192.168.60.5, 00:19:55, FastEthernet 0/2
R     192.168.20.0/24 [120/1] via 192.168.60.1, 00:19:55, FastEthernet 0/1
                      [120/1] via 192.168.60.5, 00:19:55, FastEthernet 0/2
R     192.168.20.0/24 [120/1] via 192.168.60.1, 00:19:55, FastEthernet 0/1
                      [120/1] via 192.168.60.5, 00:19:55, FastEthernet 0/2
R     192.168.30.0/24 [120/1] via 192.168.60.1, 00:19:55, FastEthernet 0/1
                      [120/1] via 192.168.60.5, 00:19:55, FastEthernet 0/2
R     192.168.40.0/24 [120/1] via 192.168.60.1, 00:19:55, FastEthernet 0/1
                      [120/1] via 192.168.60.5, 00:19:55, FastEthernet 0/2
R     192.168.50.0/24 [120/1] via 192.168.60.1, 00:36:48, FastEthernet 0/1
C     192.168.60.0/30 is directly connected, FastEthernet 0/1
C     192.168.60.2/32 is local host.
C     192.168.60.4/30 is directly connected, FastEthernet 0/2
C     192.168.60.6/32 is local host.
```

图 6-42　检查 R1 的路由表

6.3　项目小结

本项目主要介绍了路由协议的基础知识，其中包括路由器的作用、路由协议概念、静态路由、RIP 和 OSPF 的工作过程及配置方法。路由器的主要作用就是把一个子网的数据转发到另一个子网，即路由。路由包括两项基本的动作：寻径和转发，寻径即确定到达目的网络的最佳路径，为了确定最佳路径，首先要选择一种协议。路由协议的核心就是路由算法，它将收集到的最佳路径写入路由表。路由算法使用度量值计算最佳路径，其值越小路径越优先。路由协议分为直连路由、静态路由和动态路由，在路由器上可以运行多个路由协议，为了区分不同路由协议的可信度，用管理距离来加以表示，管理距离的值越小可靠性越高。

静态路由是指网络管理员手动配置的路由信息，当网络的拓扑结构或链路状态发生变化时，网络管理员需要手动去修改路由表中相关的静态路由信息。默认路由是一种特殊的静态路由，其功能是告知路由器，当数据包的目的地址不与路由表的任何路由匹配时，则按默认路由转发该数据包。

RIP 是一种距离矢量路由协议，距离使用诸如跳数这样的度量值，而方向则是下一跳路由器或送出接口。RIP 有两个版本，它们的共同点是周期性广播全部路由表，存在路由环路，支持的最大跳数为 15，管理距离为 120。RIPv1 是有类距离矢量路由协议，RIPv2 是无类距离矢量路由协议，在路由更新中包含子网掩码，支持手工汇总和自动汇总。

OSPF 是一种链路状态路由协议，通过 Hello 协议发现邻居，创建链路状态数据包来构建链路状态数据库，当区域内所有路由器的链路状态数据库同步后，每台路由器将根据链路状态数据库的信息运行 SPF 算法生成自己的 SPF 树，以确定通向每个目的网络的最佳路径。OSPF 对路由器的内存、CPU 要求较高，存在 SPF 计算效率低、链路利用率和引发路由振荡等严重问题，对此提出了一种分层的解决方案，将一个 AS 系统分成多个区域，每个区域内的路由器承担不同的角色。

6.4　过关训练

6.4.1　知识储备检验

1．填空题

（1）路由器工作在 OSI 模型的（　　），在网络中的两大主要功能是（　　）和（　　）。

（2）前缀为/27 的网络可以有（　　）个可用的主机地址。

（3）路由的来源有（　　）、（　　）和（　　）。

（4）默认情况下，RIP 无效计时器为（　　）秒，刷新计时器为（　　）秒，抑制计时器为（　　）秒。

（5）RIPv2 使用组播地址（　　）通告路由信息。

（6）RIP 支持的最大路由跳数为（　　）跳。

（7）OSPF 的三张表是指（　　）、（　　）和（　　）。

（8）OSPF 有（　　）、（　　）、（　　）、（　　）和（　　）类型的报文。

（9）OSPF 的区域类型分为（　　）和（　　），其中的路由器分为（　　）、（　　）、（　　）和（　　）。

（10）OSPF 的网络类型分为（　　）、（　　）、（　　）和（　　）。

（11）常见的 OSPF LSA 类型有（　　）、（　　）、（　　）、（　　）和（　　）。

2．选择题

（1）当路由器从多个路由选择协议学到到达相同目的地的多条路由时，路由器根据（　　）决定使用哪条路由。

    A．跳数　　　　　　　B．管理距离　　　　C．度量值　　　　　D．路由汇总

（2）（　　）是静态路由的缺点。

    A．它将引起不可以预测的路由行为

    B．没有机制保证它能从一条失效的链路中恢复

C．每个更新都发送所有的路由信息

D．产生高处理器占用率

（3）以下选项最好地描述了默认路由的是（　　）。

A．网络管理员手工输入的紧急数据路由

B．网络失效时使用的路由

C．在路由表中没有找到明确达到目的地网络的路由条目时使用的路由

D．预先设定的最短路径

（4）（　　）命令可以取消 RIPv2 默认的网络汇总功能。

A．no ip rip-summary
B．no rip auto-summarization

C．no auto-summary
D．no route-summarization

（5）（　　）命令用于显示 RIP 数据库中的汇总地址条目。

A．show ip protocols
B．show ip route database

C．show ip rip database
D．show ip route

（6）在 RIPv2 中用组播更新替代广播更新的优点是（　　）。

A．以太网接口忽略组播消息
B．它使 RIPv2 与 OSPF 兼容

C．主机和非 RIPv2 路由器忽略组播消息
D．它使 RIPv2 比 RIPv1 收敛得更快

（7）（　　）语句描述了 RIPv1 和 RIPv2 各自的特征。

A．RIPv1 最大跳数为 16，而 RIPv2 最大跳数为 32

B．RIPv1 是有类的，而 RIPv2 是无类的

C．RIPv1 只用跳数作为度量值，而 RIPv2 使用跳数和带宽作为度量值

D．RIPv1 发送周期性的更新，而 RIPv2 只在网络拓扑发生变化时才发送更新

（8）（　　）方式可以用来阻止从某个路由器接口发送路由选择更新信息。

A．重发布　　　　B．路由汇总　　　C．被动接口　　　D．最后可用网关

（9）OSPF 路由选择协议的默认管理距离是（　　）。

A．1　　　　　　B．90　　　　　　C．110　　　　　D．120

（10）两台运行 OSPF 的路由器交换了 Hello 数据包，形成邻接关系，接下来将会做（　　）。

A．相互交换完整路由表
B．发送链路状态数据包

C．协商确定 DR/BDR
D．生成 SPF 树

3．简答题

（1）描述路由表的主要作用是什么？

（2）简述静态路由的优点和缺点。在什么情况下会优先选用静态路由？

（3）什么是度量值？什么是管理距离？常见动态路由协议的度量值是什么？管理距离是多少？

（4）简述 RIPv1 和 RIPv2 的特征是什么？

（5）简述什么是有类路由协议和无类路由协议？什么是有类路由行为和无类路由行为？

（6）哪些机制可以避免 RIP 的路由环路？

（7）列举 3 个在大型网络中运行 OSPF 比 RIP 更好的原因。

（8）当路由器接收到 LSU 将执行什么操作？

（9）OSPF 采用分层的体系化设计方式，它解决了什么网络问题？

（10）什么区域类型被连接到骨干区域？在多区域中，骨干区域必须被配置成什么区域？

6.4.2　实践操作检验

1．如图 6-43 所示，使用 OSPF 协议，若在 Router C 上学习到关于 192.168.100.0 的路由，Cost 是多少？

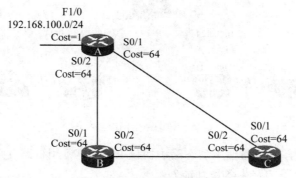

图 6-43　Cost 研究案例拓扑

2．如图 6-44 所示，在实际网络环境中，三层以太网口运行 OSPF 的情况中，一般将接口类型进行更改，以跳过 DR、BDR 选举过程，加快 OSPF 邻居建立过程。请指出接口类型改变的命令。

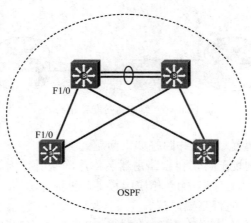

图 6-44　OSPF 网络类型研究拓扑

6.4.3 挑战性问题

1. 如图 6-45 所示，采用静态路由实现全网连通性。配置完成后，使用 show ip interface brief 命令检查所有网络接口都为 UP 和 UP 状态。PC1、PC2 和 PC3 实现了完全连通。从 R1 能够成功 ping 通 R2 和 R3。但是，尽管从 R3 能够成功 ping 通 R2，但 R3 无法 ping 通 R1 的地址。找出问题，解释 ping 失败的原因并提出建议的解决方案。

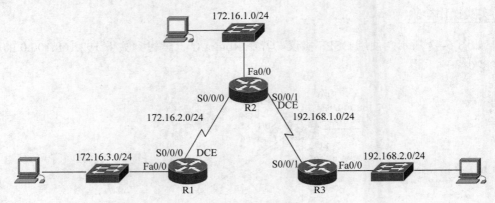

图 6-45　静态路由问题拓扑图

2. 如图 6-46 所示，主链路使用动态路由协议 RIPv2，备用链路使用静态路由，在路由器上做何配置才能实现链路的路由备份功能？

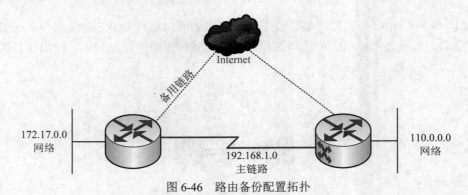

图 6-46　路由备份配置拓扑

3. 如图 6-47 所示，配置 OSPF 并回答如下问题：

（1）路由器接口 IP 地址配置，包含路由器名称，确保所有接口 UP，测试连通性。

（2）路由器 A、B、C 相应接口加入相应区域（有两种方法），分析为什么必须要有 Area 0，若将区域 0 改成区域 1，能否直接通信？

（3）用 show ip route 命令查看路由器 A 的路由表，路由来源是什么？是否对宣告的回环地址做了路由汇总，由此得出 LSA Type 3 的汇总和路由汇总有什么区别？用 show ip database 查看 LSA 的类型，用 show ip ospf neighbor 查看邻居状态，用 show ip ospf interface 查看接口状态，并分析。

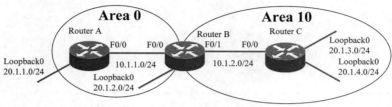

图 6-47　OSPF 配置与拓扑

7

构建跨区域的互联网络

当企业发展到拥有分支机构或电子商务业务需要跨国运营的规模时，单一的 LAN 网络已不足以满足其业务需求。广域网（WAN）接入已成为当今大中型企业的重要需求。路由器主要用于 WAN，当前存在各种各样的 WAN 技术，足以满足不同企业的需求，但是网络的扩展方法亦层出不穷，性能和价格存在较大的差别。企业在引进 WAN 接入技术时应考虑网络安全和地址管理等因素，因此，设计 WAN 和选择合适的电信网络服务商也并非易事。WAN 要求所有 WAN 连接都使用数据链路层协议对在 WAN 链路上传输的数据包进行封装，为确保使用正确的封装协议，必须在每台路由器的串行接口上配置第二层封装类型，常用的帧的封装格式有 HDLC、PPP、帧中继等，不同的帧封装适合不同的应用场合，取决于所选择使用的 WAN 技术和设备。其中 HDLC 是点对点、专线和交换电路连接且链路两端是 Cisco 设备时的默认封装类型；帧中继既是一种 WAN 技术，又是一种行业标准的封装协议，具有成本低、灵活性高的优点；PPP 封装能够与最常用的支持硬件兼容，可以和多种网络层协议协同工作，并内置安全机制，例如 PAP 和 CHAP，应用非常广泛。

通过本项目的学习，读者将达到以下知识和技能目标：

- 了解广域网的特点及实现方法；
- 了解 PPP 的组件及协商过程；
- 理解 PPP 的认证过程；
- 掌握 PPP 的基本配置、认证配置和 PPP 链路捆绑配置；
- 具备网络安全管理员岗位的基本技能。

项目描述

针对 ABC 公司网络建设需求，该公司除重庆总部外，分部使用 WAN 技术接入 Internet。其中，上海分部的出口路由器 R4 通过 2 个 Serial 接口使用 PPP 链路捆绑技术与 Internet 中的一台路由器 R2 的 2 个 Serial 接口相连，提高 WAN 链路的通信速率；广州分部的出口路由器 R3 使用 1 个 Serial 接口与 Internet 中的一台路由器 R2 的 1 个 Serial 接口相连，作为广州分公司用户访问 Internet 的备份链路，如图 7-1 所示。

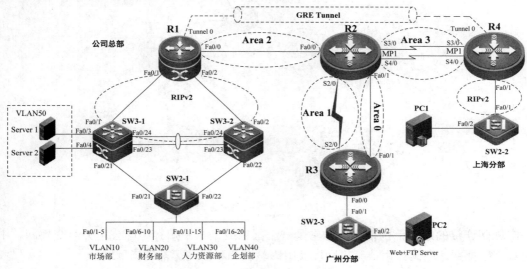

图 7-1　广域网网络配置拓扑

任务分解

根据项目要求，将项目的工作内容分解为两个任务：

● 任务 1：配置广域网链路 PPP MP；

● 任务 2：配置广域网链路 PPP CHAP 验证。

7.1　预备知识

7.1.1　广域网定义与类型

1．广域网的定义

一般来说，按距离来分：10km 以内为局域网（LAN）、10km～100km 为城域网（MAN）、

100km 以上为广域网（WAN）。广域网是指覆盖较大地理范围的数据通信网络。广域网租用运营商提供的长途线路来连接多个距离较远的 LAN 或终端用户，实现远程资源的共享和数据通信，如图 7-2 所示。

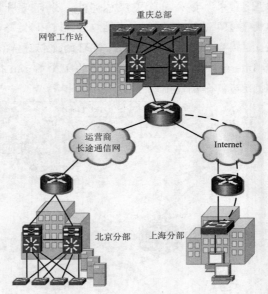

图 7-2　广域网连接示意图

广域网连接的地理范围很大，常常是一个国家或是一个州。中国公用分组交换网、中国公用数字数据网、中国公用计算机网以及中国教育和科研网等都是广域网。

2．广域网的类型

WAN 的目的是为了让分布较远的各局域网互联，所以它的结构又分为末端系统（两端的用户集合）和通信系统（中间链路）两部分。通信系统是广域网的关键。按长途通信系统的不同，WAN 线路可分为专线、分组交换和电路交换等三种类型。

（1）专线。

运营商提供的点到点的专用连接线路；在运营商传输网内，需要为该连接分配一个固定速率的专用逻辑通道，如图 7-3 所示。

图 7-3　通过专线连接的广域网

1）支持多种传输速率：2Mb/s、N×2Mb/s、N×45Mb/s、(1,4,16,64)×155Mb/s。

2）租用成本高。

3）典型的专线：E1 专线、POS 专线、以太网专线。

（2）分组交换。

运营商提供的基于分组交换的连接线路；在运营商分组交换网内，数据以分组形式进行交换，在数据交换之前，需要从发端至收端建立一条端到端的保证一定带宽的逻辑连接（虚电路），当这条连接上的流量未占满时，其剩余的带宽可与其他连接共享，如图 7-4 所示。

1）支持任何等级的传输速率（64kb/s～155Mb/s）。

2）租用成本较专线低。

3）典型的分组交换线路：FR（帧中继）、ATM。

图 7-4　通过分组交换技术连接的广域网

（3）电路交换。

电路交换网络是指在用户通信前必须在节点和终端之间建立专用电路（或信道）的网络。PSTN 和 ISDN 是 WAN 可能使用的两种电路交换技术。在用户需要传送数据时，通过拨号，在 PSTN/ISDN 网内建立一条或多条临时的 64kb/s 的电路连接，数据传送结束后，将挂断这些电路连接，如图 7-5 所示。

1）传输速率主要为 56kb/s、64kb/s、128kb/s。

2）不传送数据时不产生通信费用，传送数据时需独占电路，成本高。

3）典型的电路交换：PSTN 模拟拨号、ISDN。

图 7-5　通过电路交换技术连接的广域网

3．WAN 设备

根据具体的 WAN 环境，WAN 使用的设备有许多种，如图 7-6 所示，主要包括如下设备。

（1）调制解调器：调制模拟载波信号以便编码为数字信息，还可以接收调制载波信号以便对传输的信息进行编码。

（2）CSU/DSU：数字线路（如 T1 和 T3 电信线路）需要一个通道服务单元（CSU）和一个数据服务单元（DSU）。

（3）接入服务器：集中处理拨入和拨出用户通信。接入服务器可以同时包含模拟和数字接口，能够同时支持数以百计的用户。

（4）WAN 交换机：电信网络中使用的多端口设备。这些设备通常交换帧中继、ATM 或 X.25 之类的流量并在数据链路层上运行。在网云中还可以使用公共交换电话网（PSTN）交换机来提供电路交换链接。

（5）路由器：提供网际互联和用于连接服务提供商网络的 WAN 接入口。

（6）核心路由器：驻留在 WAN 中间或主干（而非外围）上的路由器。要能够胜任核心路由器的任务角色，路由器必须能够支持多个电信接口在 WAN 核心中同时以高速度运行，还必须能够在所有接口上同时安全转发 IP 数据包。另外，路由器还必须支持核心层中需要使用的路由（Routing）协议。

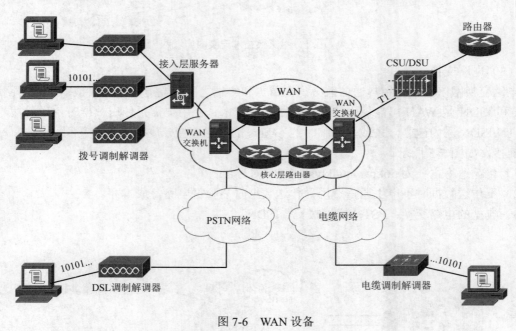

图 7-6 WAN 设备

4．WAN 的物理层标准

WAN 物理层协议描述连接 WAN 服务所需的电气、机械、操作和功能特性。WAN 物理层还描述 DTE 和 DCE 之间的接口。DTE/DCE 接口使用不同的物理层协议，包括 EIA/TIA-232、EIA/TIA-449/530、EIA/TIA-612/613、V.35、X.21 等。这些协议制定了设备之间相互通信所必须遵循的标准和电气参数。协议的选择主要取决于服务提供商的电信服务方案。

5．WAN 数据链路层协议

WAN 要求数据链路层协议建立穿越整个通信线路（从发送设备到接收设备）的链路。数据链路层协议定义如何封装传向远程站点的数据以及最终数据帧的传输机制。采用的技术有很多种，如 ISDN、帧中继或 ATM。最常用的 WAN 数据链路协议有 HDLC、PPP、帧中继和 ATM 等。

6．WAN 封装

从网络层发来的数据会先传到数据链路层，然后通过物理链路传输，这种传输在 WAN 连接上通常是点对点进行的。数据链路层会根据网络层数据构造数据帧，以便可以对数据进行必要的校验和控制。所有 WAN 连接都使用第 2 层协议对在 WAN 链路上传输的数据包进行封装。为确保使用正确的封装协议，必须为每个路由器的串行接口配置所用的第 2 层封装类型。封装协议的选择取决于 WAN 技术和设备。

常用的帧的封装格式有 HDLC（高级数据链路控制）、PPP（点对点）、帧中继、ISDN 等，不同的帧封装适合应用在不同的场合。限于篇幅，本书只讨论 PPP 协议。

7.1.2　PPP 协议

1．PPP 简介

点对点协议（PPP）为在点对点连接上传输多协议数据包提供了一个标准方法。PPP 封装能够与最常用的支持硬件兼容。PPP 对数据帧进行封装以便在物理链路上传输。PPP 使用串行电缆、电话线、中继线、手机、专用无线链路或光缆链路建立直接连接。

2．PPP 组件

PPP 包含三个主要组件，如图 7-7 所示。

图 7-7　PPP 协议组成示意图

（1）一个将 IP 数据包封装到串行链路的协议。

（2）用于建立、配置和测试数据链路连接的可扩展链路控制协议（LCP）。

（3）用于建立和配置各种网络层协议的一系列网络控制协议（NCP）。PPP 允许同时使用多个网络层协议。较常见的 NCP 有 Internet 控制协议、Appletalk 控制协议、Novell IPX 控制协议、Cisco 系统控制协议、SNA 控制协议和压缩控制协议。

3．PPP 协议的特点

PPP 具有处理错误检测、支持多个协议、允许在连接时刻协商 IP 地址、允许身份认证等功能。PPP 提供了 3 类功能：成帧；链路控制协议（LCP）；网络控制协议（NCP）。PPP 是面向字符类型的协议，概括如下：

（1）支持同步或异步串行链路的传输。

（2）支持多种网络层协议。

（3）支持错误检测、支持网络层的地址协商。

（4）支持用户认证、允许进行数据压缩。

7.1.3　PPP 协议的认证机制

PPP 提供了两种可选的身份认证方式：口令验证协议 PAP（Password Authentication Protocol，PAP）和质询握手验证协议（Challenge Handshake Authentication Protocol，CHAP）。如果双方协商达成一致，也可以不使用任何身份认证方式。

1．PAP 认证

（1）PAP 认证概述。

PAP 认证进程只在双方的通信链路建立初期进行，认证时只有两次信息的交换，因此又称两次握手，为远程节点验证提供了一种简单的方法。PAP 的弱点是用户的用户名和密码是明文发送的，有可能被协议分析软件捕获而导致安全问题。但是，因为认证只在链路建立初期进行，节省了宝贵的链路带宽。配置 PAP 协议需要在验证方和被验证方同时配置用户名和密码。

（2）PAP 认证过程。

1）被认证方向认证方发送 PAP 认证请求报文，该请求报文中携带明文的用户名和密码，如图7-8 所示。由于源节点控制验证重试频率的次数，所以 PAP 不能防范再生攻击和重复的尝试攻击。

2）当认证方收到该认证请求报文后，会根据报文中的实际内容（用户名和密码）查找本地数据库，如果该数据库中有用户名和密码一致的选项，则向对方返回一个认证成功的响应报文，否则返回一个认证不成功的响应报文。如果认证成功，在通信过程中不再进行认证；如果认证失败，则直接释放链路。

3）PAP 认证可以在一方进行，即由一方认证另一方身份，也可以进行双向身份证。这时，要求被认证的双方都要通过对方的认证程序；否则，无法建立两者之间的链路。

2．CHAP 认证

（1）CHAP 认证概述。

CHAP 认证比 PAP 认证更安全，因此 CHAP 不在线路上发送明文密码，而是发送经过摘要算法加工过的随机序列，也被称为"质询字符串"，如图 7-9 所示。身份认证可以随时进行，包括在双方正常通信过程中。因此，非法用户就算截获并成功破解了一次密码，此密码也将在一段时间内失效。CHAP 对端系统要求很高，因此需要多次进行身份质询、响应。需要耗费较多的 CPU 资源，因此只用在对安全要求很高的场合。配置 CHAP 认证需要在验证方和被验证方分别配置用户名和密码，用户名为对方路由器的名称，密码相同。

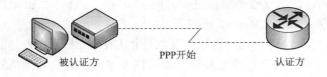

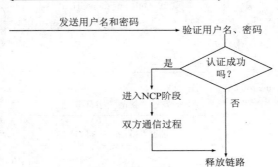

图 7-8　PPP PAP 认证

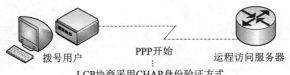

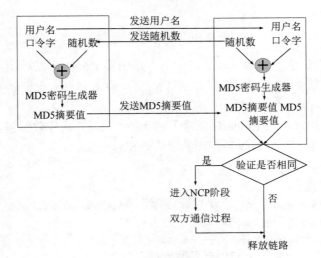

图 7-9　CHAP 认证原理

（2）CHAP 认证过程。

同 PAP 一样，CHAP 认证可以在一方进行，即由一方认证另一方身份，也可以进行双向身份认证。这时，要求被认证的双方都要通过对方的认证程序，否则，无法建立二者之间的链路。这里以单向认证为例，分析 CHAP 认证过程。

如图 7-10 所示，双方都封装了 PPP 协议且要求进行 CHAP 身份认证，同时它们之间的链路在物理层激活后，认证服务器会不停地发送身份认证要求直到身份认证成功。和 PAP 不同的是，这时认证服务器发送的是"挑战（challenge）"字符串。

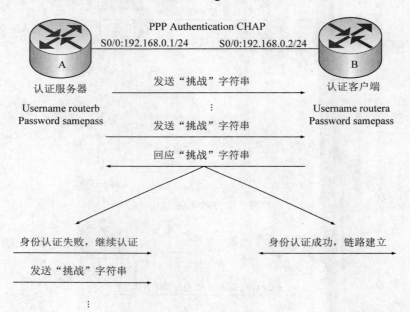

图 7-10　CHAP 认证过程

在图 7-10 中，当认证客户端（被认证一端）路由器 RouterB 发送了对"挑战"字符串的回应数据包后，认证服务器会按照摘要算法（MD5）验证对方的身份。如果正确，则身份认证成功，通信双方的链路成功建立。

如果被认证的一端路由器 RouterB 发送了错误的"挑战"回应数据包，认证服务器将继续不断地发送身份认证要求，直到收到正确的回应数据包为止。

3．PPP 基本配置

（1）封装 PPP 协议。

R1(config-if)#**encapsulation ppp**　　　　　　　//启用 PPP 封装，将其作为接口的第 2 层协议

（2）配置使用身份认证方法。

R1(config-if)#**ppp authentication** {pap | chap | pap chap |chap pap}

（3）配置在认证方上要登录的用户名和密码。

R1(config-if)#**ppp pap sent-username** *name* **password** *password*

（4）设置压缩算法。

R1(config-if)#**compress [predictor|stacker|MPPC]**

（5）配置链路质量监视。

R1(config-if)#**ppp quality** *percent*

（6）配置多链路负载平衡。

R1(config-if)#**ppp multilink**

（7）PPP 配置验证。

R1#**show interface serial** *mod/num*　　　　　//显示串口接口的信息
R1#**show ppp multilink**　　　　　　　　　　//显示多链路接口的信息

7.1.4　PPP 多链路捆绑技术

1．PPP MP 概述

PPP multilink 是将多个物理链路合并或者捆绑成一条逻辑链路，如图 7-11 所示，作用是增加带宽、减少延时和线路备份。MP 是由 LCP 在初始化时设置的一个功能选项。MP 将 Packet 分成多个小块的片段同时送到远端路由器，LCP 再将它们恢复成完整的 Packet。

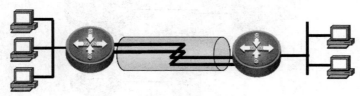

图 7-11　PPP 多链路示意图

2．PPP MP 的工作过程

（1）PPP 物理链路在协商完 LCP 的一般参数之后，再发起 MP 请求，如果对方的链路支持 MP，并且给出正确的应答，那么将和其他的物理链路共同捆绑到逻辑接口上。

（2）下一步是进行 NCP（如 IP）协商，如果协商成功，所有的 MP 的物理链路将都使用同一个逻辑接口的网络地址。

（3）设定多链路 PPP 必须在逻辑接口上设置 PPP multilink 命令，用以指定该逻辑接口使用多链路的协商模式。

3．PPP MP 的配置

首先创建 MP 逻辑口，然后进入物理口绑定到逻辑口。

R1(config)#**interface multilink** *1*　　　　　　//创建 multilink 1 逻辑接口
R1(config-if)#**ip address** *1.1.1.1 255.255.255.252*　　//配置 IP 地址
R1(config-if)#**encapsulation ppp**　　　　　　//封装 PPP 协议
R1(config-if)#**ppp multilink**　　　　　　　　//使能 MP 功能
R1(config)#**interface serial** *1/0*　　　　　　//进入具体物理口，进行逻辑绑定
R1(config-if)#**no ip address**　　　　　　　　//物理口无需配置地址
R1(config-if)#**encapsulation ppp**　　　　　　//封装 PPP 协议

R1(config-if)#**ppp multilink**	//使能 MP 功能
R1(config-if)#**ppp multilink group** *1*	//绑定逻辑口，组号与 multilink 号一致

7.2 项目实施

7.2.1 任务 1：配置广域网链路 PPP MP

1. 任务描述

根据 ABC 公司网络整体规划，上海分部采用如图 7-12 所示的网络结构。上海分部的网络希望通过专线接入 Internet，并向 ISP 租用了一个公网注册 IP 地址。为了满足上海分部业务发展的需要，需要增加线路带宽和减少数据传输时延，这可以通过将上海分部的出口路由器 R4 和 ISP 的路由器 R3 之间的两条物理线路合并成一条逻辑链路，并在此逻辑链路上启用兼容性好的数据链路层封装协议 PPP 来实现。

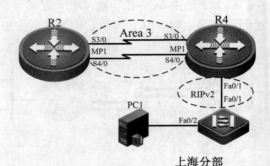

图 7-12 PPP MP 配置拓扑

2. 任务要求

为了在网络安全系统集成实训室中模拟本任务的实施，搭建如图 7-12 所示的网络实训环境。在 R2 和 R4 的广域网链路上，完成如下任务：

（1）根据拓扑图使用合适的电缆正确连接设备。

（2）配置合适的压缩算法，提高数据的传输速率。

（3）实现链路质量监视功能。

（4）实现 2 条广域网物理线路上的流量平衡功能。

（5）使用 MyBase 软件对配置脚本进行管理，以便下一次实训和最后网络全网联调设备时使用。

3. 任务实施步骤

（1）依据要求，使用两对 V.35 电缆分别连接 R2 和 R4，其中 V.35 电缆的 DCE 端连接到 R2 的 S3/0 和 S4/0 串行口上。

【注意】将 V.35 电缆连接至路由器的串行接口时，需关闭路由器电源，否则会烧坏串行接口。

（2）在 R2 和 R4 上创建 multilink 接口并配置 IP 地址。

1）在路由器 R2 上进行配置。

R2(config)#**interface multilink** *1*	//创建多链路端口 1
R2(config-if)#**ip address** *19.1.1.9 255.255.255.252*	//配置端口 IP 地址

2）在路由器 R4 上进行配置。

R4(config)#**interface multilink** *1*	//创建多链路端口 1
R4(config-if)#**ip address** *19.1.1.10 255.255.255.252*	//配置端口 IP 地址

（3）在 R2 和 R4 上将相应物理接口加入 multilink 接口。

1）在 R2 上将物理接口 S3/0 和 S4/0 加入 multilink 接口。

R2(config)#**interface serial** *3/0*	//进入串口 serial 3/0
R2(config-if)#**encapsulation ppp**	//封装点到点协议
R2(config-if)#**no shutdown**	//打开端口
R2(config-if)#**ppp multilink**	//使能 MP 功能
R2(config-if)#**ppp multilink group** *1*	//将端口划分到 PPP multilink 组
R2(config-if)#**interface serial** *4/0*	//进入串口 serial 4/0
R2(config-if)#**clock rate** *64000*	//设置时钟频率
R2(config-if)#**encapsulation ppp**	//封装点到点协议
R2(config-if)#**no shutdown**	//打开端口
R2(config-if)#**ppp multilink**	//使能 MP 功能
R2(config-if)#**ppp multilink group** *1*	//将端口划分到 PPP multilink 组

2）在 R4 上将物理接口 S3/0 和 S4/0 加入 multilink 接口。

R4(config)#**interface serial** *3/0*	//进入串口 serial 3/0
R4(config-if)#**encapsulation ppp**	//封装点到点协议
R4(config-if)#**no shutdown**	//打开端口
R4(config-if)#**ppp multilink**	//使能 MP 功能
R4(config-if)#**ppp multilink group** *1*	//将端口划分到 PPP multilink 组
R4(config-if)#**interface serial** *4/0*	//进入串口 serial 4/0
R4(config-if)#**encapsulation ppp**	//封装点到点协议
R4(config-if)#**no shutdown**	//打开端口
R4(config-if)#**ppp multilink**	//使能 MP 功能
R4(config-if)#**ppp multilink group** *1*	//将端口划分到 PPP multilink 组

（4）在 multilink 接口上配置压缩算法和链路质量监视。

R2(config)#**interface multilink** *1*	//进入多链路端口 1
R2(config-if)#**encapsulation ppp**	//封装 PPP 协议
R2(config-if)#**compress [predictor |stac]**	//定义压缩算法
R2(config-if)#**ppp quality** *80*	//开启链路质量监视

同理，在路由器 R4 上采取相同配置。

（5）验证并查看 PPP MP 效果。

在路由器 R2 上，使用 show ip interface brief 命令，查看 multilink 接口的 IP 地址和接口状态，如图 7-13 所示。

（6）测试网络连通性。

在路由器 R2 上执行 ping 19.1.1.10 命令，观察数据包的返回情况，确认网络的连通性。

7

Chapter

```
R2#show ip interface brief
Interface              IP-Address       OK?        Protocol
 Multilink 1           19.1.1.9/30      YES        UP
 Serial2/0             19.1.1.13/30     YES        UP
 Serial3/0             no address       YES        DOWN
 Serial4/0             no address       YES        DOWN
 FastEthernet0/0       19.1.1.2/30      YES        UP
 FastEthernet0/1       19.1.1.5/30      YES        UP
```

图 7-13　查看 multilink 接口

7.2.2　任务 2：配置广域网链路 PPP CHAP 验证

1. 任务描述

根据 ABC 公司网络整体规划，广州分部采用如图 7-14 所示的网络结构。在广州分部的出口路由器上使用双线路接入 Internet，其中主线路采用 100Mbps 以太网线路，备用线路使用 2MB 专线，避免线路出现问题而导致用户业务中断。当主线路故障时，主备线路应有自动切换措施，确保线路切换时间不能太长。为了接入线路的安全，在 R3 和 ISP 路由器 R2 建立连接进行链路协商时，采用 PPP CHAP 认证方式。

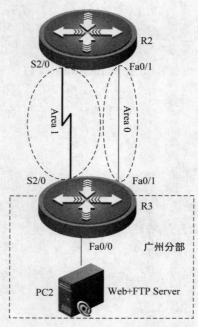

图 7-14　PPP CHAP 配置拓扑

2. 任务要求

为了在网络安全系统集成实训室中模拟本任务的实施，搭建如图 7-14 所示的网络实训环境。在 R2 和 R3 的广域网链路上，完成如下任务：

（1）根据拓扑图使用合适的电缆正确连接设备。

（2）配置 PPP CHAP 双向认证，确保链路接入安全。

（3）实现端口备份功能，在主线路正常的情况下，备份线路的端口处于 DOWN 状态，当主线路出现故障时，备份线路在 3s 后自动切换为 UP 状态，并且在主线路恢复正常后 3s 自动切换为 DOWN 状态。

（4）检验 CHAP 认证和端口备份功能。

（5）使用 MyBase 软件对配置脚本进行管理，以便下一次实训和最后网络全网联调设备时使用。

3．任务实施步骤

本任务的实现与项目 6 中的任务 3 相关。

（1）依据要求，使用 V.35 电缆分别连接 R2 和 R3，其中 V.35 电缆的 DCE 端连接到 R2 的 S2/0 串行口上。

（2）在 R2 上配置以 CHAP 方式验证对端 R3。

R2(config)#**username** *R3* **password** *123456*	//设定用户账号和密码
R2(config)#**interfaces serial** *2/0*	//进入串口 serial 2/0
R2(config-if)#**encapsulation ppp**	//封装 PPP 协议
R2(config-if)#**ppp authentication chap**	//定义 PPP 认证方式为 CHAP
R4(config-if)#**interface serial** *4/0*	//进入串口 serial 4/0

（3）查看接口状态并验证互通性。

在 R2 上使用 show interfaces serial 2/0 命令，查看接口的状态，如图 7-15 所示。

```
R2#show interfaces serial 2/0
Index(dec):3(hex):3
Seria2/0 is UP, line protocol is DOWN
 Hardware is HD64570
 Interface address is:19.1.1.13/30
 MTU 1500 bytes, BW 1544 Kbit,
 Encapsulation protocol is PPP, loopback not set
 Keepalive interval is  10 sec set
 Carrier delay is 2 sec
 Rxload is 1,Txload is 1
 LCP Reqsent
```

图 7-15　查看接口状态

从输出结果可以知道，serial 2/0 接口的链路层处于 DOWN 状态，主要原因是和 serial 2/0 接口相连的对端还未配置 CHAP 认证。

（4）在 R3 上配置以 CHAP 方式验证对端 R2。

R3(config)#**username** *R2* **password** **123456**	//设定用户账号和密码
R3(config)#**interfaces serial** *2/0*	//进入串口 serial 2/0
R3(config-if)#**encapsulation ppp**	//封装 PPP 协议
R3(config-if)#**ppp authentication chap**	//定义 PPP 认证方式为 CHAP

（5）查看接口状态以及验证 R2 与 R3 的互通性。

在 R2 上使用 show interfaces serial 2/0 命令，查看接口的状态，如图 7-16 所示。

从输出结果可以知道，serial 2/0 接口处于 UP 状态，R2 和 R3 双方的 serial 2/0 接口已通过 CHAP 认证。

```
R2#show interfaces serial 2/0
Index(dec):3(hex):3
Seria2/0 is UP, line protocol is UP
 Hardware is HD64570
 Interface address is:19.1.1.13/30
 MTU 1500 bytes, BW 1544 Kbit,
 Encapsulation protocol is PPP, loopback not set
 Keepalive interval is  10 sec set
 Carrier delay is 2 sec
 Rxload is 1,Txload is 1
 LCP Reqsent
```

图 7-16　查看接口状态

（6）在 R2 和 R3 上配置端口备份。

R2 和 R3 之间使用串行链路和以太网链路相连，其中以太网链路的带宽高于串行链路带宽，因此将 R2 和 R3 之间的以太网链路作为主链路，将 R2 和 R3 之间的串行链路作为备份链路，要实现这一功能，可以采取如下配置方法：

1）在 R2 上配置端口备份。

R2(config)#**interface FastEthernet** *0/1*	//进入以太网端口 Fa0/1
R2(config-if)#**backup interface serial** *2/0*	//定义备份端口为 serial 2/0
R2(config-if)#**backup delay** *3 3*	//定义备份延迟时间为 3 秒钟

2）在 R3 上配置端口备份。

R3(config)#**interface FastEthernet** *0/1*	//进入以太网端口 Fa0/1
R3(config-if)#**backup interface serial** *2/0*	//定义备份端口为 Serial 2/0
R3(config-if)#**backup delay** *3 3*	//定义备份延迟时间为 3 秒钟

（7）查看接口状态以及验证 R2 与 R3 的互通性。

正常情况下，R2 和 R3 的以太网接口处于正常工作状态，如图 7-17 所示。

```
========================= FastEthernet 0/1 =========================
Index(dec):2 (hex):2
FastEthernet 0/1 is UP   , line protocol is UP
Hardware is MPC8248 FCC FAST ETHERNET CONTROLLER FastEthernet, address is 001a.a
939.aeea (bia 001a.a939.aeea)
Interface address is: 19.1.1.6/30
ARP type: ARPA,ARP Timeout: 3600 seconds
 MTU 1500 bytes, BW 100000 Kbit
 Encapsulation protocol is Fthernet-TT, loopback not set
 Keepalive interval is 10 sec , set
 Carrier delay is 2 sec
 RXload is 1 ,Txload is 1
 Queueing strategy: FIFO
   Output queue 0/40, 0 drops;
   Input queue 0/75, 0 drops
Link Mode: 100M/Full-Duplex
```

图 7-17　查看 R2 和 R3 的以太网接口状态

当 R2 和 R3 的以太网接口宕掉后，能自动切换到备用的串行链路上吗？答案是否定的，因为

R2 和 R3 的以太网接口位于骨干区域 0 中，当 R2 和 R3 的以太网接口宕掉后，导致骨干区域不能正常工作，解决办法是采用 OSPF 的虚连接把被分隔的骨干区域连接起来，配置过程如下：

1）R2 上虚连接的配置。

R2(config)#**router ospf** *1*	//启用 OSPF 进程
R2(config-router)#**area** *1* **virtual-link** 3.3.3.3	//配置虚连接

2）R3 上虚连接的配置。

R3(config)#**router ospf** *1*	//启用 OSPF 进程
R3(config-router)#**area** *1* **virtual-link** *2.2.2.2*	//配置虚连接

完成以上配置后，在路由器 R2 上宕掉 Fa0/1 接口，备用链路在 3 秒内可用。

7.3　项目小结

　　本项目主要讨论了在同等单元之间的简单链路上传输数据包时使用的 PPP 协议。本协议包含了 LCP 和 NCP 两个组件，其中 LCP 负责创建、维护和终止一次物理连接；NCP 是一族协议，用于确定物理连接上运行什么网络协议，并解决上层网络协议中发生的问题。PPP 支持两种协议认证：PAP 和 CHAP。这两种协议均支持单向的和双向的认证方式，CHAP 对 PAP 进行了改进，不再直接通过链路发送明文口令，而是使用挑战口令以哈希算法对口令进行加密，在整个连接过程中，CHAP 将不定时地向客户端重复发送挑战口令，从而避免第三方冒充远程客户。

7.4　过关训练

7.4.1　知识储备检验

1．填空题

（1）按长途通信系统的不同，WAN 线路可分为（　　）、（　　）、（　　）3 种类型。

（2）PPP 包含（　　）、（　　）、（　　）3 个组件。

（3）PPP 提供（　　）和（　　）两种验证机制。

（4）PPP 提供（　　）、（　　）和（　　）3 种主要功能。

2．选择题

（1）PPP 是（　　）协议。

    A．物理层　　　　　　　B．链路层　　　　　　C．网络层　　　　　　D．传输层

（2）在 PAP 验证过程中，敏感信息是以（　　）形式进行传送的。

    A．明文　　　　　　　　B．加密　　　　　　　C．摘要　　　　　　　D．加密的摘要

（3）PAP 验证时发生在（　　）的验证功能。

    A．物理层　　　　　　　B．链路层　　　　　　C．物理层　　　　　　D．传输层

（4）在 PAP 验证过程中，首先发起验证请求的是（　　）。

    A．验证方　　　　　　　　　　　　B．被验证方

    C．双方同时发出　　　　　　　　　D．双方都不发出

（5）当采用 CHAP 作为 PPP 验证协议时，采用（　　）。

    A．1 次握手　　　　B．2 次握手　　　　C．3 次握手　　　　D．4 次握手

3．简答题

（1）描述 PPP 协议的特性及应用环境。

（2）描述 PAP 的验证过程。

（3）比较 PAP 和 CHAP 的优缺点。

7.4.2　实践操作检验

在本项目任务 2 中，在 R2 和 R3 的广域网链路上采用双向 PAP 认证，试完成配置，连通网络。

7.4.3　挑战性问题

有时，主叫路由器的主机名无法用来执行 CHAP 认证。连接到 ISP 的客户路由器便是其中的一例。控制这台 ISP 路由器的服务提供商会把用户名和密码告知给自己的客户，而用户名和客户路由器的主机名并不匹配,这时你需要做何配置才能让客户端和 ISP 的路由器上正常运行 PPP CHAP 认证协议？

8

部署安全访问企业资源策略

现代网络通过路由与交换技术，正在不断地把各种分布在不同区域、不同类型、不同用途的网络连接起来，实现了将用户的数据流量从一个地点传送到另外一个地点。随着网络技术在各领域的广泛应用，特别是使用 Internet 需求的增加，给网络的访问控制带来新的挑战。网络管理员必须决定怎样拒绝不需要的连接，同时又要允许合理的访问。访问控制列表（ACL）为网络控制提供了更强大的工具，它是在交换机和路由器等网络设备上经常采用的一种流量控制技术，它可以根据数据包的源地址、目的地址或服务类型设置过滤条件，对经过网络设备的数据包进行过滤，允许或禁止用户访问某一特定网络资源。ACL 类型分为 IP 标准访问列表和 IP 扩展访问列表，每种类型的 ACL 又可以分为编号的访问控制列表和命名访问控制列表。IP 标准 ACL 根据数据包中的源地址过滤数据包；在实际应用过程中，有时只是根据 IP 数据包的源地址实施流量控制不能完全满足要求，还要通过目的地址或服务类型等信息过滤数据包，才能准确把握要过滤的内容，扩展 ACL 便可满足这一要求；但是这些过滤规则配置之后是时刻发挥作用的，而通常的企业网络在不同的时间段有不同的网络控制要求，这需要基于时间的 ACL 根据不同的时间实施不同的控制策略。

通过本项目的学习，读者将达到以下知识和技能目标：

- 了解 ACL 过滤数据包的原理、分类、作用；
- 掌握 ACL 工作流程和部署位置；
- 掌握 IP 标准 ACL 的配置；
- 掌握 IP 扩展 ACL 的配置；
- 掌握基于时间 ACL 的配置；
- 具备网络安全管理员岗位的基本技能。

项目描述

针对 ABC 公司网络建设需求，为了保证公司信息安全，公司领导决定公司总部的财务部门不允许总部的其他部门和分部部门的主机访问，但允许其他部门之间的主机之间通信；不允许公司使用 Telnet（管理员除外）；为了保障网络资源的合理利用，需要公司用户只能在工作日的上班时间才能访问互联网，如图 8-1 所示。

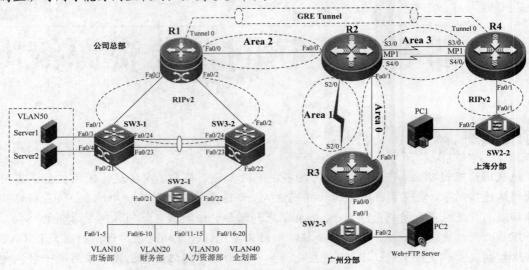

图 8-1　实施访问控制网络配置拓扑

任务分解

根据项目要求，将项目的工作内容分解为两个任务：

- 任务 1：应用标准 ACL 控制内部网络互访；
- 任务 2：应用扩展 ACL 控制内部网络资源访问。

8.1　预备知识

8.1.1　访问控制列表概述

1．访问控制列表的定义

访问控制列表（Access Control List，ACL）是一个命令集，通过编号或名称组织在一起，用来过滤进入或离开接口的流量。ACL 命令明确定义了允许哪些流量以及拒绝哪些流量。

一旦创建 ACL 语句组，还需要启动它们。要在接口之间过滤流量，必须在接口模式下启动 ACL。所指的接口可以是物理接口（如 Ethernet0 或 serial0）或者是逻辑接口（如 Ethernet0.1 或 serial0.1）。在接口上启动 ACL 时，还需要指明在哪个方向过滤流量。

ACL 的一个局限性是：它不能过滤路由器自己生成的流量。例如，从路由器上执行 ping 或 traceroute 命令，或者从路由器上 telnet 到其他设备时，应用到此路由器接口的 ACL 无法对这些连接的出站流量进行过滤。然而，如果外部设备要 ping、traceroute 或 telnet 到此路由器，或者通过此路由器到达远程接收站，那么路由器可以过滤这些分组。

2．ACL 的功能

ACL 是一个控制网络的有力工具，使用 ACL 来完成两项主要功能：分类和过滤。

（1）分类。

在路由器上使用 ACL 来识别特定的数据流并将其分类，指示路由器如何处理这些数据流，例如：

1）识别通过虚拟专网（VPN）连接进行传输时需要加密的数据流。

2）识别要将其从一种路由选择协议重分发到另一种路由选择协议中的路由。

3）结合使用路由过滤来确定要将哪些路由包含在路由器之间传输的路由选择更新中。

4）结合使用基于策略的路由选择来确定通过专用链路传输哪些数据流。

5）结合使用网络地址转换（NAT）来确定要转换哪些地址。

6）结合使用服务质量（QoS）来确定发生拥塞时应调度队列中的哪些数据包。

（2）过滤。

路由器根据 ACL 中指定的条件来检测通过路由器的每个数据包，从而决定是转发还是丢弃该数据包。ACL 中的条件，既可以是数据包的源地址，也可以是目的地址，还可以是上层协议或其他因素。

1）前往或来自特定路由器接口的数据流。

2）前往或离开路由器 VTY 端口、用于管理路由器的 Telnet 数据流。

3）用于过滤流入、流出路由器接口的数据包。

3．ACL 的作用

建立 ACL 主要有以下几方面的作用：

（1）控制网络流量、提高网络性能。将 ACL 应用到路由器的接口，对经过接口的数据包进行检查，并根据检查的结果决定数据包是丢弃还是转发，达到控制网络流量、提高网络性能的目的。例如，通过 ACL 限制用户访问典型的 P2P 站点，以及过滤常用软件使用的端口方式来达到限制网络流量的目的。

（2）控制用户网络行为。在路由器的接口处，决定哪种类型的通信流量被转发、哪种类型的通信流量被阻塞。例如，禁止单位员工看股票、用 QQ 聊天，只靠管理手段是不够的，还必须从技术上进行控制。可以用两种方法限制用户的行为：第一种使用 ACL 限制用户只能使用常用的因特网服务，其他服务全部过滤掉；第二种是封堵软件的端口或禁止用户登录软件的服务器。

（3）控制网络病毒的传播。这是 ACL 使用最广泛的功能。例如，蠕虫病毒在局域网传播的常用端口为 TCP 135、139 或 445，通过 ACL 过滤掉目的端口为 TCP 135、139 或 445 的数据包，就可控制病毒的传播。

（4）提供网络访问的基本安全手段。例如，ACL 允许某一主机访问网络，而阻止另一主机访问同样的网络。

4．ACL 的工作过程

ACL 被应用在接口上才能生效，同时，由于在接口上数据流量有进（In）接口和出（Out）接口两个方向，所以在接口上使用 ACL 也有进（In）接口和出（Out）接口两个方向。进方向的 ACL 负责过滤进入接口的数据流量，出方向上的 ACL 负责过滤从接口发出的数量流量。在路由器的一个接口上，每种路由协议的 ACL 都可以配置两个，一个是进方向，另外一个是出方向。ACL 以以下两种方式来运行。

（1）入站 ACL 工作过程。

图 8-2 显示了入站方向的 ACL 工作过程。当设备接口收到数据包时，首先确定 ACL 是否被应用到该接口，如果没有，则正常地路由数据包。如果有，则处理 ACL，从第一条语句开始，将条件和数据包内容比较。如果没有匹配，则处理 ACL 中的下一条语句，如果匹配，则执行允许或拒绝的操作。如果整个 ACL 中都没有找到匹配的规则，则丢弃该数据包。

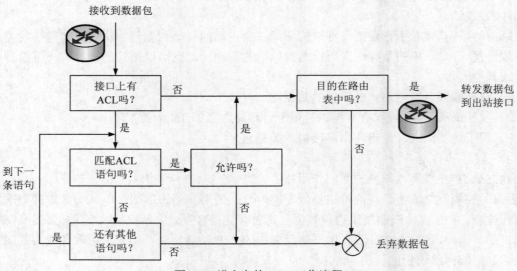

图 8-2　进方向的 ACL 工作流程

（2）出站 ACL 工作过程。

用于出站的 ACL 工作过程与入站 ACL 工作过程类似，当设备接收到数据包时，首先查看路由表，是否可将数据包路由到输出接口，如果不能，则丢弃数据包；要是数据包可以路由，然后将数据包路由到输出端口，再检查该端口上是否应该启用 ACL，如果没有，直接将数据包从出站接口输出；如果启用了 ACL，则将根据测试 ACL 中的语句的结果决定是转发还是拒绝数据包，如图 8-3 所示。

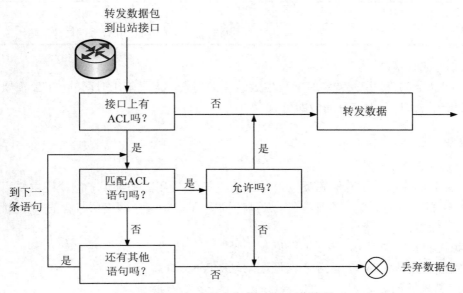

图 8-3　出站方向的 ACL 工作流程

入站 ACL 的效率很高，因此数据包因未能通过过滤测试而被丢弃时，将节省查找路由选择表的时间。仅当数据包通过测试后，才对其做路由选择方面的处理。

8.1.2　ACL 的分类

1．根据判断条件不同

根据判断条件的不同，分为标准 ACL 和扩展 ACL。标准 ACL 根据 IP 数据包的源 IP 地址定义规则，进行数据包的过滤。扩展 ACL 根据数据包的源 IP 地址、目的 IP 地址、源端口号、目的端口号和协议来定义规则，进行数据包的过滤。但 ACL 从细的方面分，主要体现在扩展 ACL，因为它可以是基于各种协议的扩展 ACL。如基于 MAC 地址的扩展 ACL、应用最广泛的基于 IP 的扩展 ACL、应用于 VLAN 的 ACL 等。本书只讨论基于 IP 的标准 ACL 和扩展 ACL。

2．根据标识方法不同

根据标识方法不同，ACL 可以分为基于编号的 ACL 和命名的 ACL，如表 8-1 所示。

表 8-1　IP ACL 分类

ACL 类型	代码	扩展代码	检查项目
IP 标准 ACL	1～99	1300～1999	源地址
IP 扩展 ACL	100～199	2000～2699	源地址、目的地址、协议、端口号及其他
命名标准 ACL	名字		源地址
命名扩展 ACL	名字		源地址、目的地址、协议、端口号及其他

3．基于时间的 ACL

基于时间的 ACL 是指在特定时间段生效的访问列表。定义基于时间的 ACL 需要先定义时间，然后使用 ACL 调用该时间段即可。

8.1.3　通配符掩码

1．通配符掩码的作用

通配符掩码的作用与子网掩码类似，与 IP 地址一起使用。如果说子网掩码主要用于确定某个或某些 IP 的网络地址，那么通配符掩码则主要用于确定某个网络所包含的 IP 地址。通配符掩码的定义如下：

（1）通配符掩码位是 0，表示必须匹配地址对应的比特。

（2）通配符掩码位是 1，表示不必匹配地址对应的比特。

2．通配符掩码的运算

通配符掩码也是 32bit 的二进制数，与子网掩码相反，它的高位是连续的 0，低位是连续的 1，它也常用点分十进制来表示。IP 地址与通配符掩码的作用规则是：32bit 的 IP 地址与 32bit 的通配符掩码逐位进行比较，通配符为 0 的位要求 IP 地址的对应位必须匹配，通配符为 1 的位所对应的 IP 地址的位不必匹配，可为任意值（0 或 1），例如：

IP 地址 192.168.1.0　　　|　　　11000000 10101000 00000001 00000000

通配符掩码 0.0.0.255　　　|　　　00000000 00000000 00000000 11111111

该通配符掩码的前 24bit 为 0，对应的 IP 地址位必须匹配，即必须保持原数值不变。该通配符掩码的后 8bit 为 1，对应的 IP 地址位不必匹配，即 IP 地址的最后 8bit 的值可以任取，也就是说，可在 00000000～11111111 之间取值。换句话说，192.168.1.0 0.0.0.255 代表的就是 IP 地址 192.16.8.1.1～192.168.1.254 共 254 个。又如：

IP 地址 128.32.4.16　　　|　　　10000000 00100000 00000100 00010000

通配符掩码 0.0.0.15　　　|　　　00000000 00000000 00000100 00001111

该通配符掩码的前 28bit 为 0，要求匹配，后 4bit 为 1，不必匹配。即是说，对应的 IP 地址前 28bit 的值固定不变，后 4bit 的值可以改变。这样，该 IP 地址的前 24bit 用点分十进制表示仍为 128.32.4，最后 8bit 则为 00010000～00011111，即 16～31。即是说，128.32.4.16 0.0.0.15

代表的是 IP 地址 128.32.4.16～128.32.4.31 共 16 个。

3．常用通配符掩码

（1）全 0 通配符掩码。

全 0 的通配符掩码要求对应 IP 地址的所有位都必须匹配。如 123.1.2.3 0.0.0.0 表示的就是 IP 地址 123.1.2.3 本身，在访问列表中亦可表示为 host 123.1.2.3。

（2）全 1 通配符掩码。

全 1 的通配符掩码表示对应的 IP 地址位都不必匹配。也就是说，IP 地址可任意。如 0.0.0.0 255.255.255.255 表示的就是任意主机的 IP 地址，在访问列表中亦可表示为 any。

（3）表达一段地址。

网络管理员要想使用通配符掩码让路由器检测数据是否来自 172.30.16.0～172.30.31.0 的子网。从而决定来自这些子网的数据是否允许或拒绝，则表示为 172.30.16.0 0.0.15.255。

（4）表达网段中所有偶数 IP 地址。

注意到偶数 IP 地址的特征为 0，如要表达 192.168.20.0/24 内的所有偶数 IP 地址，则应表示为 192.168.20.0 0.0.0.254。

在配置 ACL 时必须有通配符掩码，而且通配符掩码的正确与否直接决定了 ACL 如何工作，在实际应用中应多加注意。

8.1.4　ACL 的配置步骤

配置 ACL 分为两步：第一步写出访问控制列表；第二步将 ACL 应用（关联）到接口的 In 或 Out 方向上。一个没有与任何接口关联的 ACL 是不起任何作用的，同样，接口上关联了一个不存在的 ACL 也是不产生任何效果的。

8.1.5　配置标准 ACL

1．在全局配置模式下设置条件

标准 ACL 使得路由器通过对源 IP 地址的识别，控制对来自某个或某一网段的主机的数据包的过滤。在全局配置模式下，标准 IP ACL 的命令格式为：

Router(config)#**access-list** *access-list-number* **deny | permit** *source wildcard-mask* **[log]**

该命令的含义为：定义某编号访问列表，允许（或拒绝）来自由 IP 地址 source 和通配符掩码 wildcard-mask 确定的某个或某网段的主机的数据包通过路由器。其中：

（1）access-list-number 为列表编号，取值为 1～99。Cisco IOS 软件第 12.0.1 版扩大了编号的范围，允许使用 1300 到 1999 的编号，从而可以定义最多 799 个标准 ACL。这些附加的编号称为扩充 IP ACL。

（2）deny | permit 意为"允许或拒绝"，必选其一，source-ip-address 为源 IP 地址或网络地址；wildcard-mask 为通配符掩码，如果不明确指定，默认为 0.0.0.0。

（3）为了增加可读性，对某条访问列表可进行 100 个字符以内的注释，查看访问列表时，注释命令和内容一同显示。注释命令的格式为：access-list access-list-nunmber remark 注释内容。

（4）log，一旦选取该关键字，则对匹配条目的数据包生成日志消息。

2. 在接口上关联 ACL

在接口配置模式下，使用如下命令与接口关联，并指明方向，命令如下：

```
Router(config-if)#ip access-group access-list-number {in|out}
```

其中{in|out}指明对哪个方向的数据进行检查。

3. 配置标准 ACL 举例

如图 8-4 所示，要求配置标准 ACI，以实现：禁止主机 A 访问主机 C，而允许所有其他的流量。

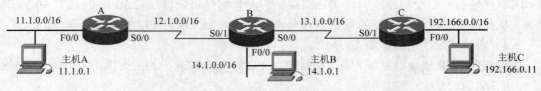

图 8-4　标准 ACL 配置拓扑

（1）分析在哪个接口应用标准 ACL。

1）应用在入站接口还是出站接口。

路由器对进入的数据包，先检查入访问控制列表，对允许传输的数据包才查询路由表，而对于外出的数据包先查询路由表，确定目标接口后才查看出访问控制列表。因此应该尽量把访问控制列表应用到入站接口，因为它比应用到出站接口效率更高，将要丢弃的数据包在路由器进行路由表查询处理之前就被拒绝掉。

2）应用在哪台路由器上。

由于标准 ACL 只能根据源地址过滤数据包，如果应用在路由器 A 或 B 的入站接口，那么主机 A 不仅不能访问主机主机 C，而且不能访问网络 14.1.0.0/16。而应用在路由器 C 的入站接口，就可以实现要求。也就是说，应该把标准 ACL 应用在离目的地最近的路由器上。

（2）配置标准 ACL 并应用到接口上。

命令如下：

```
RC(config)#access-list 1 deny host 10.1.0.1        //拒绝主机访问 192.66.0.0/16 网段
RC(config)#access-list 1 permit any               //允许主机访问其他任何网段
RC(config)#interface serial 0/1                    //进入接口配置模式
RC(config-if)#ip access-group 1 in                 //将定义的标准 ACL 应用到接口的 In 方向上
```

（3）查看并验证配置。

1）使用 show access-lists 命令查看所有 ACL 配置，如下所示：

```
RC#show access-lists                   //显示访问控制列表的配置细节
Standard IP access lists 1             //标准 IP ACL，表号为 1
10 deny 10.1.0.1                       //序号为 10 表示拒绝主机 10.1.0.1 访问网段 192.66.0.0/16
20 permit any                          //序号为 20 表示主机 10.1.0.1 访问任何网段不受限制
```

如要显示与 IP 协议有关的访问控制列表的配置细节，应使用 Router#**show ip access-list** *[access-list-number]*。使用 Router#Show running-config 来显示所配置过的所有命令，包括 ACL。检查 IP ACL 是否被应用于接口，可使用命令 Router#show ip interfaces。在配置 ACL 的过程中，可能会删除配置的 ACL，若使用 no access-list access-list-number 命令删除 ACL，会删除该 ACL 中的所有配置参数；若使用 no ip access-group access-list-number，则断开 ACL 与接口的关联，使 ACL 暂时失效。

2）验证配置。

在主机 A 上不能 ping 通主机 C，但可以 ping 通网络 14.1.0.0/16 中的任一台主机。

8.1.6　配置扩展的 ACL

1．扩展 ACL 命令介绍

扩展 ACL 除了能与标准 ACL 一样基于源 IP 地址对数据包进行过滤外，还可以基于目标 IP 地址、协议或者端口号（服务），对数据包进行控制。使用扩展 ACL 测试数据包可以更加精确地控制流量过滤，提升网络安全性。例如，扩展 ACL 可以允许从某网络到指定目的地的电子邮件流量，同时拒绝文件传输和网页浏览流量。在全局配置模式下，扩展 ACL 的命令格式为：

```
access-list access-list-number deny|permit|remark protocol source source-wildcard-mask
[operator port|protocol-name]destination destination-wildcard-mask [operator port|protocol-name]
[established]
```

各参数的含义见表 8-2。

表 8-2　扩展 ACL 命令参数介绍

关键字或参数	含义
Protocol	协议或协议标识关键字，包括 ip、eigrp、ospf、gre、icmp、igmp、igrp、tcp、udp 等
Source	源地址或网络号
source-wildcard-mask	源通配符掩码
Destination	目标地址或网络号
destination-wildcard-mask	目标通配符掩码
access-list-number	访问列表号，取值 100～199；2000～2699
operator port|Server-name	Operator 操作符，可用的操作符包括 lt（小于）、gt（大于）、eq（等于）、neq（不等于）和 range（范围）等；port 协议端口号，server-name 服务名
established	仅用于 TCP 协议：指示已建立的连接

operator port|protocol-name 用于限定使用某种网络协议的数据包的端口或协议名称或关键字，例如：

```
eq 21|ftp
```

eq 20|ftpdata
//限定使用 TCP 协议的数据包的端口为 21、20 或协议名称为 FTP 或关键字为 ftpdata
eq 80|http|www
//限定使用 TCP 协议的数据包的端口为 80，或协议名称为 http 或关键字为 www

部分常用的协议及其端口号如表 8-3 所示。

表 8-3　常用的协议及其端口号

常用端口号	协议名称	常用端口号	协议名称
20	FTP（数据）	69	TFTP
21	FTP（程序）	80	HTTP
23	Telnet	53	DNS
25	SMTP	161	SNMP

2. 扩展 ACL 命令实例分析

下面对 Router(config)# **access-list** *101* **deny tcp** *172.16.3.0 0.0.0.255* **host** *172.16.4.110* **eq** *21*
语句进行详细分析。

（1）101：是 ACL 表号，表示为扩展 ACL。

（2）deny：说明匹配所选参数的流量会被禁止。

（3）tcp：指出 IP 头部协议字段是 TCP 协议，这是 FTP 传输协议。

（4）172.16.3.0 0.0.0.255：是源 IP 地址通配符，前 3 个 8 位字段必须匹配，而不必关心
最后的 8 位字段。

（5）host 172.16.4.110：是目的 IP 地址通配符，IP 地址的所有位都必须匹配。

（6）eq 21：是 FTP 的众所周知的端口号。

3. 配置扩展 ACL 举例

标准 ACL 和扩展 ACL 的配置步骤完全相同，如图 8-5 所示，要求配置扩展 ACL：允许
主机 A 访问 Web 服务器的 WWW 服务，而禁止主机 A 访问 Web 服务器的其他任何服务，允
许主机 A 访问网络 14.1.0.0/16。

图 8-5　扩展 ACL 配置拓扑

配置步骤如下：

（1）分析在哪个接口上应用扩展 ACL。

1）应用在入站接口还是出站接口。

与标准 ACL 一样，应该尽量把访问控制列表应用到入站接口。

2）应用在哪台路由器上。

由于扩展 ACL 可以根据源 IP 地址、目的 IP 地址、指定协议、端口等过滤数据包，因此最好应用到路由器 A 的入站接口。如果应用在路由器 B 或 C 的入站接口上，会导致所经过的路由器占用不必要的资源。也就是说，应该把扩展 ACL 应用在离源地址最近的路由器上。

（2）配置扩展 ACL 并应用到接口上。

命令如下：

```
RA(config)# access-list 101 permit tcp host 10.1.0.1    host 192.166.0.11. eq 80
//允许主机 A 访问 Web 服务器的 WWW 服务
RA(config)# access-list 101 deny ip host 10.1.0.1    host 192.166.0.11.
//禁止主机 A 访问 Web 服务器的其他任何服务
RA(config)# access-list 101 permit ip host 10.1.0.1    14.1.0.0 0.0.255.255
//允许主机 A 访问网络 14.1.0.0/16
RA(config)#interface fastethernet 0/0        //进入接口配置模式
RA(config-if)#ip access-group 101 in        //将定义的标准 ACL 应用到接口的 In 方向上
```

（3）查看并验证配置。

1）使用 show access-lists 命令查看所有 ACL 配置。

2）验证配置。

在主机 A 上可以访问 Web 服务器的 WWW 服务，但不能 ping 通 Web 服务器；在主机 A 上可以 ping 通网络 14.1.0.0/16 中的任一台主机。

8.1.7　配置命名 ACL

1. 命名 IP ACL 的特性

不管是标准 IP 访问控制列表，还是扩展的 IP ACL，仅用编号区分的访问控制列表不便于网络管理员对访问控制列表作用的识别。命名 ACL 让人更容易理解其作用。例如，用于拒绝 FTP 的 ACL 可以命名为 NO_FTP。命名 ACL 中，名称区分大小写，并且必须以字母开头。在名称的中间可以包含任何字母数字混合使用的字符，也可以在其中包含 [ ]、{ }、_、－、＋、／、\、.&、$、#、@、!以及?等特殊字符，名称的最大长度为 100 个字符。命名 IP ACL 具有如下特性：

（1）名称能更直观地反映出访问控制列表完成的功能。

（2）命名访问控制列表没有数目的限制。

（3）命名访问控制列表允许删除个别语句，而编号访问控制列表只能删除整个访问控制列表。把一个新语句加入命名的访问控制列表，加入到什么位置取决于是否使用了序列号。ACL 语句序列号能够轻松在 IP ACL 中添加或删除语句以及调整语句的顺序。

（4）单个路由器上命名访问控制列表的名称在所有协议和类型的命名访问控制列表中必须是唯一的，而不同路由器上的命名访问控制列表名称可以相同。

（5）命名访问控制列表是一个全局命令，它将使用者进入到命名 IP 列表的子模式，在该模式下建立匹配和允许/拒绝动作的相关语句。

2. 命名 ACL 的配置

除了基于编号来标识 ACL 外，还可以基于名称来标识。当使用名称而不是编号来标识 ACL 时，配置模式和命令语法略有不同。配置步骤和命令格式为：

> **Router(config)# ip access-list standard|extended** *name*
> //name 是字母数字，必须唯一而且不能以数字开头，回车进入命名 ACL 配置模式

在命名 ACL 配置模式下，使用 permit 或 deny 语句指定一个或多个条件，以确定数据包应该转发还是丢弃。使用 remark 则是对该条语句进行注释。

在 ACL 子模式下，通过指定一个或多个允许及拒绝条件，来决定一个数据包是允许通过还是被丢弃。以下为命名扩展 IP ACL 的语法格式：

> **Router(config-ext-nacl)#** [*sequence-number*] **{deny|permit}** *{protocol} source-address source-wildcard [operator source-port-number] destination-address destination-wildcard*

最后，还需将定义的 ACL 应用到接口上，配置方法和编号的 ACL 配置方法是一样的。

8.1.8 配置基于时间的 ACL

通过基于时间的 ACL 可以根据一天中的不同时间，或者根据一星期中的不同日期，或二者相结合来控制网络数据包的转发，从而满足用户对网络的灵活需求。这样，网络管理员可以对周末或工作日中的不同时间段定义不同的安全策略。例如，某高校需要对学生宿舍的上网进行控制，要求学生在星期日到星期四的晚上 10:30 至次日的 7:00 不能上网，要满足这种需求，就必须使用基于时间的访问控制列表才能实现。

1. 时间的类型

基于时间的 ACL 只是在 ACL 规则后使用 time-range 选项为此规则定义一个时间段。时间段分为三种类型。

（1）绝对（absoluted）时间段。

表示一个时间范围，即从某时刻开始到某时刻结束，例如 2 月 5 日早晨 8 点到 3 月 9 日的早上 8 点。

（2）周期（periodic）时间段。

表示一个时间周期。例如每天早上 8 点到 16 点，或者每周一到每周五的早晨 8 点到晚上 6 点，也就是说周期时间段不是一个连续的时间范围，而是特定某天的某个时间段。

（3）混合时间段。

将绝对时间段与周期时间段结合起来应用，称为混合时间段。例如 1 月 8 日到 3 月 9 日的每周一至周五的早晨 8 点到晚上 6 点。

2. 基于时间 ACL 简介

基于时间的 ACL 功能使管理员可以依据时间来控制用户对网络资源的访问，即根据时间来禁止/允许用户访问网络资源。为了实现基于时间的 ACL 功能，必须首先创建一个 Time-range 端口来指明时间与日期。与其他端口一样，Time-range 端口是通过名称来标识的，然后将

Time-range 端口与对应的 ACL 关联起来。IP 扩展 ACL 允许与 Time-range 关联。

3. 基于时间 ACL 的配置

（1）创建 Time-range。

```
Router(config)# time-range time- range-name        //time-range-name 为 time-range 的名称
```

（2）设置 absolute（绝对）时间。

```
Router(config-time-range)# absolute [start time date] [end time date]
//start time date 为规则生效的起始时刻，end time date 为规则生效的终止时刻
```

（3）设置 periodic（相对）时间。

```
Router(config-time-range)#periodic days-of-the-week1 hh:mm1 to [days-of-the-week2] hh:mm2   //指明在一周的哪一（几）
天和时刻 Periodic 规则开始生效
```

（4）ACL 与 Time-range 关联。

```
Router(config)# access-list number {deny | permit} protocol source src-wildcard destination desti-wildcard [time-range
time-range- name]
```

（5）设置路由器当前系统时钟。

```
Router #clock set hh:mm:ss date month year
//hh:mm:ss：当前时刻；date：当前日期；month：当前月份；year：当前年份
```

8.2　项目实施

8.2.1　任务 1：应用标准 IP ACL 控制内部网络互访

1. 任务描述

ABC 公司总部为市场部、财务部、人力资源部、企划部 4 个部门划分了子网，分别对应 VLAN10、VLAN20、VLAN30 和 VLAN40，如图 8-6 所示。公司的核心数据保存在内网服务器 Server1 中，为了确保公司业务数据的安全，只允许财务部的计算机访问 Server1，其他部门的计算机不能访问 Server1，其他所有部门都可以访问公司内网服务器 Server2。

2. 任务要求

为了在网络安全系统集成实训室中模拟本任务的实施，搭建如图 8-6 所示的网络实训环境。要实现上述需求，可以利用三层设备提供的访问控制技术，在网络中的交换机 SW3-1 和 SW3-2 的适当端口上配置 ACL。由于是对内网服务器 Server1 和 Server2 做出访问控制，因此使用标准的 ACL，根据数据包的源地址进行过滤。配置任务如下：

（1）ACL 应用规划。

（2）配置并应用 ACL。

（3）验证 ACL 的正确性。

（4）使用 MyBase 软件对配置脚本进行管理，以便下一次实训和最后网络全网联调设备时使用。

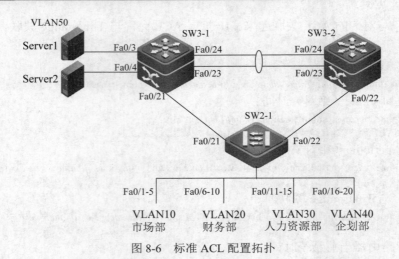

图 8-6　标准 ACL 配置拓扑

3.　任务实施步骤

（1）ACL 应用规划。

● 需要使用何种 ACL？使用标准的 ACL。

● ACL 规则的动作是 deny 还是 permit？动作是 permit 或 deny。

● ACL 规则中的反掩码应该是什么？0.0.0.255。

● ACL 包过滤应该应用在交换机 SW3-1 的哪个接口的哪个方向上？应用在 Fa0/3 和 Fa0/4 的 out 方向。

总结：标准 ACL 应用在离目标最近相连设备接口的出口方向。

（2）测试网络的连通性。

本任务在应用 ACL 之前，应确保财务部的主机能够 ping 通 Server1 和 Server2，确保 ACL 规则正常发挥作用。

（3）配置并应用 ACL。

1）在交换机 SW3-1 上配置对 Server1 进行访问控制的 ACL。

```
SW3-1(config)#access-list 10 permit 192.168.20.0 0.0.0.255
//定义标准访问控制列表 10，其允许网段为 192.168.20.0 的主机通过
SW3-1(config)#access-list 10 deny any                      //访问控制列表 10 阻止其他任何主机通过
SW3-1(config)#interface fastEthernet 0/3                    //进入端口 Fa0/3
SW3-1(config-if)#ip access-group 10 out                     //将 ACL 应用在交换机 Fa0/3 的出口方向上
```

2）在交换机 SW3-1 上配置对 Server2 进行访问控制的 ACL。

```
SW3-1(config)#access-list 20 deny 192.168.20.0 0.0.0.255
//定义标准访问控制列表 20，阻止网段为 192.168.20.0 的主机通过
SW3-1(config)#access-list 20 permit any                     //访问控制列表 20 允许其他任何主机通过
SW3-1(config)#interface fastEthernet 0/4                    //进入端口 Fa0/4
SW3-1(config-if)#ip access-group 20 out                     //将 ACL 应用在交换机 Fa0/3 的出口方向上
```

（4）查看 ACL 的正确性。

在 SW3-1 上使用 show access-list 命令查看 ACL 配置的正确性。

（5）验证数据流量的有效性。

采用 VLAN10 中的一台计算机作为测试主机 PC1，配置 IP 地址为 192.168.10.2，掩码为 255.255.255.0，网关为 192.168.10.254；采用 VLAN20 中的一台计算机作为测试主机 PC2，配置 IP 地址为 192.168.20.2，掩码为 255.255.255.0，网关为 192.168.20.254。

1）在 PC1 上 ping Server1 的 IP 地址，结论是□通□不通。

2）在 PC1 上 ping Server2 的 IP 地址，结论是□通□不通。

3）在 PC2 上 ping Server1 的 IP 地址，结论是□通□不通。

4）在 PC2 上 ping Server2 的 IP 地址，结论是□通□不通。

8.2.2　任务 2：应用扩展 IP ACL 控制内部网络资源访问

1．任务描述

ABC 公司的内网服务器 Server2 中运行了 Web 服务器和 FTP 服务器，如图 8-6 所示，其中 Web 服务器是面向内网所有用户的，FTP 服务器保存了公司的核心数据。根据公司信息安全的要求，只允许内网的计算机在工作日的上班时间才能访问内网服务器 Server2 中的 Web 服务，其他时间不能访问 Web 服务；只允许财务部计算机在工作日的上班时间可以访问内网服务器 Server2 中的 FTP 服务，其他的任何部门都不能访问访问内网服务器 Server2 中的 FTP 服务器。

2．任务要求

为了在网络安全系统集成实训室中模拟本任务的实施，搭建如图 8-6 所示的网络实训环境。要实现上述需求，这里使用标准 ACL 已不能满足控制要求，因为要对服务器 Server2 中的 FTP 端口做出限制，必须使用扩展 ACL。通过基于数据包的源 IP 地址、目的 IP 地址、源端口号、目的端口号和协议来定义规则，更为精确地控制数据包的行为。在确保各部门计算机对网络服务资源访问控制条件下，要限制对内网服务的访问时间，需要使用基于时间的扩展 ACL 技术，它具有更加灵活的访问控制能力，能满足用户根据时间对网络流量的过滤，配置任务如下：

（1）ACL 应用规划。

（2）配置并应用 ACL。

（3）验证 ACL 的正确性。

（4）使用 MyBase 软件对配置脚本进行管理，以便下一次实训和最后网络全网联调设备时使用。

3．任务实施步骤

（1）ACL 应用规划。

● 需要使用何种 ACL？扩展 ACL。

● ACL 规则的动作是 deny 还是 permit？permit。

● ACL 规则中的反掩码应该是什么？0.0.0.255。

● ACL 包过滤应该应用在交换机 SW3-1 的哪个接口的哪个方向上？应用在 Fa0/21 的 in 方向。

（2）测试网络的连通性。

在将 ACL 应用到接口之前，先要测试网络的连通性，确保 ACL 规则正常发挥作用。本任务在应用 ACL 之前，应确保财务部的主机能够 ping 通 Server2。

（3）配置并应用 ACL。

```
SW3-1(config)#time-range work                                    //定义时间段 work
SW3-1(config-time-range)#periodic weekdays 8:00 to 17:00         //定义时间段的范围为周一到周五的 8:00 到 17:00
SW3-1(config)#access-list 110 permit 192.168.20.0 0.0.0.255 host 192.168.50.3 eq 20 time-range work
//定义扩展访问列表 110 允许 192.168.20.0 网段的主机在工作时间访问 FTP 服务
SW3-1(config)#access-list 110 permit 192.168.20.0 0.0.0.255 host 192.168.50.3 eq 21 time-range work
//定义扩展访问列表 110 允许 192.168.20.0 网段的主机在工作时间访问 FTP 服务
SW3-1(config)#access-list 110 permit 192.168.0.0 0.0.255.255 host 192.168.50.3 eq 80 time-range work
//定义扩展访问列表 110 允许 192.168. 0.0 网段的主机在工作时间访问 Web 服务
SW3-1(config)#interface FastEthernet 0/21       //进入端口 Fa0/21
SW3-1(config-if)#ip access-group 110 in                          //定义在端口 Fa0/21 的入口处进行访问控制
```

（4）查看 ACL 的正确性。

在 SW3-1 上使用 show access-list 命令查看 ACL 配置的正确性。

（5）验证数据流量的有效性。

使用 VLAN10 中的一台计算机作为测试主机 PC1，配置 IP 地址 192.168.10.2，掩码 255.255.255.0，网关 192.168.10.254；使用 VLAN20 中的一台计算机作为测试主机 PC2，配置 IP 地址 192.168.20.2，掩码 255.255.255.0，网关 192.168.20.254。

1）在 SW3-1 上，将系统时间调整为上班时间，在 PC1 浏览器的地址栏中输入 http://192.168.50.3，结论是□通□不通。在 PC1 浏览器的地址栏中输入 ftp://192.168.50.3，结论是□通□不通。

2）在 PC2 浏览器的地址栏中输入 http://192.168.50.3，结论是□通□不通。在 PC1 浏览器的地址栏中输入 ftp://192.168.50.3，结论是□通□不通。

3）在 SW3-1 上，将系统时间调整为非上班时间，在 PC1 浏览器的地址栏中输入 http://192.168.50.3，结论是□通□不通。在 PC1 浏览器的地址栏中输入 ftp://192.168.50.3，结论是□通□不通。

4）在 PC2 浏览器的地址栏中输入 http://192.168.50.3，结论是□通□不通。在 PC2 浏览器的地址栏中输入 ftp://192.168.50.3，结论是□通□不通。

8.3 项目小结

本项目主要讨论了用来控制路由器或交换机端口数据包的指令列表——标准 ACL、扩展 ACL 和基于时间的 ACL。标准 ACL 可以用来阻止某一网络的所有通信量，或者允许来自某一特定网络的所有通信量，或者拒绝某一协议族（如 IP）的通信流量；扩展 ACL 比标准 ACL 提供了更广泛的控制访问，控制的粒度更为精细；基于时间的 ACL，是在扩展 ACL 中加入有效的时间范围来更合理更有效地控制网络的使用。

8.4　过关训练

8.4.1　知识储备检验

1．填空题

（1）根据判断条件不同，ACL 分为（　　）和（　　）；根据标识方法不同，ACL 分为（　　）和（　　）。

（2）ACL 必须应用在（　　）才能生效，对（　　）方向的数据包，先检查（　　），后检查（　　）。

（3）ACL 中有两种特殊的通配符掩码，如 192.168.1.1　0.0.0.0 通配符掩码可表示为（　　）；0.0.0.0 255.255.255.255 通配符掩码可表示为（　　）。

（4）基于时间的 ACL 中需要定义（　　）和（　　）两种时间。

2．选择题

（1）标准 ACL 以（　　）作为判别条件。

　　A．数据包的大小　　　　　　　　　　B．数据包的源地址

　　C．数据包的端口号　　　　　　　　　D．数据包的目的地址

（2）标准 ACL 应被放置的最佳位置是（　　）。

　　A．越靠近数据包的源越好　　　　　　B．越靠近数据包的目的越好

　　C．无论放在什么位置都行　　　　　　D．入接口方向的任何位置

（3）在访问控制列表中，地址和掩码为 192.168.64.0　0.0.3.255 表示的 IP 地址范围是（　　）。

　　A．192.168.67.0～192.168.70.255　　　B．192.168.64.0～192.168.67.255

　　C．192.168.63.0～192.168.64.255　　　D．192.168.64.255～192.168.67.255

3．简答题

（1）将 ACL 用作数据包过滤有何用途？

（2）标准和扩展访问控制列表有什么区别？

（3）简述扩展 ACL 主要解决什么问题和应用环境。

（4）简述基于时间 ACL 的特点及其应用范围。

8.4.2　实践操作检验

如图 8-7 所示，完成办公网络的互联互通，实现数据交换和资源共享功能。针对办公网络中销售部和财务部两个不同的子网，实现销售部和财务部所在子网相互隔离，不能互访。实现财务部子网用户只能访问服务子网中的财务服务器，销售部子网中的用户只能在上班时间访问服务子网 Web 和 FTP 服务器，在任何时间不能访问财务服务器，任何其他通信都是允许的。

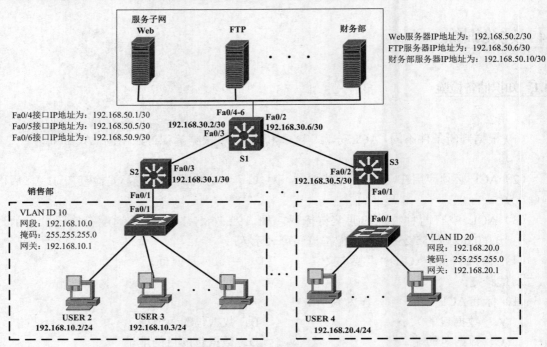

服务子网

Web 服务器IP地址为：192.168.50.2/30
FTP 服务器IP地址为：192.168.50.6/30
财务部服务器IP地址为：192.168.50.10/30

Fa0/4接口IP地址为：192.168.50.1/30
Fa0/5接口IP地址为：192.168.50.5/30
Fa0/6接口IP地址为：192.168.50.9/30

图 8-7 ACL 综合配置拓扑图

8.4.3 挑战性问题

如图 8-8 所示，要求只允许主机 192.168.20.10 使用 ping 命令测试达到主机 192.168.10.10 的网络连通性，不允许反向 ping 测试，试写出主要的 ACL 配置语句，并对结果进行分析。

图 8-8 Established 参数讨论拓扑图

9

实现企业内网接入 Internet

项目导引

  随着网络技术在各领域的广泛应用，企业办公网需要访问 Internet 的需求与日俱增，同时也需要将公司的资源供合作伙伴和 Internet 用户访问。在 Internet 上通信主机的 IP 地址必须是全球唯一的公网 IP 地址，但是企业内网的主机全部使用公网地址需要支付高昂费用，私网地址不允许在 Internet 上使用。为了缓解公网 IP 地址不足，并且隐藏内部服务器私网地址，于是，很多公司使用 NAT 技术实现访问 Internet。原因很简单，NAT 将企业私网 IP 地址转换成全球唯一公网 IP 地址，使内部网络可以连接到 Internet 等外部网络上，不仅解决了公网 IP 地址的不足，而且还能够隐藏内部网络的细节，避免来自外部网络的攻击，起到一定的安全作用。NAT 的实现方式有三种：静态转换、动态转换和端口多路复用。其中静态转换就是将内部网络的私有 IP 地址转换为公有合法的 IP 地址，实现外部网络对内部网络中某些特定设备（如服务器）的访问。动态转换是指将内部网络的私有地址转换为公有地址时，IP 地址的对应关系是不确定的，所有被授权访问互联网的私有地址可随机转换为任何指定的合法的外部 IP 地址；端口多路复用是改变要外出数据包的原 IP 地址和源端口，内部网络的所有主机均可共享一个合法的外部 IP 地址实现互联网的访问，从而可以最大限度地节约 IP 地址资源。同时，又可以隐藏网络内部的所有主机，有效地避免来自互联网的攻击。

  通过本项目的学习，读者将达到以下知识和技能目标：

- 了解 NAT 的作用、分类、各种应用及工作过程；
- 掌握静态 NAT 的配置；
- 掌握动态 NAT 和端口多路复用 NAT 的配置；
- 具有自学、收集资料及阅读英文文献的能力。

项目描述

针对 ABC 公司网络建设需求，为了便于管理和维护，总部划分 5 个子网，其中 4 个子网分属 4 个部门，1 个子网属于网络服务器，通过路由器与 Internet 相连；公司的 Web 和 FTP 服务器通过静态 NAT 技术使 Internet 用户能够访问；公司总部和分部内部网络用户通过动态 NAT 技术能够访问 Internet，如图 9-1 所示。

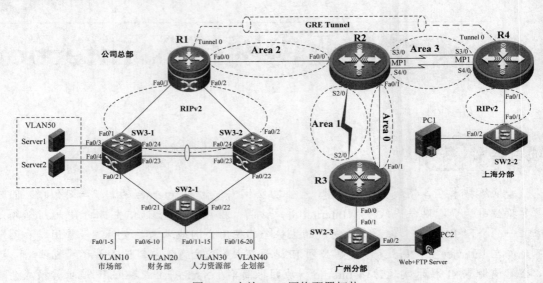

图 9-1 实施 NAT 网络配置拓扑

任务分解

根据项目要求，将项目的工作内容分解为两个任务：

● 任务 1：配置静态 NAT 提供网络服务；
● 任务 2：配置动态 NAT 访问 Internet。

9.1 预备知识

9.1.1 NAT 概述

1. NAT 技术产生的原因

（1）IPv4 地址空间严重不足。

随着计算机网络深入人们生活的各个领域，大型主机、个人计算机、PDA、存储设备、路由器和交换机等网络设备都需要连接到 Internet，甚至有些家用电器也开始连入 Internet。到目前为止，注册 IP 地址已基本耗尽，IPv4 地址空间严重不足，而 Internet 的规模仍在持续增长。

解决 IPv4 地址空间不足的方案有多种，如 VLSM、CIDR、DHCP、IPv6 等，其中前三种是暂时性的解决方案，在一定程度上提高了 IP 地址资源的利用率；而 IPv6 被认为是解决 IP 地址不足的最终解决方案，但目前的网络基础设施还不足以支持 IPv6 的广泛应用。

（2）私有 IP 地址网络与 Internet 互联。

企业内部网络经常采用私有 IP 地址空间：10.0.0.0/8、172.16.0.0/12 和 192.168.0.0./24。但是，私有地址属于非注册地址，专门供组结构内部使用，因此使用私有 IP 地址的数据包是不能直接路由到 Internet 上的。

（3）非注册的公有 IP 地址网络与 Internet 互联。

有的企业建网时使用了公网 IP 地址空间，为了避免更改地址带来的风险和成本，仍然保持原有的公有 IP 地址空间。但此公网 IP 地址空间并没有注册，是不能在 Internet 上直接使用的。

基于以上原因，为了解决 IP 地址资源枯竭问题、企业内部网络用户能访问 Internet 等问题，从而诞生了将一种 IP 地址转换为另外一种 IP 地址的 NAT 技术。

2．NAT 基本术语

（1）内部地址和外部地址。

NAT 设备可将处于不同地理位置上的主机物理上划分内部（Inside）和外部（Outside），与 NAT 设备 Inside 接口相连的网络称为内部网络，与 NAT 设备 Outside 接口相连的网络称为外部网络；此外，根据网络设备的 IP 地址的逻辑位置，把内部网络设备中能看见的地址称为本地（Local）地址，把外部网络设备能看见的地址称为全局（Global）地址，如图 9-2 所示。

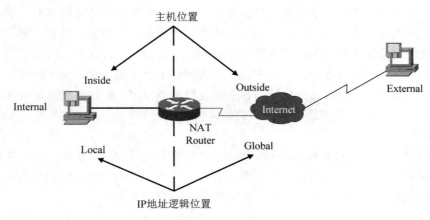

图 9-2　内部和外部、本地和全局之间的关系

Chapter

9

根据上述 4 个术语，可将地址归入以下 4 类，如图 9-3 所示。

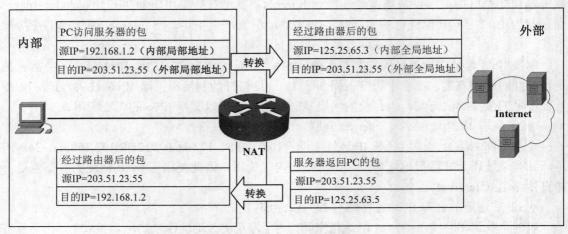

图 9-3　NAT 中的各类术语

1）内部本地（Inside local）地址：分配给内部网络中主机的地址，通常是私有地址。

2）内部全局（Inside global）地址：对外代表一个或多个内部本地地址，通常是公有地址。

3）外部全局（Outside global）地址：外部网络中的主机的真实地址。

4）外部本地（Outside local）地址：在内部网络中看到的外部主机的地址。

一般情况下，Outside global 和 Outside local 地址是同一个公用地址，它们就是内部网络主机访问因特网上主机时使用的 IP 地址，只有在特殊情况下（如内网地址和外网地址有重叠），这两个地址才不一样。

可以考虑这样一个例子，我们出门的时候穿皮鞋，回到家里就要换上拖鞋，而且家里还要专门为来访的客人准备一双拖鞋，客人来了也需要脱下皮鞋换上拖鞋。其实，NAT 地址转换就好像这个过程，这些地址就是我们穿的鞋子。内部局部地址就是我们回家之后在家里穿的拖鞋，只能在家里穿不能穿出门，而内部全局地址则是我们出门要穿的皮鞋，出门换上进家脱下来；外部地址就是来家里拜访的客人所穿的鞋子，外部全局地址是客人穿来的皮鞋，到了家里要换上我们专门为他准备的拖鞋——外部局部地址，而客人离开的时候，就得换回他自己的皮鞋才能出门。其中，我们自己的皮鞋和客人的皮鞋不能混穿，我们自己的拖鞋和客人的拖鞋也不能混穿。这就是四种类型地址之间的关系。

（2）NAT 表。

当内部网络有多台主机访问 Internet 上的多个目的主机时，NAT 设备必须记住内部网络中的哪一台主机访问 Internet 上的哪一台主机，以防止在 NAT 时将不同的连接混淆，所以 NAT 设备会为 NAT 的众多连接建立一个表，即 NAT 表，如图 9-4 所示。

```
router#show ip nat translations
Pro       Inside global        Inside local          Outside local          Outside global
TCP       100.1.10.12:6004     192.168.1.10:6004     200.10.20.30:80         200.10.20.30:80
Tcp       61.186.178.5:4010    192.168.1.20:4010     221.238.198.149:80      221.238.198.149:80
Udp       61.186.178.9:1496    192.168.1.50:1496     117.78.198.58:14108     117.78.198.58:14108
```

图 9-4　NAT 表

由图 9-4 可以看出，NAT 设备在做地址转换时，依靠在 NAT 表中记录的内部本地地址和外部全局地址的映射关系来保存地址转换的依据。当执行 NAT 操作时，NAT 设备在做某一数据连接时只需查询该表，就可以知道应该如何转换。

NAT 表中每一个连接条目都有一个计时器。当有数据在两台主机之间传递时，数据包不断刷新 NAT 表中的相应条目，则该条目将处于不断被激活的状态，该条目不会被 NAT 表清除。但是，如果两台主机长时间没有数据交互，则在计时器倒数到零时，NAT 表将把这一条目清除。

NAT 设备所能保留的 NAT 连接数目与 NAT 设备的缓存芯片的空间大小相关，一般情况下，设备越高档，其 NAT 表空间应该越大。当 NAT 表装满后，为了缓存新的连接，就会把 NAT 表中时间最久、最不活跃的那一个条目删除，所以当网络中的一些连接频繁地关闭时（如 QQ 频繁掉线），有可能是 NAT 设备上的 NAT 表缓存已经不够使用的原因。

3．NAT 设备

具有 NAT 功能的设备有路由器、防火墙，各种软件代理服务器 proxy、ISA、ICS、wingate、sysgate 等，Windows Server 2003 及其他网络操作系统都能做 NAT 设备。因软件耗时太长、转换效果低，只适合小型网络。有的也可以将 NAT 功能配置在防火墙上，以减少一台路由器的成本。但随着硬件成本的降低，大多数企业都选用路由器。即使家用的路由器，也有 NAT 功能。不过在大部分的三层交换机上是不具备 NAT 功能的。

4．NAT 的功能

NAT 可以用来执行以下几个功能：

（1）转换内部本地地址。

这个功能建立了内部本地和全局地址间的一个映射。

（2）过载内部全局地址。

将多个私网 IP 地址映射到一个公网 IP 地址的不同端口号下，可以起到节省 IP 地址数量的作用，这是目前使用最广泛的方式。这种功能理论上可以支持最多 65536 个内部地址映射到同一个公网地址，但实际上在一台 Cisco NAT 路由器上，每个外部全局地址只能有效支持大约 4000 个会话，其他厂商很难超越这个数字。

（3）TCP 负载均衡。

TCP 负载均衡是指对外提供一个服务地址，而该服务地址对应内部多台主机 IP 地址，NAT 通过轮询（type rotary）实现负载均衡。但由于 TCP 连接的多样性和 NAT 的局限性，NAT 不能实现完全的负载均衡。

（4）处理重叠网络。

这种情况比较复杂，指内网使用的 IP 地址与公网上使用的 IP 地址有重叠。这时，路由器必须维护一个表：在数据包流向公网时，它能够将内网中的 IP 地址翻译成一个公网 IP 地址；在数据包流向内网时，把公网中的 IP 地址翻译成与内网不重复的 IP 地址。

9.1.2　NAT 的分类

1．按转换 IP 地址类型分

按转换 IP 地址类型，NAT 分为源地址转换（SNAT）和目的地址转换（DNAT）。

（1）SNAT。

SNAT 是改变内部网发出数据分组的源地址，对于返回的数据分组则应改变其目的地址，以实现内网主机对 Internet 的访问。

（2）DNAT。

DNAT 转换是改变从外网来的数据分组的目的地址，对于返回的数据分组则改变其源地址，以实现对内网主机的访问。

（3）SNAT 工作过程。

下面讨论 SNAT 转换的工作过程，如图 9-5 所示。DNAT 的工作过程与 SNAT 的工作过程非常类似。

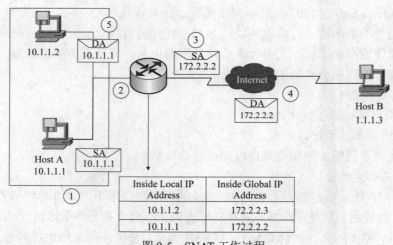

图 9-5　SNAT 工作过程

图 9-5 反映了内部源地址 NAT 的整个过程，当内部网络一台主机访问外部网络资源时，详细过程描述如下：

1）IP 地址为 10.1.1.1 的内部主机发起一个到 IP 地址为 1.1.1.3 的外部主机连接。

2）当路由器接收到以 10.1.1.1 为源地址的第一个数据包时，引起路由器检查 NAT 表。

3）路由器用 10.1.1.1 对应的 NAT 转换记录中的全局地址，替换数据包源地址，经过转换后，数据包的源地址变为 172.2.2.2，然后转发该数据包。

4）IP 地址为 1.1.1.3 的主机接收到数据包后，将向 IP 地址为 172.2.2.2 的主机发送响应包。

5）当路由器接收到内部全局地址的数据包时，将以内部全局地址 172.2.2.2 为关键字查找 NAT 记录表，将数据包的目的地址转换成 10.1.1.1 并转发给 IP 地址为 10.1.1.1 的主机。

6）IP 地址为 10.1.1.1 接收到应答包，并继续保持会话。重复 1）～5）过程，直到会话结束。

2．按实现方式分

NAT 的实现方式有以下两种。

（1）静态 NAT。

静态 NAT 是指将一个私网地址和一个公网地址做一对一映射；或将特定私网地址及 TCP 或 UDP 端口号和特定公网地址及 TCP 或 UDP 端口号做一对一映射；或定义整个网段的静态转换。静态 NAT 适合于以下几种情况：

1）内部网络中只有一台或少数几台主机需要和 Internet 通信的情况。

2）当要求外部网络能够访问内部设备时，如内部网络有 Web 服务器、E-mail 服务器或 FTP 服务器等可以为外部用户提供的服务，这些服务器的 IP 地址必须采用静态地址转换（将一个全球的地址映射到一个内部地址，静态映射将一直存在于 NAT 表中，直到被管理员取消），以便外部用户可以使用这些服务。

3）只申请到一个公网 IP 地址，内部网络中的一台服务器上同时运行了多个网络服务，外部网络用户能够访问内部网络服务时的情况。

静态 NAT 本质上是一对一的转换方式，对于内网的机器要被外网访问时是非常有用的，但是不能起到节省 IP 地址的作用。静态 NAT 的实现过程如图 9-6 所示。

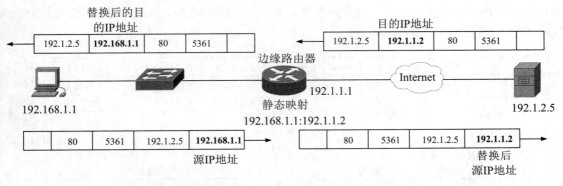

图 9-6　静态 NAT 方式实现地址转换工作过程

（2）动态 NAT。

动态 NAT 包括动态地址池转换（Pool NAT）和动态端口转换（Port NAT）两种，前者仍然是一对一转换方式，后者是多对一转换方式。

1）Pool NAT 转换。

Pool NAT 执行本地地址与全局地址的一对一转换，但全局地址与本地地址的对应关系不是一成不变的，它是从内部全局地址池（Pool）中动态地选择一个未使用的地址对内部本地地址进行转换。采用动态 NAT 意味着可以在内部网络中定义很多的内部用户，通过动态分配的方法，共享很少的几个外部 IP 地址。采用 Pool NAT 建立本地地址与全局地址的映射关系仍然是一对一的地址映射，相比静态 NAT，管理员不需要手动去绑定，但此种方式还是同样不能起到节省 IP 地址的作用。动态 NAT 的实现过程如图 9-7 所示。

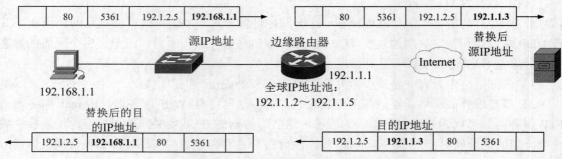

图 9-7　动态 NAT 方式实现地址转换工作过程

2）Port NAT 转换。

Port NAT 转换又称端口复用动态地址转换或 NAT 重载，是改变外出数据包的源 IP 地址和源端口并进行端口转换，如图 9-8 所示。采用 Port NAT 方式，内部网络的所有主机均可共享一个合法的外部 IP 地址实现互联网的访问，从而可以最大限度地节约 IP 地址资源。同时，又可以隐藏网络内部的所有主机，以有效地避免来自互联网的攻击。因此，端口多路复用方式是 NAT 技术中应用最为广泛的。

图 9-8　Port NAT 方式实现地址转换工作过程

通过 NAT 实现方式可以看出，动态 NAT 只能实现由内部网络终端发起和 Internet 中某个终端建立的单向会话，如果发起建立会话的终端来自于 Internet，NAT 设备无法获得内部网络中终端的合法公网 IP 地址，因而无法向内部网络中的终端发送 IP 分组。因此要实现双向会话，应使用静态 NAT 方式。

9.1.3　NAT 的优缺点

1．NAT 的优点

应用 NAT 技术的主要优点：

（1）提供了节省注册 IP 地址的解决方案。

（2）隐藏了内部网络的地址，提高了内部网络的安全性。

（3）解决了地址重复使用的问题。

2．NAT 的缺点

应用 NAT 技术的主要缺点：

（1）增加了网络延时。

由于 NAT 表需要大量的缓存空间，使得设备能够缓存的数据包变少；其次，由于 NAT 操作需要在 NAT 表中查找信息，这种查表操作消耗了设备的 CPU 资源；另外，NAT 操作时需要更改每个数据包的报头，以转换地址，这种操作也十分消耗 NAT 设备的 CPU 资源。

（2）与某些应用不兼容。

如果一些应用在有载荷中协商下次会话的 IP 地址和端口号，NAT 将无法对内嵌 IP 地址进行地址转换，造成这些应用不能正常运行。

（3）失去对端到端的全面支持。

使部分端到端网络的 Internet 协议与应用无法正常运行，如经过 NAT 地址转换后，外部网络中的用户或主机将无法知道内部网络地址，外部用户也无法使用 ping 或 traceroute 命令来测试网络的连通性；在经过了使用 NAT 地址转换的多跳之后，对数据包的路径跟踪将变得十分困难。

虽然 NAT 技术得到了广泛应用，但它是一把双刃剑，在带来节省 IP 地址空间等好处的同时，破坏了 Internet 最基本的"端到端的透明性"设计理念，增加了网络的复杂性，也阻碍了某些业务的应用。长远看来，NAT 仍是一种权宜之计，向 IPv6 迈进才是根本的解决之道，也是大势所趋。

9.1.4　NAT 的配置

1. 配置 NAT 前的准备工作

在配置 NAT 前，首先要弄清 NAT 设备的内部接口和外部接口，以及在哪个接口上启用

NAT；其次要明确内部网络使用的 IP 地址范围，申请到供给内部网络地址转换使用的合法 IP 地址范围；最后要明确哪些本地地址转化为合法的外部地址。

2. NAT 配置的一般步骤

（1）配置接口及路由。

NAT 在工作过程中，与路由和 ACL 行为紧密相关。路由器一旦接收到源 IP 地址为私网 IP 地址，目标 IP 地址为公网 IP 地址的数据包时，先进行 ACL 的匹配操作，若符合匹配条件，查找路由表，将数据报路由至转发接口，然后进行 NAT 操作，完成数据包的重新封装，再将数据包从这个接口发送出去，回来数据包的操作过程与此正好相反。因此要确保 NAT 正常工作，路由要连通。下面举一个实际工程中的实例来说明。

如图 9-9 所示的网络拓扑，内部网络用户使用私网地址网段 172.16.10.0，并能访问 Internet；另外内部服务器设置了私网地址 172.16.10.100，并对外提供 Web 和 FTP 服务，申请到供给内部网络地址转换使用的合法 IP 地址为 202.112.192.1-10/24。为此，需要在路由器 R1 上实施 NAT，其中 Fa0/0 作为 NAT 的内网口，G0/3 作为 NAT 的外网口；在路由器 R1 的 G0/3 端口上，启用静态端口 NAT 转换，将 Web 和 FTP 服务发布到公网上，供外部用户访问；同时在 G0/3 接口上启用动态 NAT，将 172.16.10.0/24 网段地址转化为 202.112.192.1-10/24，这样内部用户就能访问 Internet。

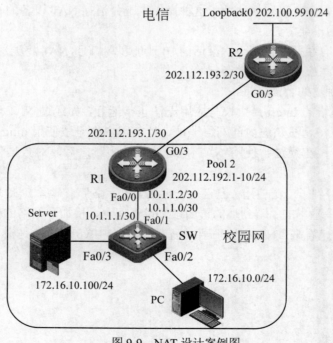

图 9-9　NAT 设计案例图

在实施本案例时，一般是从 ISP 那里动态获取 IP 地址，此时在 R1 上配置一条默认路由时，其下一跳就只能采用传出接口的方式，而不能采用下一跳接口 IP 地址的方式。R2 上不应配置指向内部网络的静态路由，因为公网上的路由器不能直接将 IP 数据包路由至采用私网 IP 地址的网络中。

（2）定义 NAT 设备的内外口。

（3）定义 NAT 地址池。

（4）定义转换方法及转换关联关系。

NAT 涉及三个转换：ip nat inside source（转换内部主机的源 IP）、ip nat inside destination（转换内部主机的目标 IP）、ip nat outside source（转换外部主机的源 IP）。ip nat outside source 一般和 ip nat inside source 一同使用，主要解决地址重叠问题，即双向 NAT。ip nat inside destination，是由外部流量发起，是一种实现内部全局向内部本地转换，只有 TCP 流量才会转换，ping 流量是不会触发 NAT 的 Destination 转换的，主要用于服务器负载均衡。

3．静态 NAT 配置

静态 NAT 在本地 IP 地址（或 IP 地址和传输层端口）与全局 IP 地址（或 IP 地址和传输层端口）之间进行一对一的转换。配置方式为：

（1）指定转换的本地地址与全局地址，还可在传输层端口间也进行转换。

1）内部源地址转换。

```
Router(config)#ip nat inside source static [tcp|udp] 内部局部地址 [传输层端口] 内部全局地址 [传输层端口]
//用于内部网络使用地址转换供外部网络访问，如发布 Web 服务等
```

2）外部源地址转换。

```
Router(config)#ip nat outside source static [tcp|udp] 外部全局地址 [传输层端口] 外部局部地址 [传输层端口]
```

这种格式用于外部网络的地址和内部网络的地址有重叠时，如网管给自己的网络设备或计算机所分配的 IP 地址，已经在 Internet 或外部网络上被分配给别的设备或计算机使用；又如，两个使用相同内部专用地址的公司，合并后，两个网络即成为重叠网络。

（2）指定 NAT 内部网络接口。

```
Router(config)#interface ethernet 0              //选定路由器接口
Router(config-if)#ip address ip-address netmask  //配置接口 IP 地址
Router(config-if)#ip nat inside                  //声明该接口是 NAT 转换的内部网络接口
```

（3）指定 NAT 外部网络接口。

```
Router(config)#interface serial 0                //选定路由器接口
Router(config-if)#ip address ip-address netmask  //配置接口 IP 地址
Router(config-if)#ip nat outside                 //声明该接口是 NAT 转换的外部网络接口
```

4．动态 NAT 配置

Pool NAT 执行局部地址与全局地址的一对一转换，但全局地址与局部地址的对应关系不是一成不变的，它是从全局地址池（Pool）中动态地选择一个全局地址与一个内部局部地址相对应。与配置相关的命令格式为：

（1）定义一个分配地址的全局地址池。

```
Router(config)#ip nat pool 地址池名称 起始全局 IP 地址 结束全局 IP 地址 netmask 子网掩码
```

//定义全局地址池（申请到的合法 IP 地址的范围，若只有一个地址，则既为起始地址又为结束地址），地址池名称可任取

（2）定义一个标准的 ACL，以允许指定需要转换的地址通过。

Router(config)#**access-list** *列表号* **permit** *源IP 地址 通配符掩码*
//配置访问控制列表，指定哪些局部地址被允许进行转换

（3）定义内部网络局部地址和外部网络全局地址之间的映射。

Router(config)#**ip nat inside source list** *列表号* **pool** *地址池名称*
//在局部地址与全局地址之间建立动态地址转换 Pool NAT

（4）指定 NAT 内部网络接口。

Router(config)#**interface ethernet** *0*　　　　　　//选定路由器接口
Router(config-if)#**ip address** *ip-address netmask*　//配置接口 IP 地址
Router(config-if)#**ip nat inside**　　　　　　　　//声明该接口是 NAT 转换的内部网络接口

（5）指定 NAT 外部网络接口。

Router(config)#**interface serial** *0*　　　　　　　//选定路由器接口
Router(config-if)#**ip address** *ip-address netmask*　//配置接口 IP 地址
Router(config-if)#**ip nat outside**　　　　　　　//声明该接口是 NAT 转换的外部网络接口

5．Port NAT 的配置

Port NAT 是把局部地址映射到全局地址的不同端口上，因一个 IP 地址的端口数有 65535 个，也就是说一个全局地址可以和最多达 65535 个内部地址建立映射，故从理论上说一个全局地址就可供 6 万多个内部地址通过 NAT 连接 Internet。主要配置命令如下：

Router(config)#**ip nat inside source list** *列表号* **pool** *地址池名称* **overload**
//注意此处比 Pool NAT 配置多了一个 overload，在局部地址与全局地址之间建立端口-地址转换

其他配置步骤和 Pool NAT 类似。

6．NAT 的查看

（1）显示当前 NAT 转换情况。

show ip nat translations　　　　　　　　　//查看活动的转换

（2）显示 NAT 转换统计信息。

show ip nat statistics　　　　　　　　　　//查看地址转换统计信息

（3）从 NAT 转换表中清除所有动态项。

clear ip nat translation *　　　　　　　　//清除所有动态地址转换

9.1.5　NAT 的弱安全性

除了静态 NAT，在内部网络的终端发起某个会话之前，外部网络终端是无法访问到内部网络中的终端，因此，无法发起对内部网络终端的攻击，这是 NAT 被作为网络安全机制的主要原因。但是，一旦建立本地地址和全球 IP 地址之间的绑定，内部网络中的某个终端发起访问外部网络中的某个终端会话，黑客可以通过截获的 IP 分组获得和某个内部网络终端绑定的全球 IP 地址或端口号，外部网络终端可以通过全球 IP 地址或者端口号确定内部网络终端，并因此实现和内部网络终端之间的通信。因此，NAT 更多是作为解决 IP 地址短缺问题的方法，解决内部网络的安全问题需要防火墙技术，仅仅采用 NAT 是不够的，NAT 的弱安全性只能是

其他网络安全技术的一种补充。

9.2　项目实施

9.2.1　任务 1：配置静态 NAT 提供网络服务

1. 任务描述

ABC 公司总部为 4 个部门划分了子网，同时公司网络内部主机和节点采用私有 IP 地址。公司总部使用出口路由器的以太网接口接入 Internet，并向 ISP 租用了一个注册 IP 地址。公司为了提高自身形象，通过将业务内容以门户网站的形式发布到互联网来实现宣传作用。考虑到 Web 服务的安全性，公司将 Web 服务器部署在局域网内部，希望公司内网用户可以私有 IP 地址访问 Web 服务器，又能实现 Web 服务向 Internet 发布信息。

2. 任务要求

为了在网络安全系统集成实训室中模拟本任务的实施，搭建如图 9-10 所示的网络实训环境。图 9-10 中，R1 用于模拟公司总部的出口路由器，R2 应用模拟 Internet，Server2 为公司内网服务器，其上运行有 Web 服务。由于内网服务器 Server2 使用私有 IP 地址，互联网使用公网注册 IP 地址，要实现内网服务器 Server2 中 Web 服务向 Internet 发布信息，需在公司总部的出口路由器 R1 上配置静态 NAT。完成任务如下：

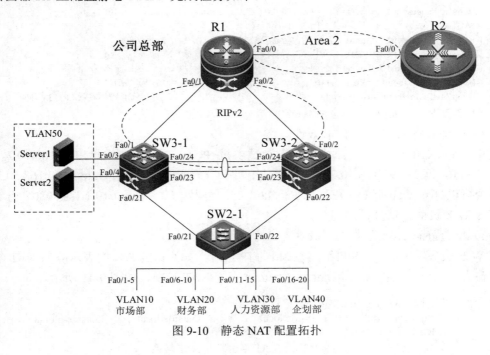

图 9-10　静态 NAT 配置拓扑

（1）确保内网用户只能使用私有 IP 地址访问 Web 服务。

（2）总公司的 Web 服务器能被公网用户访问，出于安全考虑，公网用户访问 Web 时使用 8080 端口。

（3）对配置结果的有效性和正确性进行验证。

（4）使用 MyBase 软件对配置脚本进行管理，以便下一次实训和最后网络全网联调设备时使用。

3. 任务实施步骤

本任务是在项目 6 的基础上，确保公司内网路由连通的情况下进行的。

（1）配置静态 NAT。

由于总公司的 Web 服务器的私网 IP 地址为 192.168.50.3/24 被映射为公网 IP 地址 19.1.1.1/30；总公司的 Web 服务器采用 TCP 端口号 80，映射至公网上后 TCP 端口号为 8080，因此需要采用静态端口 NAT 转换。

```
R1(config)#ip nat inside source static tcp 192.168.50.2 80 19.1.1.1 8080
//指定转换的本地地址与全局地址，并在传输层端口间也进行转换
R1(config)#interface range FastEthernet 0/1-2              //批量指定端口
R1(config-if-range)#ip nat inside                          //定义为内部端口
R1(config)#interface FastEthernet 0/0                      //进入端口 Fa0/0
R1(config-if)#ip nat outside                               //定义为外部端口
R1(config)#exit                                            //返回全局配置模式
```

（2）配置 ACL 确保内网用户只能使用私有 IP 地址访问 Web 服务。

```
SW3-1(config)#access-list 110 permit tcp 192.168.0.0 0.0.255.255 host 192.168.50.3 eq 80
//定义 ACL 110 允许网段为 192.168.0.0 的主机访问 Web 服务
SW3-1(config)#access-list 110 deny tcp 192.168.0.0 0.0.255.255 host 19.1.1.1 eq 8080
//定义 ACL 110 阻止网段为 192.168.0.0/16 的主机使用 8080 端口访问 Web 服务
SW3-1(config)#access-list 110 permit any any              //其他情况不受任何限制
SW3-1(config)# interface FastEthernet 0/21               //指定端口
SW3-1(config-if)# ip access-group 110 in                 //将 ACL 应用在接口的 In 方向
```

在 SW3-2 上做类似配置，这里从略。

（3）验证静态 NAT 配置的有效性。

采用 VLAN10 中的一台计算机作为测试主机 PC1，配置 IP 地址 192.168.10.2，掩码 255.255.255.0，网关 192.168.10.254。在测试主机 PC1 的浏览器中输入 http://192.168.50.3:80，查看是否可以打开 Web 页面。在测试主机 PC1 的浏览器中输入 http://19.1.1.1:8080，查看是否可以打开 Web 页面，试分析原因。

（4）检查静态 NAT 配置的正确性。

在 Web 服务器上 ping ISP 路由器接口的 IP 地址，如测试连通，则表示静态 NAT 配置正确。在路由器 R1 上使用 show ip nat translations 查看 NAT 转换，如图 9-11 所示。

```
R1#show ip nat translations
Pro Inside global       Inside local        Outside local       Outside global
tcp 19.1.1.1:8080       192.168.50.3:80     ---                 ---
```

图 9-11 查看 R1 路由器上 NAT 转换

从图中可以看出，内部局部地址 192.168.50.3 和 TCP 端口号 80 与内部全局地址 19.1.1.1 和 TCP 端口号 8080 的对应关系，一直在 NAT 表中。

9.2.2 任务 2：配置动态 NAT 访问 Internet

1．任务描述

为了在网络安全系统集成实训室中模拟本任务的实施，搭建如图 9-12 所示的网络实训环境。在图 9-12 中，R1 用于模拟公司总部的出口路由器，R2 应用模拟 Internet，R4 为上海分部的出口路由器，R3 上连接的一台服务器用于模拟公网中的一台 Web 服务器。要实现公司内网用户同时接入 Internet 需求，应采用动态 NAT 技术来实现。由于公司总部内网用户较多，应使用动态 Pool NAT 方式；上海分部由于网络规模小，应使用端口复用 NAT 方式。

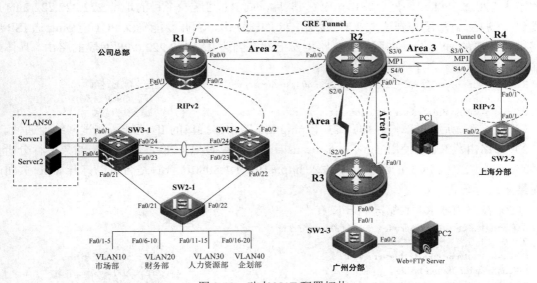

图 9-12 动态 NAT 配置拓扑

2．任务要求

公司总部向 ISP 申请了 16 个公网 IP 地址：222.222.222.0/28，上海分部使用 R4 外网接口的 IP 地址：19.1.1.10/30，作为内部网络用户访问 Internet 外部全局 IP 地址。

完成任务要求如下：

（1）在出口路由器 R1 上，使用动态 Pool NAT 技术实现公司总部内网用户访问 Internet。

（2）在出口路由器 R4 上，使用动态 Port NAT 技术实现上海分部内网用户访问 Internet。

（3）验证配置的正确性和有效性。

（4）使用 MyBase 软件对配置脚本进行管理，以便下一次实训和最后网络全网联调设备时使用。

3. 任务实施步骤

本任务是在本项目任务 1 的基础上，确保公司内网路由连通的情况下进行的。

（1）在 R1 上配置动态 Pool NAT。

```
R1(config)#ip nat pool NAT 222.222.222.1 222.222.222.14 netmask 255.255.255.240
//定义可供动态分配的外网地址池 NAT
R1(config)#access-list 10 permit 192.168.0.0 0.0.255.255          //通过 ACL 定义需要转换的网络
R1(config)#ip nat inside source list 10 pool NAT                  //将地址池 NAT 与 ACL 10 关联
```

采用 VLAN10 中的一台计算机作为测试主机 PC1，配置 IP 地址为 192.168.10.2，掩码为 255.255.255.0，网关为 192.168.10.254。在测试主机 PC1 上 ping ISP 路由器接口的 IP 地址，此时是无法 ping 通的，原因在于测试主机发送的 ping 包，在到达 R1 路由器后会将 IP 数据包中的源 IP 地址 192.168.10.2 转化为公网 IP 地址池 222.222.222.1～222.222.222.14 中的一个，这里假定为 222.222.222.2，然后路由至 R2。然后，向 R1 回送一个目的地址 222.222.222.2 的 IP 数据包，但 R2 上却没有到达 222.222.222.0/28 网段路由，因此要能确保 PC1 能 ping 通 ISP 所有路由器接口的 IP 地址，在所有 ISP 路由器上都有到达 222.222.222.0/28 网段的路由。具体配置如下：

```
R1(config)#ip route 222.222.222.0 255.255.255.240 fastethernet 0/0          //定义静态路由
R1(config)#router ospf 1                                                     //开启 OSPF 进程
R1(config-route)# redistribute static subnets                               //重分发静态路由
```

1）配置完成后，在测试主机 PC1 上 ping ISP 路由器接口的 IP 地址，测试网络连通性。

2）在路由器 R1 上使用 show ip nat translations 查看 NAT 转换，试对输出结果进行分析。

3）在测试主机 PC1 的浏览器中输入 http://19.1.1.1:8080，查看是否可以打开 Web 页面，试对结果进行分析。

（2）在路由器 R4 上配置 Port NAT。

```
R4(config)#access-list 10 permit 192.168.0.0 0.0.255.255
//通过 ACL 定义需要转换的网络
R4(config)#interface FastEthernet 0/1.80                                    //指定路由器子接口
R4(config-subif)#ip nat inside                                              //定义为内部端口
R4(config)#interface FastEthernet 0/1.90                                    //指定路由器子接口
R4(config-subif)#ip nat inside                                              //定义为内部端口
R4(config)#interfaces multilink 1                                           //指定路由器多链路接口
R4(config-if)#ip nat outside                                                //定义为外部端口
R4(config)#ip nat inside source list 10 interface multilink 1 overload      //配置用动态地址转换
```

1）在测试主机 PC1 上 ping ISP 路由器接口的 IP 地址，测试网络连通性。

2）在路由器 R4 上使用 show ip nat translations 查看 NAT 转换，试对输出结果进行分析。

9.3　项目小结

本项目主要讨论了 NAT 的作用、实现方式、主要应用和配置方法。NAT 的主要作用是节省 IP 地址，内部网络可以使用私有 IP 和外部网络通信，增强内部网络与公用网络连接时的灵活性。

NAT 的实现方式有两种：静态 NAT 和动态 NAT，其中静态 NAT 是将某个私有 IP 地址转化为某个固定的公网 IP 地址；动态 NAT 也是将某个私有 IP 地址转化为某个公网 IP 地址，IP 地址对的映射关系是一对一的，但 IP 地址对是不确定的、随机的。静态 NAT 主要用于将内部服务器或网络服务发布到公网的场合，动态 NAT 主要用于多个内部用户访问 Internet 的场合。

9.4　过关训练

9.4.1　知识储备检验

1．填空题

（1）NAT 按实现方式进行分类，分为（　　）和（　　）。

（2）Inside Global 地址在 NAT 配置里表示（　　）。

（3）在大型企业网中通常配置（　　）NAT 来提供用户连接 Internet。

（4）将企业内部服务器发布到 Internet，应采用（　　）NAT 方式。

2．选择题

（1）下面有关 NAT 的叙述正确的是（　　）。

  A．NAT 是中文"网络地址转换"的缩写，又称地址翻译

  B．NAT 用来实现私有地址与公用网络地址之间的转换

  C．当内部网络的主机访问外部网络时，一定不需要 NAT

  D．地址转换的提出为解决 IP 地址紧张的问题提供了一个有效途径

（2）下面有关 NAT 的说法正确的是（　　）。

  A．虚拟服务器可以将多个服务映射到一个公网 IP 地址

  B．公司内部主机需要外网访问，在网关设备上配置 PAT 即可

  C．静态 NAT 将内部局部地址一对一静态地映射到内部全局地址，动态 NAT 将内部局部地址多对一地映射到内部全局地址

  D．使用 PAT 转换必须配置 NAT 地址池

（3）关于静态 NAT，下面说法正确的是（　　）。

  A．静态 NAT 转换在默认情况下 24 小时后超时

  B．静态 NAT 转换从地址池中分配地址

  C．静态 NAT 将内部局部地址一对一静态地映射到内部全局地址

  D．路由器默认使用静态 NAT

（4）若内部网络使用 192.168.0.0/24 子网地址编址，获得公共地址 172.32.1.0/24，使用（　　）命令为 NAT 配置一个名为 global 的地址池。

  A．nat pool global 172.32.1.1 172.32.1.254 netmask 255.255.255.0

  B．nat global 192.168.1.1 192.168.254.254 netmask 255.255.255.0

C. ip nat pool global 172.32.1.1 172.32.1.254 netmask 255.255.255.0

D. ip nat pool global 192.168.1.1 192.168.254.254 netmask 255.255.255.0

3．简答题

（1）描述 NAT 的作用及工作过程。

（2）比较静态 NAT 和动态 NAT 的优缺点。

（3）描述数据包进入路由器时，进行 NAT、ACL 和路由操作时，这三者之间的先后关系。

9.4.2 实践操作检验

如图 9-13 所示，请在交换机和路由器等设备上完成恰当配置，并实现以下需求：某企业向 ISP 申请了 8 个公网 IP 地址：216.12.228.32/29，分配给边界路由器的外网端口的 IP 地址为 202.206.233.106/30。该企业划分了 5 个独立部门，企业网使用 C 类私网 IP 地址网段，实现各部门的主机能够相互访问、Web 服务器上网和能够让外网用户访问以及实现局域网内用户能够访问互联网。

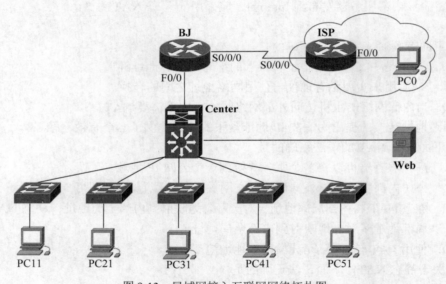

图 9-13　局域网接入互联网网络拓扑图

9.4.3 挑战性问题

如图 9-14 所示，请在交换机和路由器上完成恰当的配置，实现如下需求：要求内部主机能访问外网；内部服务器配置了私有 IP，只允许每周的星期一到星期五的 12:00～14:00 和 18:00～09:00 对外提供 WWW、Telnet 服务，同时允许内部主机使用公网地址访问内部服务器。

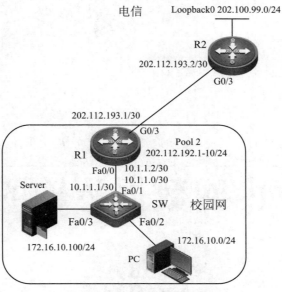

电信　　Loopback0 202.100.99.0/24

R2

202.112.193.2/30

G0/3

202.112.193.1/30

G0/3

R1　　Pool 2
202.112.192.1-10/24

Fa0/0

10.1.1.2/30

10.1.1.0/30

Server

10.1.1.1/30

Fa0/1

SW　　校园网

Fa0/3　　Fa0/2

172.16.10.100/24

172.16.10.0/24

PC

图 9-14　NAT 配置拓扑

10

提高企业内网数据传输的安全

现代企业在发展过程中，对网络提出越来越高的要求。人们不再仅仅满足于企业内部网络信息共享，更需要和企业外部的网络尤其是 Internet 相互连接，享受 Internet 上的信息服务，同时需要保证数据传输的安全。而采用传统路由交换和广域网连接技术构建企业网时，网络将面对路由设计、地址规划、安全保护、成本、灵活性等各方面的挑战。企业通过 Internet 或运营商骨干 IP 网络连接分支机构，具有网络层协议必须统一、使用统一的路由策略、使用统一的地址空间等缺点；通过专线、电路交换和分组交换的广域网技术连接其各分支机构具有部署成本高、变更不灵活、移动用户远程拨号接入费用高的缺点。如何建立既安全又经济的网络商务环境，使用 VPN 技术是一个很好的选择，它可以使公司获得使用公共通信基础设施所带来的便利和经济效益，同时获得使用专用的点到点连接所带来的安全。用于构建 VPN 的公共网络并不局限于 Internet，也可以是 ISP 的 IP 骨干网络，甚至是企业私有的骨干 IP 网络等。企业通常在分支之间部署 GRE VPN，通过公共 IP 网络传送内部 IP 网络数据，从而实现网络层的点到点 VPN。普通的 VPN 技术虽然将数据封装在 VPN 承载协议的内部，但其本质上并不能防止篡改和窃听，IPSec 通过验证算法和加密算法防止数据遭受篡改和窃听等安全威胁，大大提高了安全性。

通过本项目的学习，读者将达到以下知识和技能目标：

- 了解 GRE 的工作过程；
- 掌握 GRE 的配置和典型应用；
- 了解 IPSec 和 IKE 的功能、特点和工作机制；
- 掌握 IPSec VPN 的配置步骤和方法；
- 具备网络管理员的责任心和信息安全意识。

项目描述

针对 ABC 公司网络建设需求，重庆总部和上海分部内部网络运行 RIPv2 动态路由协议，实现两地网络连通，需要使用隧道技术把总部和分部网络连接起来；另外 ABC 公司关键业务数据存放在重庆总部的服务器上，上海分部的工作人员通过 Internet 直接访问服务器上的数据是不安全的，需要解决业务数据在 Internet 上传输的安全问题，如图 10-1 所示。

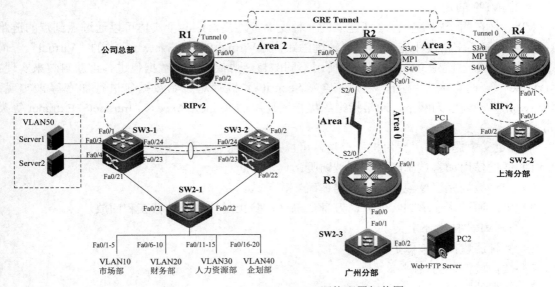

图 10-1　GRE over IPSec VPN 网络配置拓扑图

任务分解

根据项目要求，将项目的工作内容分解为两个任务：

● 任务 1：打通企业网络数据传输的 GRE 隧道；
● 任务 2：利用 IPSec 确保数据传输的安全。

10.1　预备知识

10.1.1　VPN 概述

1. VPN 的定义

（1）VPN 产生的技术背景。

VPN（Virtual Private Network，虚拟专用网）技术起初是为了解决明文数据在网络上传输时所带来的安全问题。TCP/IP 协议族中的很多协议都采用明文传输，例如 Telnet、FTP 等。一些黑客可能为了获取非法利益，通过诸如窃听、伪装等攻击方式截获明文数据，使企业或个人蒙受损失。

VPN 技术可以从某种程度上解决该问题，例如，它可以对公网上传输的数据进行加密，即使黑客通过某种窃听工具截获到数据，也无法了解数据信息的含义；也可以实现数据传输双方的身份验证，避免黑客伪装成网络中的合法用户攻击网络资源。

（2）VPN 的定义。

VPN 是在两个网络实体之间建立的一种受保护连接，这两个实体可以通过点到点的链路直接相连，但通常情况下它们会相隔较远的距离。Virtual Private Network 中的"Virtual"一词意为虚拟的，通过隧道（Tunnel）技术使用不同的封装协议对原始数据包进行重新封装来实现；"Private"一词意为专用的，通过安全（Security）机制对原始数据包进行加密等来实现；"Network"一词意为网络，通常指组织机构所使用的 Remote Access、Intranet、Extranet 等类型的网络。

对于定义中提到的"受保护"一词，可以从以下几个方面理解：

1）通过使用加密技术防止数据被窃听。

2）通过数据完整性验证防止数据被破坏、篡改。

3）用户通过认证机制实现通信方身份确认，防止通信数据被截获和回放。

此外，VPN 技术还定义了：

1）何种流量需要被保护。

2）数据被保护的机制。

3）数据的封装过程。

实际工作环境中的 VPN 解决方案不一定包含上述所有功能，这要由具体的环境需求和实现方式决定，而且很多企业可能采用不止一种的 VPN 解决方案。

2．VPN 常见封装协议

VPN 的种类和标准非常多，这些种类和标准是在 VPN 的发展过程中产生的。用户为了适应不同的网络环境和安全要求，可以选择适合自己的 VPN，因此，先认识常见 VPN 使用的封装协议类型是非常必要的。

（1）PPTP。

点到点隧道协议（Point to Point Tunneling Protocol，PPTP）是由微软公司开发的。PPTP 包含了 PPP 和 MPPE（Microsoft Point-to-Point Encryption，微软点对点加密）两个协议，其中 PPP 用来封装数据，MPPE 用来加密数据。

（2）L2TP。

第二层隧道协议（Layer 2 Tunneling Protocol，L2TP）是由 Microsoft、Cisco、3COM 等厂商共同制定的，主要是为了解决兼容性的问题。PPTP 只有工作在纯 Windows 的网络环境中时才可以发挥所有的功能。

（3）GRE。

通用路由封装（Generic Routing Encapsulation，GRE）是由 Cisco 公司开发的。GRE 不是一个完整的 VPN 协议，因为它不能完成数据的加密、身份认证、数据报文完整性校验等功能，在使用 GRE 技术的企业网中，经常会结合 IPSec 使用，以弥补其安全性方面的不足。

（4）IPSec。

IP 安全（IP Security，IPSec）是现今企业使用最广泛的 VPN 协议，它工作在第三层。IPSec 是一个开放性的协议，各网络产品制造商都会对 IPSec 进行支持。

IPSec 可以通过对数据加密，保证数据传输过程中的私密性，并使用多种加密算法实现对数据的加密，常见的加密算法有 DES、3DES、AES 等。

IPSec 可以保证数据传输过程的完整性，防止数据在传输过程中被篡改，并使用散列函数来实现此功能，常用的散列函数有 MD5 和 SHA 等。

IPSec 可以执行对设备和数据包的验证功能，这样可以确定数据包来自某台合法的设备，常见的验证方法有预共享密钥、RSA 随机数加密、CA 等。

（5）SSL。

安全套接层（Secure Sockets Layer，SSL）是网景公司基于 Web 应用提出的一种安全通道协议，它具有保护传输数据积极识别通信机器的功能。SSL 主要采用公开密钥体系和 X509 数字证书，在 Internet 上提供服务器认证、客户认证、SSL 链路上的数据的保密性的安全性保证，被广泛用于 Web 浏览器与服务器之间的身份认证。

（6）MPLS。

多协议标签交换（Multi Protocol Label Switching，MPLS）是一种用于快速数据包交换和路由的体系，它为网络数据流量提供了目标、路由、转发和交换等能力。更特殊的是，它具有管理各种不同形式通信流的机制。

限于篇幅，本书只讨论 GRE 和 IPSec 两种 VPN 封装协议。

3. VPN 连接模式

VPN 技术有两种基本的连接模式：隧道模式和传输模式，这两种模式实际上定义了两台实体设备之间传输数据时所采用的不同的封装过程。

（1）传输模式。

如图 10-2 所示，传输模式一个最显著的特点就是：在整个 VPN 的传输过程中，IP 包头并没有被封装进去，这就意味着从源端到目的端数据始终使用原有的 IP 地址进行通信。而传输的实际数据载荷被封装在 VPN 报文中。对于大多数 VPN 传输而言，VPN 的报文封装过程就是数据的加密过程，因此，攻击者截获数据后将无法破解数据内容，但却可以清晰地知道通信双方的地址信息。

由于传输模式封装结构相对简单（每个数据报文较隧道模式封装结构节省 20 个字节），因此传输效率较高，多用于通信双方在同一个局域网内的情况。例如，网络管理员通过网管主机登录公司内网的服务器进行维护管理，就可以选用传输模式 VPN 对其管理流量进行加密。

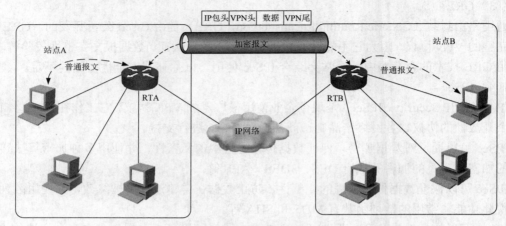

图 10-2　传输模式原理

（2）隧道模式。

如图 10-3 所示，隧道模式与传输模式的区别显而易见，VPN 设备将整个三层数据报文封装在 VPN 数据内，再为封装后的数据报文添加新的 IP 包头，由于新 IP 包头中封装的是 VPN 设备的 IP 地址信息，所以当攻击者截获数据后，不但无法了解实际载荷数据的内容，同时也无法知道实际通信双方的地址信息。

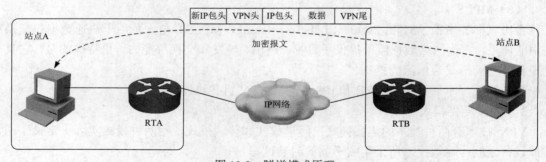

图 10-3　隧道模式原理

由于隧道模式的 VPN 在安全性和灵活性方面具有很大的优势，在企业环境中应用十分广泛，如总公司和分公司跨广域网的通信，移动用户在公网访问公司内部资源等很多情况，都会应用隧道模式的 VPN 对数据传输进行加密。

4. VPN 的类型

通常情况下，VPN 的类型可以被分为站点到站点 VPN 和远程访问 VPN。

（1）站点到站点 VPN。

站点到站点 VPN 就是通过隧道模式在 VPN 网关之间保护两个或更多的站点之间的流量，

站点间的流量通常是指局域网之间（L2L）的通信流量。L2L VPN 多用于总公司与分公司、分公司之间在公网上传输重要业务数据。

如图 10-4 所示，对于两个局域网的终端用户来说，在 VPN 网关中间的网络是透明的，就好像通过一台路由器连接的两个局域网。总公司的终端设备通过 VPN 连接访问分公司的网络资源，数据包封装的 IP 地址都是公司内网地址（一般为私有地址），对数据包进行的再次封装过程，客户端是全然不知的。

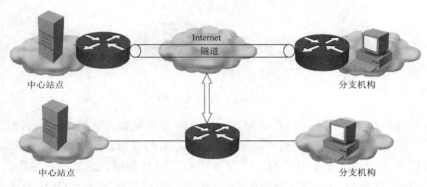

图 10-4　站点到站点 VPN

（2）远程访问 VPN。

远程访问 VPN 通常用于单用户设备与 VPN 网关之间的通信链接，单用户设备一般为一台 PC 或小型办公网络等。远程访问 VPN 使用传输模式，很可能成为黑客的攻击对象，所以远程访问 VPN 对安全性要求较高时，应使用隧道模式。

要想实现隧道模式的通信，就需要给远程客户端分配两个 IP 地址：一个是它自己的 NIC 地址，另一个是内网地址。也就是说远程客户端在 VPN 建立过程中同时充当 VPN 网关（使用 NIC 地址）和终端用户（使用内网地址）。

如图 10-5 所示，当远端的移动用户与总公司的网络实现远程访问 VPN 连接后，就好像成为总公司局域网中一个普通用户，不仅使用总公司网段内的地址访问公司资源，而且因为其使用隧道模式，真实的 IP 地址被隐藏起来，实际公网通信的一段链路对于远端移动用户而言就像是透明的。

10.1.2　GRE 隧道技术

1. 标准 GRE 封装

GRE 是一种由 Cisco 公司开发的轻量级隧道协议，它能够将各种网络协议（如 IP 协议和非 IP 协议）封装到 IP 隧道内，并通过 IP 互联网，在网络中的路由器间创建一个虚拟的点对点隧道连接。将 GRE 称为轻量级隧道协议的主要原因是，GRE 头部较小，因此用它封装数据效率高，但 GRE 没有任何安全保护机制。

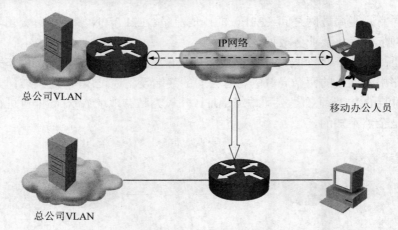

图 10-5　远程访问 VPN

考虑一种常见情况，一个设备希望跨越一个协议 A 的网络发送 B 协议包到对端。我们称 A 为承载协议，A 的包为承载协议包；B 为载荷协议，B 的包为载荷协议包。显然，直接发送 B 协议包到协议 A 的网络上是不可能的，因为 A 不能识别 B 数据。此时，设备需执行以下操作：

（1）实现设备需要将载荷包封装在 GRE 包中，也就是添加一个 GRE 头。

（2）其后，将这个 GRE 包封装在承载协议包中。

（3）之后，设备便可以将封装后的承载协议包放在承载协议网络上传输。

使用 GRE 的整个承载包协议栈看起来如图 10-6 所示。因为 GRE 头的加入也是一种封装行为，因此可将 GRE 称为封装协议，将经过 GRE 封装的包称为封装协议包。GRE 不是唯一的封装协议，但或许是最通用的封装协议。

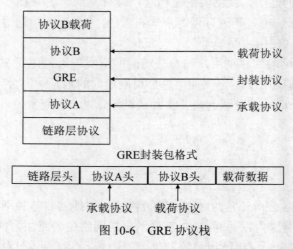

图 10-6　GRE 协议栈

在承载协议头之后加入的 GRE 头本身就可以告诉目标设备"上层有载荷分组"，从而目标设备就可以做出不同于 A 协议标准包的处理。当然，这还是不够的，GRE 必须表达一些其他的信息，以便设备继续执行正确的处理。例如，GRE 头必须包含上层协议的类型，以便设备在解封装之后可以将载荷分组递交到正确的协议栈继续处理。

2．IP over IP 的 GRE 封装

企业通常在分支之间部署 GRE VPN，通过公共网络传送内部网络的 IP 数据，从而实现网络层的点到点 VPN。由于 IP 网络的普遍应用，主要的 GRE VPN 部署多采用 IP 同时作为载荷和承载协议的 GRE 封装，又称为 IP over IP 的 GRE 封装或 IP over IP 模式。理解了 GRE 在 IPv4 环境下如何工作，也就可以理解在任意协议环境下 GRE 如何工作。

（1）以 IP 作为承载协议的 GRE 封装。

如图 10-7 可知，IPv4 用 IP 协议号 47 标识 GRE 头，当 IP 头中的 Protocol 字段值为 47 时，说明 IP 包头后面紧跟的是 GRE 头。

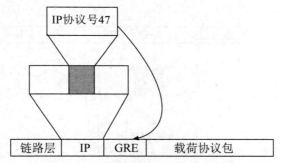

图 10-7　以 IP 作为承载协议的 GRE 封装

（2）以 IPv4 作为载荷协议的 GRE 封装。

如图 10-8 所示为以 IP 作为载荷协议的 GRE 封装，可见 IP 的 GRE Protocol type 值为 0x0800。

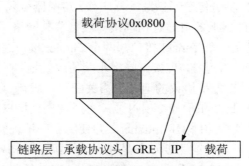

图 10-8　以 IPv4 作为载荷协议的 GRE 封装

（3）以 IP over IP 的 GRE 封装。

图 10-9 为以 IPv4 同时作为载荷和承载协议的 GRE 封装，又称 IP over IP 的 GRE 封装，可见 IP 用协议号 47 标识 GRE 头。当 IP 头中的 Protocol 字段值为 47 时，说明 IP 包头后面紧跟的是 GRE 头。GRE 用以太网协议类型 0x0800 时，说明 GRE 头后面紧跟的是 IP 头。这种封装结构在 GRE VPN 应用中最为普遍，在本项目后续讨论中，如无特别说明，所称的 GRE 隧道都是 IP over IP 的 GRE 隧道。

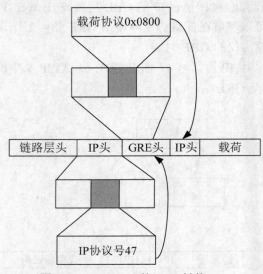

图 10-9　IP over IP 的 GRE 封装

3. GRE 隧道的构成

GRE 封装本身已经提供了足够建立建立 VPN 隧道的工具。GRE VPN 正是基于 GRE 封装，以最简化的手段建立的 VPN。GRE VPN 用 GRE 将一个网络层协议封装在另一个网络层协议里，因此是一种 L3 VPN 技术。

为了使点对点的 GRE 隧道像普通铁路一样工作，路由器引入了一种称为 Tunnel 接口的逻辑接口。在隧道两端的路由器上各自通过物理接口连接公共网络，并依赖物理接口进行实际通信。两个路由器上分别建立一个 Tunnel 接口，两个 Tunnel 接口之间建立点对点的虚连接，就形成了一条跨越公共网络的隧道。物理接口具有承载协议的地址和相关配置，直接服务于承载协议；而 Tunnel 接口则具有载荷协议的地址和相关配置，载荷协议为负载服务。当然实际的载荷协议包需要经过 GRE 封装和承载协议封装，再通过物理接口传送。

大部分组织机构已经使用 IP 构建 Intranet，并使用私有地址空间。私有 IP 地址在公网上是不能路由的，所以 GRE VPN 的主要任务是建立连接组织机构各个站点的隧道，跨越 IP 公网传送内部私网 IP 数据。图 10-10 所示为典型的 IP over IP 的 GRE 隧道的系统构成。站点 A 和站点 B 的路由器 RTA 和 RTB 的 Fa0/0 和 Tunnel0 接口均具有私网 IP 地址，而 S0/0 接口具有公网 IP 地址。此时，要从站点 A 发送私网 IP 数据包到站点 B，需经过如下基本过程：

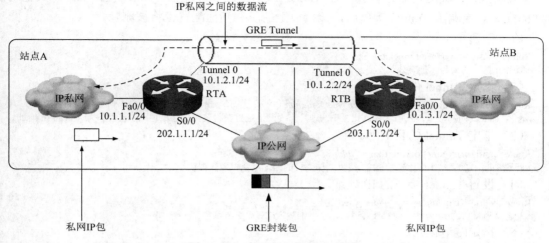

图 10-10   IP over IP 的 GRE 隧道

（1）RTA 根据 IP 包的目标地址查找路由表，找到一个出站接口。

（2）如果出站接口是 GRE VPN 的 Tunnel0 接口，RTA 即根据配置对私网 IP 包进行 GRE 封装，再加以公网 IP 封装，变成一个公网 IP 包，其目的地是 RTB 的公网 IP 地址。

（3）RTA 经物理接口 S0/0 发出此包，此数据包穿越公网，达到 RTB。

（4）RTB 解开数据包，将得到的私网 IP 数据包递交给自己相应的 Tunnel0 接口，再进行下一步的路由表查找，通过 Fa0/0 将私网 IP 数据包送到站点 B 的私网里去。

4. GRE 的优缺点

以下总结了 GRE 的优点和缺点。

（1）GRE 的优点。

1）GRE 是一个标准协议。

2）支持多种协议和多播。

3）能够用来创建弹性的 VPN。

4）支持多点隧道。

5）能够实施 QoS。

（2）GRE 的缺点。

1）缺乏加密机制。

2）没有标准的控制协议来保持 GRE 隧道。

3）隧道很消耗 CPU。

4）出现问题要进行 Debug 很困难。

5）MTU 和 IP 分片是一个问题。

5. GRE 的基本配置

要配置 GRE 隧道，必须首先创建 Tunnel 接口，这样才能在 Tunnel 接口上进行其他功能特性的配置。当删除 Tunnel 接口后，该接口上的所有其他配置也将被删除。

（1）创建 Tunnel 接口。

```
Router(config)#interface tunnel number
//Tunnel 接口的编号本地有效，不必和对端相同
```

（2）指定 Tunnel 的源端。

```
Router(config-if)#tunnel source interface type mod/num
//配置 Tunnel 的源接口，路由器将以此接口的地址作为源地址重新封装数据包，也可以直接输入接口的 IP 地址
```

（3）指定 Tunnel 的目的端。

```
Router(config-if)#tunnel destination ip_address
//配置 Tunnel 的目的 IP 地址，路由器将以此作为目的地址重新封装数据包
```

（4）设置 Tunnel 接口的 IP 地址。

```
Router(config-if)#ip address ip_address netmask
//配置隧道接口的 IP 地址，创建该隧道后，可以把隧道比做一条专线
```

（5）指定隧道模式。

```
Router(config-if)#tunnel mode gre ip
//配置隧道模式，默认就是 gre ip，此处可以省略
```

（6）配置隧道密钥并启用验证。

```
Router(config-if)#tunnel key 123456
//配置验证的 key，提供隧道一定的安全性
```

（7）验证 GRE 隧道接口的运行情况。

```
Router#show interface tunnel num
```

10.1.3　IPSec VPN 技术

1. IPSec 协议的组成

IPSec（网络安全协议）是一种开放标准，给出了应用于 IP 层上网络数据安全的一整套体系结构，如图 10-11 所示。IPSec 协议是一个协议集而不是一个单个的协议，包括 AH 协议、ESP 协议、密钥管理协议（IKE 协议）和用于网络验证及加密的一些算法等，规定了如何在对等层之间选择安全协议、确定安全算法和密钥交换，向上提供了访问控制、数据源验证、数据加密等网络安全服务。

（1）认证头（Authentication Header，AH）。

AH 可以用来验证数据源地址、确保数据包的完整性以及防止相同数据包的不断重播，但是 AH 却不能提供对数据机密性的保护。

（2）封装安全载荷（Encapsulating Security Payload，ESP）。

ESP 不但能提供 AH 的所有功能，而且还可以提供对数据机密性的保护，以及为数据流提供有限的机密性保护。AH 和 ESP 在数据安全方面的对比情况如表 10-1 所示。

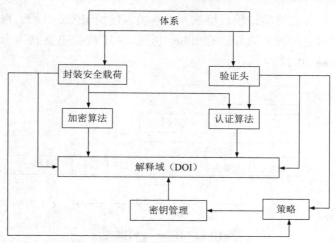

图 10-11　IPSec 协议体系结构

表 10-1　AH 和 ESP 比较

比较项目	AH	ESP
源认证	√	√
完整性验证	√	√
反重传	√	√
加密		√
流量认证		√

（3）IPSec 的安全特性。

与前面所讲的 GRE 相比，IPSec 技术可以提供更多的安全特性，它对 VPN 流量提供如下 3 个方面的保护。

1）私密性（Confidentiality）：数据私密性也是对数据进行加密。这样一来，即使第三方能够捕获加密后的数据，也不能将其恢复成明文。

2）完整性（Integrity）：完整性确保数据在传输过程中没有被第三方篡改。

3）源认证（Authenticity）：源认证也是对发送数据包的源进行认证，确保是合法的源发送了此数据包。

2. IPSec 封装模式

IPSec 只能工作在 IP 层，要求载荷协议和承载协议都必须是 IP 协议，支持两种封装模式：传输模式和隧道模式。

（1）传输模式。

传输模式的目的是直接保护端到端通信，只有在需要端到端安全性的时候，才推荐使用此种模式。在传输模式中，所有加密、解密和协商操作均由端系统自行完成，网络设备仅执行正常的路由转发，并不关心此类过程或协议，也不加入任何 IPSec 过程。在传输模式中，两个需要通信的终端计算机之间彼此直接运行 IPSec 协议。AH 和 ESP 直接用于保护上层协议，也就是传输层协议，如图 10-12 所示。

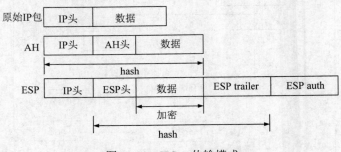

图 10-12　IPSec 传输模式

（2）隧道模式。

隧道模式的目的是建立站点到站点的安全隧道，保护站点之间的特定或全部数据。隧道模式对端系统的 IPSec 能力没有任何要求，来自端系统的数据流经过安全网关时，由安全网关对其保护，所有加密、解密和协商操作均由安全网关完成，这些操作对端系统来说是透明的。用户的整个 IP 数据包被用来计算 AH 或 ESP 头，且被加密，AH 或 ESP 头和加密用户数据被封装在一个新的 IP 数据包中，如图 10-13 所示。

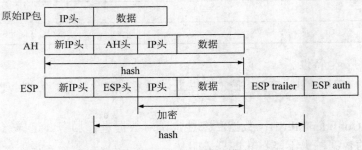

图 10-13　IPSec 隧道模式

3．IPSec 安全机制

隧道技术解决了通过隧道传输无法直接在隧道所经过的公共分组交换网络传输的数据封装格式，但无法解决经过公共分组交换网络传输的数据安全性问题。为了保证隧道格式中内存 IP 分组的机密性和完整性等，必须配置相关安全参数并与隧道绑定在一起，即建立安全关联（SA）的过程。SA 仅定义了一个方向上的安全服务，通过以下三个因素来唯一决定 SA 的标识符：

● 安全参数索引（Security Parameter Index，SPI）：是一个 32bit 的数值，在每一个 IPSec 报文中都携带该值。

● IP 目的地址：是 IPSec 协议对方的 IP 地址。

● 安全协议标识符：AH 或 ESP。

SA 可静态配置，也可通过 Internet 安全关联和密钥管理协议（ISAKMP）动态建立，完成隧道两端身份认证、密钥分配和安全参数协商过程。ISAKMP 将安全关联分为 2 个阶段：第 1 阶段先在对等体间建立一个用来交换管理信息的安全通道 ISAKMP SA；第 2 阶段在第 1 阶段建立的安全通道上交换信息，并最终在对等体间建立真正用于传输业务数据的安全通道 IPSec SA。其实这两个阶段实现的功能是相似的，只是对象不同。

（1）IPSec 第 1 阶段的建立。

使用 IKE 作为标准，完成管理连接的建立、保护，协商保护管理连接时使用的具体协议和算法，并利用这些算法完成设备的验证，如图 10-14 所示。

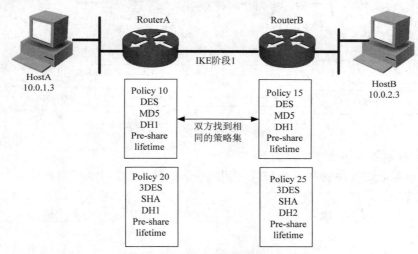

图 10-14　IPSec 第 1 阶段建立过程

1）IKE 的传输集。IPSec VPN 双方协商保护管理连接的一套策略称为 IKE 的传输集（transform-set），传输集规定了如下参数：

● 加密算法：VPN 设备上常见的算法有 DES、3DES、AES。

● HMAC 类型：MD5、SHA。

● 设备验证方法：预共享密钥、RSA 随机数加密、CA。

● DH Group：Diffie-Hellman 密钥组的类型。

● 生存期：管理连接存活的时间。

2）密钥交换。在 VPN 对端匹配了传输集之后，第二步会使用 DH 算法创建 VPN 两端的密钥。

DH 是由 Whitefiled 和 Martin Hellman 发明的一种密钥交换方法，这种密钥交换方法的优点是通过双方交换公钥并利用自己的私钥来完成密钥的生成，这样就避免了密钥在网络中传输时可能被黑客窃取的危险。DH 定义了一系列的密钥组，不同的密钥组对应不同的密钥长度，密钥长度越长加密强度就越大，但是处理的速度会越慢。

3）身份认证。对端设备进行身份验证，IPSec 身份验证使用在阶段 1 匹配的传输集中的方法，即预共享密钥、RSA 随机数加密、CA 等。对等设备的身份验证通过之后，就会在两端建立一个管理连接。

（2）IPSec 第 2 阶段的建立。

IPSec 阶段二的主要目的是建立数据收发方双方之间的数据保护连接，如图 10-15 所示。

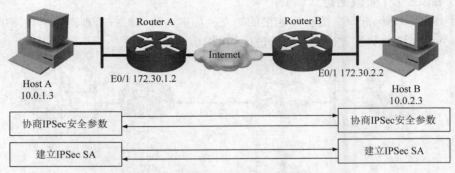

图 10-15　IPSec 第 2 阶段建立过程

建立保护双方数据的连接步骤如下：

1）双方协商确定使用哪种安全协议封装被保护的数据包。IPSec 目前支持两种协议，分别是 AH 和 ESP。

2）确定数据连接工作模式。IPSec 支持两种数据连接模式来保护数据，分别是传输模式和隧道模式。

4．IPSec 的配置

在配置 IPSec VPN 之前，确认网络是连通的；确认 AH 流量（IP 协议号为 50）、ESP 流量（IP 协议号为 51）和 ISAKMP 流量（UDP 的端口 500）不会被 ACL 所阻塞。IPSec VPN 的配置步骤如表 10-2 所示。

表 10-2　IPSec VPN 配置步骤

序号	操作	相关命令	必要
步骤 1	检查网络访问控制，确保 IPSec 报文被允许通过	show ip access-list	可选
步骤 2	定义建立 ISAKMP SA 所需的各项参数	crypto isakmp policy 及其子命令 group、authentication、encryption、hash、lifetime	是
步骤 3	定义对等体间预共享密钥	crypto isakmp key	是
步骤 4	定义建立 IPSec SA 所需的各项参数	crypto ipsec transform-set	是
步骤 5	定义受到 VPN 保护的流量	ip access-list 或 access-list	是

续表

序号	操作	相关命令	必要
步骤 6	定义加密图，将安全策略与要保护的对象绑定在一起；定义 IPSec SA 所需的其他参数	crypto map	是
步骤 7	将加密图应用到正确接口上	接口模式下的 crypto map	是
步骤 8	检查 VPN 配置	show crypto isakmp policy show crypto ipsec transform-set show crypto ipsec sa show crypto map	可选

（1）配置感兴趣流。

Router(config)#**ip access-list extended** *name* //建立基于名称的扩展访问控制列表
Router(config-ext-nacl)#**permit ip** *source source-mask destination destination-mask*
//允许通信点之间的流量

（2）ISAKMP/IKE 策略（第一阶段）。

Router(config)#**crypto isakmp policy** *pri_num*
//创建一个 ISAKMP/IKE 策略，并指定策略优先级为 pri_num
Router(config-isakmp)#**encryption {des | 3des | aes}**
//配置加密算法，可以选择 DES、3DES、AES 三种
Router(config-isakmp)#**hash {md5 | sha}**
//选择数字认证算法，可以选择 SHA 和 MD5 两种
Router(config-isakmp)#**authentication {rsa-sig | rsa-encr | pre_share}**
//选择身份认证方法
Router(config-isakmp)#**group** *{1 | 2 | 5}*
//选择 DH 长度，该值越长代表安全性越高，同时消耗设备的 CPU 越多
Router(config-isakmp)#**lifetime** *sec-num*
//配置管理连接的生命周期，默认是 86400s
Router(config)#**crypto isakmp key** *{0 | 7} passwords* **address** *peer_ipadd*
//预共享密钥的认证（两边的预共享密钥必须一样）

（3）配置 IPSec 阶段 2 参数。

Router(config)#**crypto ipsec transform-set** *ts_name* {**ah_header | esp_header**}
//crypto ipsec transform-set：新建一个 ipsec 传输集；ts_name：自定义传输集的名字；{ah_header | esp_header}表示在
数据保护时使用的封装协议
Router(config-crypto-trans)#**mode{transport | tunnel}**　　　　//配置隧道模式

（4）配置 IPSec 加密映射。

Router(config)#**crypto map** *m_name m_num* **ipsec_isakmp**
Router(config-cryto-map)#**match address** *vpn_acl*
Router(config-cryto-map)#**set peer** *{peer_ip | peer_hname}*
Router(config-cryto-map)#**set transform-set** *ts_name*

对命令语法及参数的解释：

● crypto map：建立一个新的加密映射；m_name：加密映射的名字；m_num：加密映射的序号；ipsec-isakmp：支持 isakmp，可以实现密钥的自动分发。

- mach address：指定哪些流量需要保护，vpn_acl 代表之前建立的定义需要保护流量的 ACL。
- set peer：这里以对端主机名或对端地址的方式指定加密映射的对端。
- set transform-set：配置此加密映射使用的传输集。

（5）将 crypto map 应用到接口。

```
Router(config)#interface fastethernet 接口
Router(config-if)#crypto map cry-map          //将 crypto map 应用到接口上
```

10.2 项目实施

10.2.1 任务 1：打通企业网络数据传输的 GRE 隧道

1. 任务描述

ABC 公司总部和分部网络采用如图 10-16 的网络拓扑结构。公司总部通过出口路由器 R1 和 Internet 中的一台路由器 R2 相连，上海分部通过出口路由器 R4 与 Internet 中的一台路由器 R2 相连。总部与分部的内部网络运行 RIPv2 协议，公网路由运行 OSPF 协议。R1 和 R4 之间的公网设备 R2 没有私网路由，要求在 R1 和 R4 之间建立隧道，使两个分离的私网网段互通。

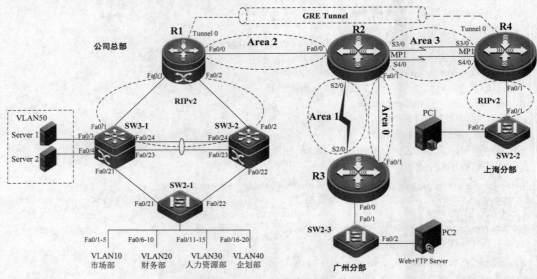

图 10-16 GRE 隧道配置拓扑

2. 任务要求

为了在网络安全系统集成实训室中模拟本任务的实施，搭建如图 10-16 所示的网络实训环境。要实现上述要求，使用 GRE 把公司总部和上海分部进行连接形成 GRE 隧道，允许公司总部和上海分部网络之间的组播动态路由协议数据包穿越此 GRE 隧道，从而实现两地网络的连通。完成任务如下：

（1）建立 GRE 隧道。

（2）配置 GRE 隧道与路由协议协同工作。

（3）获取 GRE 配置和运行信息。

（4）使用 MyBase 软件对配置脚本进行管理，以便下一次实训和最后网络全网联调设备时使用。

3．任务实施步骤

（1）搭建实验环境。

参见项目 6，这里从略。

（2）检测公网连通性。

在路由器 R1 上使用 ping 命令查看网络是否畅通，如图 10-17 所示。

```
Router#ping 19.1.1.10
Type escape sequence to abort.
Sending 5, 100-byte ICMP Echos to 19.1.1.10, timeout is 2 seconds:
    <press CTRL+C to break>
!!!!!
Success rate is 100 percent (5/5), round-trip min/avg/max = 0/6/16 ms
```

图 10-17　检测公网连通性

（3）配置 GRE 隧道接口。

1）在路由器 R1 上配置 GRE 隧道。

R1(config)#interface tunnel 0	//进入隧道端口 0
R1(config-if-Tunnel 0)#tunnel source 19.1.1.1	//定义隧道源地址
R1(config-if-Tunnel 0)#tunnel destination 19.1.1.10	//定义隧道目的地址
R1(config-if-Tunnel 0)#ip address 192.168.70.1 255.255.255.252	//定义隧道端口 IP 地址
R1(config-if-Tunnel 0)#tunnel mode gre ip	//定义隧道封装模式

2）在路由器 R4 上配置 GRE 隧道。

R4(config)#interface tunnel 0	//进入隧道端口 0
R4(config-if-Tunnel 0)#tunnel source 19.1.1.10	//定义隧道源地址
R4(config-if-Tunnel 0)#tunnel destination 19.1.1.1	//定义隧道目的地址
R4(config-if-Tunnel 0)#ip address 192.168.70.2 255.255.255.252	//定义隧道端口 IP 地址
R4(config-if-Tunnel 0)#tunnel mode gre ip	//定义隧道封装模式

（4）为公网配置动态路由。

参见项目 6 任务 3。

（5）为私网配置动态路由。

参见项目 6 任务 2。在项目 6 任务 2 中，并未将隧道接口所在网段发布至 RIP 进程中，为了确保公司总部和上海分部内部网络中的三层设备能够相互学习到私网网段路由，需做如下配置：

1）在路由器 R1 上配置。

| R1(config)#router rip | //开启 RIP 进程 |
| R1(config-route)#network 192.168.70.0 | //宣告 Tunnel 0 直连网段 |

2）在路由器 R4 上配置。

```
R4(config)#router rip                                      //开启 RIP 进程
R4(config-route)#network 192.168.70.0                      //宣告 Tunnel 0 直连网段
```

3）使用 show ip route 命令查看 R1 和 R4 的路由表。

如图 10-18 为在路由器 R1 上使用 show ip route 命令的输出结果。

```
R1#show ip route

Codes: C - connected, S - static, R - RIP, B - BGP
       O - OSPF, IA - OSPF inter area
       N1 - OSPF NSSA external type 1, N2 - OSPF NSSA external type 2
       E1 - OSPF external type 1, E2 - OSPF external type 2
       i - IS-IS, su - IS-IS summary, L1 - IS-IS level-1, L2 - IS-IS level
       ia - IS-IS inter area, * - candidate default

Gateway of last resort is no set
C    19.1.1.0/30 is directly connected, FastEthernet 0/0
C    19.1.1.1/32 is local host.
O IA 19.1.1.4/30 [110/2] via 19.1.1.2, 00:42:03, FastEthernet 0/0
O IA 19.1.1.8/30 [110/26] via 19.1.1.2, 00:40:09, FastEthernet 0/0
O IA 19.1.1.12/30 [110/51] via 19.1.1.2, 00:42:03, FastEthernet 0/0
R    192.168.10.0/24 [120/1] via 192.168.60.1, 00:19:55, FastEthernet 0/1
                      [120/1] via 192.168.60.5, 00:19:55, FastEthernet 0/2
R    192.168.20.0/24 [120/1] via 192.168.60.1, 00:19:55, FastEthernet 0/1
                      [120/1] via 192.168.60.5, 00:19:55, FastEthernet 0/2
R    192.168.20.0/24 [120/1] via 192.168.60.1, 00:19:55, FastEthernet 0/1
                      [120/1] via 192.168.60.5, 00:19:55, FastEthernet 0/2
R    192.168.30.0/24 [120/1] via 192.168.60.1, 00:19:55, FastEthernet 0/1
                      [120/1] via 192.168.60.5, 00:19:55, FastEthernet 0/2
R    192.168.40.0/24 [120/1] via 192.168.60.1, 00:19:55, FastEthernet 0/1
                      [120/1] via 192.168.60.5, 00:19:55, FastEthernet 0/2
R    192.168.50.0/24 [120/1] via 192.168.60.1, 00:36:48, FastEthernet 0/1
C    192.168.60.0/30 is directly connected, FastEthernet 0/1
C    192.168.60.2/32 is local host.
C    192.168.60.4/30 is directly connected, FastEthernet 0/2
C    192.168.60.6/32 is local host.
C    192.168.70.0/30 is directly connected, Tunnel 0
C    192.168.70.1/32 is local host.
R    192.168.80.0/24 [120/1] via 192.168.70.2, 00:36:39, Tunnel 0
R    192.168.90.0/24 [120/1] via 192.168.70.2, 00:36:38, Tunnel 0
```

图 10-18 R1 路由表

从输出结果可以知道，R1 路由器通过 RIP 协议学习到上海分部内网网段：192.168.80.0/24 和 192.168.90.0/24 的路由信息。

请读者在 PC1 上 ping 服务器 Server1，检查是否连通。

（6）检验隧道工作状况。

在路由器 R1 和 R4 上运行 show interfaces tunnel 0 命令，检查隧道工作情况，如图 10-19 所示。

```
Tunnel 0 is UP  , line protocol is UP

Hardware is  Tunnel
Interface address is: 192.168.70.2/30
  MTU 1476 bytes, BW 9 Kbit
  Encapsulation protocol is Tunnel, loopback not set
  Keepalive interval is no set
  Carrier delay is 0 sec
  RXload is 1 ,Txload is 1
  Tunnel source 19.1.1.10 (multilink 1), destination 19.1.1.1
  Tunnel TTL 255
  Tunnel protocol/transport GRE/IP
   Key disabled, Sequencing disabled
   Checksumming of packets disabled
```

图 10-19   隧道 Tunnel 接口状态

（7）单方配置隧道验证。

在路由器 R4 上配置验证，密码为 123456，配置如下：

R4(config-if)#**tunnel key** *123456*　　　　　　　　　　　　　//定义隧道验证密钥

（8）检验隧道连通性。

在 R1 上使用 ping 命令检查隧道的连通性，如图 10-20 所示。

```
R1#ping 192.168.70.2
Sending 5, 100-byte ICMP Echoes to 192.168.70.2, timeout is 2 seconds:
 < press Ctrl+C to break >
.....
Success rate is 0 percent (0/5)
```
图 10-20　隧道连通性检查

（9）配置错误的隧道验证。

在路由器 R1 上配置错误的密码。

R1(config-if-Tunnel 0)#**tunnel key** *654321*

（10）检验隧道连通性。

在 R1 上使用 ping 命令检查隧道的连通性，如图 10-21 所示。

```
R1#ping 192.168.70.2
Sending 5, 100-byte ICMP Echoes to 192.168.70.2, timeout is 2 seconds:
 < press Ctrl+C to break >
.....
Success rate is 0 percent (0/5)
```
图 10-21　隧道连通性检查

（11）正确配置隧道验证。

在路由器 R1 上使用 no tunnel key 命令去除错误的验证配置。

R1(config-if)#**no tunnel key**　　　　　　　　　　　　　　　//去除隧道验证密钥

在路由器 R1 上配置正确的验证。

R1(config-if)#**tunnel key** *123456*

（12）检验隧道连通性。

在 R1 上使用 ping 命令检查隧道的连通性，如图 10-22 所示。

```
R1#ping 192.168.70.2
Sending 5, 100-byte ICMP Echoes to 192.168.70.2, timeout is 2 seconds:
 < press Ctrl+C to break >
!!!!!
Success rate is 100 percent (5/5), round-trip min/avg/max = 40/40/40 ms
```
图 10-22　隧道连通性检查

10.2.2　任务 2：利用 IPSec 确保在 GRE 隧道中数据的安全传输

1. 任务描述

ABC 公司总部和分部网络采用了如图 10-16 的网络拓扑结构，上海分部的计算机需要安全访问公司总部服务器上的机密数据。

2. 任务要求

为了在网络安全系统集成实训室中模拟本任务的实施，搭建如图 10-16 所示的网络实训环境。本项目的任务 1 实现了 GRE 配置，把公司总部和上海分部连接起来，并且在公司总部和上海分部运行 RIPv2 路由协议。本任务是在此基础上，通过建立 GRE 隧道，对 RIPv2 组播数据进行封装后，再对封装后的数据进行 IPSec 加密，从而实现 RIPv2 流量在 IPSec 隧道中的加密传输。完成任务如下：

（1）配置 IPSec VPN，IKE 策略：指定加密算法 3DES，Hash 算法为 MD5，DH 组标识为 2，预共享密钥为 123456，变换集采用 ESP-3DES、ESP -MD5-HMAC 方式。

（2）配置 IPSec 保护 GRE 隧道。

（3）验证 GRE over IPSec VPN 的配置。

（4）使用 MyBase 软件对配置脚本进行管理，以便下一次实训和最后网络全网联调设备时使用。

3. 任务实施步骤

本任务在任务 1 基础上进行。

（1）配置 IPSec 保护 GRE 隧道。

1）在路由器 R1 上配置 IPSec。

```
R1(config)#access-list 110 permit gre host 19.1.1.1 host 19.1.1.10
//定义访问控制列表 110 允许在 GRE 隧道上主机 19.1.1.1 访问主机 19.1.1.10
R1(config)#crypto isakmp policy 1                        //进入 IKE 策略编辑模式 1 为优先级
R1(isakmp-policy)#authentication pre-share               //预共享认证
R1(isakmp-policy)#encryption 3des                        //封装 3DES
R1(isakmp-policy)#hash md5                               //定义 Hash 算法为 MD5
R1(isakmp-policy)#group 2                                //使用 Diffie-Hellman 组 2 进行密钥交换
R1(isakmp-policy)#exit                                   //返回全局配置模式
R1(config)#crypto isakmp key 7 123456 address 19.1.1.10  //定义预共享密钥，密钥号 7，密码为 123456
R1(config)#crypto ipsec transform-set vpnsec esp-des esp-md5-hmac //定义 IPSec 的变换集，对数据交换进行加密
R1(cfg-crypto-trans)#exit                                //返回全局配置模式
R1(config)#crypto map vpnmap 1 ipsec-isakmp             //配置加密映射表
R1(config-crypto-map)#set peer 19.1.1.10               //设置对端 IP
R1(config-crypto-map)#set transform-set vpnsec         //引用之前的传输变换集
R1(config-crypto-map)#match address 110                //匹配访问控制列表
R1(config-crypto-map)#exit                             //返回全局配置模式
R1(config)#interface FastEthernet 0/0                  //进入端口 Fa0/0
R1(config-if)#crypto map vpnmap                        //挂接映射表
```

2）在路由器 R4 上配置 IPSec。

在路由器 R4 上配置 IPSec 的过程，与在路由器 R1 上配置 IPSec 过程完全类似。请读者自行完成。

（2）检验隧道工作状况。

在路由器 R1 和 R4 上使用 show interface tunnel 0 命令检查隧道的工作情况，如图 10-23 所示。

（3）检验隧道工作状况。

请读者在 R1 和 R4 上使用 show crypto isamp sa 和 show crypto ipsec sa 检查 IPSec VPN 的

配置情况，并对输出结果进行分析。

```
R1#show interfaces tunnel 0
Index(dec):5 (hex):5
Tunnel 0 is UP , line protocol is UP
Hardware is Tunnel
Interface address is: 192.168.70.1/30
  MTU 1476 bytes, BW 9 Kbit
  Encapsulation protocol is Tunnel, loopback not set
  Keepalive interval is no set
  Carrier delay is 0 sec
  RXload is 1 ,Txload is 1
  Tunnel source 19.1.1.1 (FastEthernet 0/0), destination 19.1.1.10
  Tunnel TTL 255
  Tunnel protocol/transport GRE/IP
  Key disabled, Sequencing disabled
  Checksumming of packets disabled
  Queueing strategy: FIFO
    Output queue 0/40, 0 drops;
    Input queue 0/75, 0 drops
  5 minutes input rate 0 bits/sec, 0 packets/sec
  5 minutes output rate 64 bits/sec, 0 packets/sec
    147 packets input, 14992 bytes, 0 no buffer, 0 dropped
    Received 0 broadcasts, 0 runts, 0 giants
    0 input errors, 0 CRC, 0 frame, 0 overrun, 0 abort
```

图 10-23　隧道接口状态

10.3　项目小结

　　本项目主要讨论了 GRE、IPSec VPN 相关理论概念、工作原理及配置过程。GRE 协议是对某些网络层协议（如 IP 和 IPX）的数据报文进行封装，使这些被封装的数据报文能够在另一个网络层协议（如 IP）传输。GRE 采用了 Tunnel 技术，是 VPN 的第三层隧道协议。Tunnel 是一个虚拟的点对点连接，提供了一条通路使封装的数据报文能够在这个通路上传输，并且在一个 Tunnel 的两端分别对数据报进行封装及解封装。由于 IP 的普遍应用，主要的 GRE VPN 部署多采用 IP over IP 的模式，企业分支之间部署 GRE VPN，通过公共 IP 网络传输内部网络数据，从而实现网络层的点对点 VPN。隧道技术解决了通过隧道传输无法直接在隧道所经过的公共分组交换网络传输的数据封装格式,但无法解决经过公共分组交换网络传输的数据安全性问题。因此本项目也详细讨论了 IPSec 在 VPN 对等体设备实现的安全特性，如数据的机密性、数据的完整性、数据验证等，重点分析了 IKE 阶段 1 和阶段 2 的协商建立过程，为配置点到点 IPSec VPN 打下坚实的理论基础。

10.4　过关训练

10.4.1　知识储备检验

　1. 填空题

　（1）VPN 的连接模式有（　　）和（　　），常见的 VPN 类型分为（　　）和（　　）。

　（2）承载网的 IP 头以（　　）标识 GRE 头。

（3）IPSec 协议主要包括（　　）、（　　）和（　　）。

2．选择题

（1）以下关于 VPN，说法正确的是（　　）。

　　A．VPN 指的是用户自己租用线路，和公共物理网络上完全隔离、安全的线路

　　B．VPN 指的是用户通过公用网络建立的临时的，安全的连接

　　C．VPN 不能做到信息验证和身份认证

　　D．VPN 只能提供身份验证、不能提供加密数据的功能

（2）IPSec 协议是开放的 VPN 协议，对它的描述有误的是（　　）。

　　A．适应于 IPv6 迁移

　　B．提供在网络层上的数据加密保护

　　C．可以适应设备动态 IP 地址的情况

　　D．支持 TCP/IP 外的其他协议

（3）如果 VPN 网络需要运行动态路由协议并提供私网数据加密，通常采用（　　）技术手段实现。

　　A．GRE　　　　　　　B．GRE+IPSec　　C．L2TP　　　　　　D．L2TP+IPSec

3．简答题

（1）什么是 VPN？常见的 VPN 封装协议有哪些？

（2）描述 GRE 隧道的建立过程。

（3）简述 IPSec 协商安全机制的 2 个过程。

10.4.2　实践操作检验

在图 10-24 所示的拓扑中，R2 和 R4 是两个 VPN 站点连接互联网的网关路由器，同时它们也是 IPSec VPN 的加密设备，需要在 R2 和 R4 之间建立隧道模式的 IPSec VPN，以保护通信网络之间的流量。请在路由器等设备上完成恰当的配置，实现上述需求。

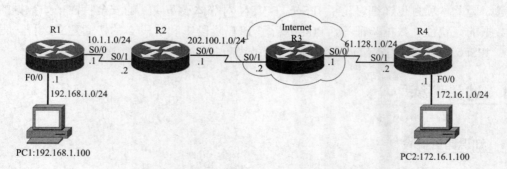

图 10-24　IPSec VPN 配置拓扑

10.4.3　挑战性问题

如图 10-25 所示，在 R1 上配置单臂路由，允许网段 192.168.1.0/24 和 192.168.2.0/24 内的主机相互通信，在 R1 上配置 NAT，允许内网用户访问 Internet。在 R1 和 R2 上配置 GRE+IPSec，使用 IPSec 技术对数据进行加密，预共享密钥 123456，数据采用 ESP-3DES、ESP-HASH-MD5、GROUP 2 加密方式，并配合 GRE 隧道，VPN 能够运行 OSPF 协议。为了安全，Tunnel 口采用 OSPF 密文认证，密码设定为 infosec。

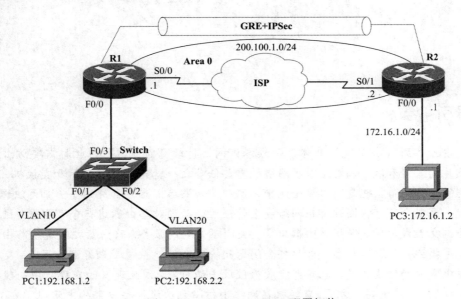

图 10-25　GRE+IPSec VPN 配置拓扑

11

保护企业网络设备的安全

项目导引

　　网络是企业各种业务系统的载体，必须保证网络持续可靠地运行，此时需要防止内、外部对网络设施的入侵和攻击，因此保护网络的重要任务之一就是保护路由器和交换机。路由器是网络系统的主要设备，也是网络安全的前沿关口，如果路由器连自身的安全都无法保障，整个网络也就毫无安全可言。因此，在网络安全管理上，必须对路由器进行合理规划、配置、采取必要的控制交互式访问、保护路由器口令、关闭不必要的服务、路由器之间交换路由协议增加认证功能等措施，避免路由器因自身安全问题而给整个网络系统带来漏洞和风险。交换机作为网络环境中重要的转发设备，也有可能成为被攻击的对象，因此现有的交换机中一般都会嵌入各种安全模块。在系统安全方面，交换机在网络由核心到边缘的整体架构中实现了安全机制，包括端口安全、各种类型的 VLAN 技术、802.1X 接入验证等，有些交换机还具有防范欺骗攻击的功能，如 DHCP 探测、源地址防护和动态 ARP 检测等。

　　通过本项目的学习，读者将达到以下知识和技能目标：

- 掌握路由器安全优化思路；
- 掌握交换机安全优化思路；
- 掌握交换机端口安全的配置；
- 掌握路由器协议认证的配置；
- 具有勤做总结、归纳并保存文档的良好习惯。

项目描述

　　针对 ABC 公司网络建设需求，需要确保底层的通信基础设施能够支持目标和相关应用，能够按照行业最佳实践管理网络中的每台设备并缩短设备宕机时间，因此需要在网络设备上启用安全功能,最大限度地保护这些网络设备的安全运行。ABC 公司的网络结构,如图 11-1 所示,接入层交换机 SW2-1 直接面向大量的用户提供接入服务,限制接入主机的数量和限制非授权或非法主机接入网络;网络中的三层交换机和路由器运行动态路由协议,由于没有必要向终端用户发送这些数据,让协议消声也是整个网络进行安全维护的重要方法。

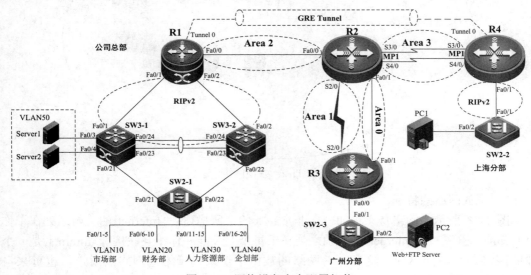

图 11-1 网络设备安全配置拓扑

任务分解

根据项目要求,将项目的工作内容分解为两个任务:

- 任务 1: 配置交换机端口安全;
- 任务 2: 配置路由协议认证安全。

11.1 预备知识

11.1.1 网络设备安全概述

1. 为什么需要网络安全

(1)封闭网络的特征。

过去网络是封闭的,如图 11-2 所示,没有互联网入口点,自然无需安全防护。现在即使不连入外部网络,威胁亦然存在,据计算机安全学会(CSI)统计,60%～80%的网络滥用事件源于网络内部。

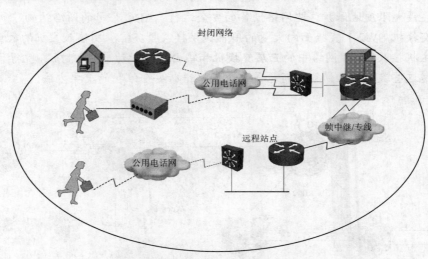

图 11-2　封闭网络

（2）开放网络的特征。

如图 11-3 所示，网络特点正如一句非常经典的话所描述："Internet 的美妙之处在于你和每个人都能相互联接，Internet 的可怕之处在于每个人都能和你相互联接"。Internet 是一个开放性的网络，是跨国界的，这意味着网络的攻击不仅来自于本地网络的用户，也可来自于 Internet 上的任何一台机器。Internet 是一个虚拟的世界，无法得知联机的另一端是谁。在这个虚拟的世界里，已经超过了国界，某些法律也受到了挑战，因此网络安全面临的是一个国际化的挑战。

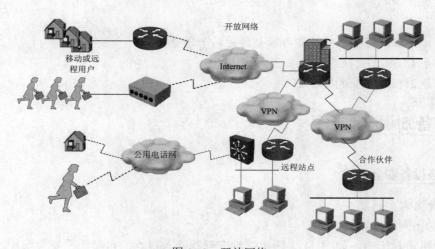

图 11-3　开放网络

（3）网络攻击变得越来越容易。

很多年前要进行一些简单的攻击也需要很多知识。例如 TCP/IP、攻击原理、网络编程等。随着大规模开放式网络的开发，在过去几十年间，网络安全威胁也在急剧增多，攻击者发现了更多的网络漏洞，攻击的工具也变得越来越简单易用，如图 11-4 所示，例如应用程序随处可以下载，几乎不需要什么攻击技术就可以使用，当然这其中也包含用作网络排错的漏洞评估工具也很多，如果使用不当，就会引起严重的危险。

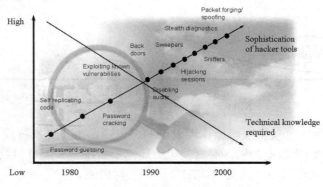

图 11-4　网络攻击发展

（4）资产信息价值需要保护。

因特网极大地诱发了很多公司急于构建与伙伴、供应商和客户之间更紧密关系的期盼。现在很多公司机制更加灵活并且更富有竞争力，电子商务带来了很多让人兴奋的新应用，如图 11-5 所示。包括电子交易、供应链管理、客户关怀、劳动力优化和电子学习等，这些新型应用简化并改进了流程，加快了周转时间、降低了成本，提升了用户的满意度。电子商务要求能够承担关键使命的网络把持续增多的顾客汇聚起来，并且满足更多容量和性能的要求。这些网络也需要处理语音、视频和数据传输任务，由此成为一个多服务的环境。安全必须是任何电子商务策略最基本的一个要求，作为企业网络的管理者，要向如此众多的用户和申请方开放自己的网络，实际上也在让网络暴露出更多的风险。

2.　交换机安全概述

在网络技术快速发展的今天，网络安全不再单纯依赖单一设备和技术来实现，交换机作为网络骨干设备，自然也肩负着构筑网络安全防线的重任。安全交换机，就是当交换机作为网络节点加入到网络中时，网络的脆弱性不会增加。相比之下，传统的非安全交换机加入到网络中时，除了进行数据转发外，往往还成为病毒等网络不安全因素的主要传播工具。在遭受攻击时，还会因为自身的脆弱性而影响网络的正常运行。运营商在规划和改造网络时，希望加入的任何一个节点都是安全的，并要求在交换机等汇聚层设备上（当然最好在接入层设备上，越靠近用户越好）有一层安全屏障。而对于企业网，很多病毒和攻击都是从内部发起和传播的，这时候防火墙往往无能为力。这就需要企业内部的交换机能够提供一定程度的安全防护。在这种需求驱动下，安全性成为新一代交换机的必备属性，具有这种属性的交换机通常被人们称做安全交换机。

Chapter 11

279

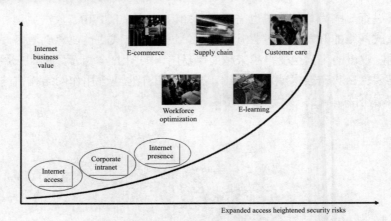

图 11-5 电子商务网络应用安全

新的焦点关注到利用二层交换机操作而发起的恶意攻击，如交换机设备访问攻击、MAC 层攻击、欺骗攻击等，因此需要在接入层交换机上建立安全策略和配置恰当的特性来防护潜在的恶意攻击。表 11-1 简要描述了常见攻击的类型和缓解措施。

表 11-1　交换机常见攻击及缓解措施

攻击方法	描述	缓解措施
交换机设备访问攻击		
Telnet/SSH	Telnet 用于远程管理设备，以明文发送密码，容易被窃听	使用 SSH 和使用 vty ACL 控制 Telnet
MAC 层攻击		
MAC 泛洪攻击	通过发送虚假源 MAC 地址的帧，占满 MAC 地址表，导致交换机泛洪数据帧	启用端口安全
欺骗攻击		
DHCP 欺骗攻击	先冒充 DHCP client 申请 IP 地址，耗尽 DHCP Server 的 IP 地址，然后再冒充 DHCP Server 分配 IP 地址	启用 DHCP Snooping
ARP 欺骗	冒充别的计算机或者网关进行 ARP 应答，实现中间人攻击	在 DHCP Snooping 基础上，启用动态 ARP 检测
IP 欺骗	冒充别的计算机 IP 发送 DoS 拒绝服务攻击数据包	在 DHCP Snooping 基础上，启用 IP 源防护

3. 路由器安全概述

在目前的网络体系中，路由器是多种网络互联的重要设备，因为路由器一般位于防火墙之外，是边界网络的前沿，所以路由器的安全管理成为了第一道防线。在默认情况下，路由器访问密码存储在固定位置，用 sniffer 嗅探器很容易获得登录名和密码，从而使路由器完全受到攻击者控制，从而入侵整个路由器管理的网络。目前的路由器种类繁多，优质的路由器都有自己丰富的安全机制，一般都内置了入侵检查系统，但还进一步需要网络管理员配置相应的安全策略及进行相应的管理。

针对网络存在的各种安全隐患，路由器必须具有的安全特性包括：身份认证、访问控制、信息隐藏、数据加密和防伪、安全管理、可靠性和线路安全。可靠性要求主要针对故障恢复、负载能力和主设备运行故障时，备份设备自动接替工作。负载分担主要指网络流量增大时，备份链路承担部分主用线路上的网络流量。网络安全身份认证包括：访问路由器的身份认证、Console 登录配置、Telnet 登录配置、SNMP 登录配置、Modem 远程配置、对其他路由的身份认证、直接相连的邻居路由器配置、逻辑连接的对等体配置、路由信息的身份认证、防伪造路由信息的侵入安全特性。

11.1.2　网络设备安全访问措施

1. 概述

交换机或路由器等网络设备的访问方式包括物理和逻辑两种方式，可以通过控制台（Console）端口或辅助（Auxiliary）端口来物理访问 CLI，也可以通过 Telnet 或 SSH 链接来逻辑访问 CLI。确保交换机或路由器等网络设备访问安全的主要措施有：设备物理安全、健壮的系统密码、设置登录限制、创建标语、配置系统日志、确保 SNMP 安全等，下面以路由器为例讨论这几种设备安全的具体实现过程。

2. 防止物理路由器被攻击

（1）除管理员外其他人不能随便接近网络设备。

如果攻击者物理上能接触到网络设备，则攻击者通过断电重启，实施"密码修复流程"，进而登录到网络设备，就可以完全控制网络设备。路由器也提供了一个选项，就是禁止访问 ROMMON 模式，为了保护 ROMMON 模式，需要输入：Router(config)#**no service password-recovery**。如果禁用密码恢复功能，那么将无法恢复丢失的密码或访问 ROMMON 模式，因此禁用密码恢复功能时一定要格外慎重。

（2）网络设备的物理安全还需考虑适当的温度、湿度等环境条件。

（3）网络设备要做到防震、防电磁干扰、防雷、防电源波动等。

（4）GB4943《信息技术设备的安全》、GB9254《信息技术设备的无线电骚扰限值》等标准中对此有明确规定。

3. 配置健壮的系统密码

（1）配置密码考虑事项。

密码的使用关注的就是如何保护所有的网络资源，对所有需要加强安全性的网络设备来说，应参考以下密码最佳实践：

1）最小长度：密码的字符数越多，猜测密码所需的时间就越长。

2）混合字符：密码应该是大小写字母、数字、元字符（符号和空格）的组合。字符种类和数量越多，攻击者需要尝试的密码组合就越多。

3）不要使用字典单词：避免使用字典中出现的单词，从而减少字典攻击的成功率。

4）经常变更密码：经常变更密码可以限制密码被破解后的有用性，从而降低整体损失。

（2）配置安全访问端口密码。

Console 0 映射为物理控制台（console）端口；Aux 0 映射为物理辅助（auxiliary）端口；vty 0 4 表示进入路由器的 5 个默认逻辑虚拟终端（vty）接入端口。将控制台端口、辅助端口和虚拟终端端口都看作为线路（line）。在线路（con 0、aux 0 和 vty 0）上的使用命令 login 时将启动密码检查，如果没有该命令（no login），则不检查已配置的密码（默认非加密），或者在激活线路时进行密码检查。由于通过特权模式，用户可以完全地访问路由器，因而应该将特权模式接入保留给受信的网络管理员。

1）严格控制 CON 端口的访问。

如果可以开机箱，则可以切断与 CON 口互联的物理线路。

● 改变默认的连接属性，如修改波特率（默认是 96000，可以改为其他）。

● 配合使用访问控制列表控制对 CON 口的访问，如：

```
R1(Config)#access-list 1 permit 192.168.0.1        //定义访问列表
R1(Config)#line con 0                              //进入 console 线路终端模式
R1(Config-line)#transport input none               //拒绝所有输入
R1(Config-line)#login local                        //使用路由器本地的用户数据库进行远程登录验证
R1(Config-line)#exec-timeout 5 0                    //线路超时时间为 5 分钟
R1(Config-line)#access-class 1 in                   //将上面定义的访问列表应用在 console 口上
```

● 给 CON 口设置高强度的密码。

```
R1(config)#line con 0                              //进入 console 线路终端模式
R1(config-line)#password Up&atm@7!                 //给 console 口设置高强度密码
R1(config-line)#login                              //使用本地密码验证登录方式
```

2）禁用不需要的 AUX 口。

如果不使用 AUX 端口，则禁止这个端口，默认是未被启用，如：

```
R1(config)#line aux 0                              //进入 AUX 线路终端模式
R1(config-line)#transport input none               //拒绝所有输入
R1(config-line)#no exec                            //关闭连接
```

3）设置使能密码。

由于通过特权模式，用户可以完全地访问路由器，因而应该将特权模式接入保留给受信的网络管理员，如：

```
R1(config)#enable password cisco        //密码未加密，使用 show run 命令能查看到
R1(config)#enable secret cisco          //密码已使用 MD5 加密，使用 show run 命令不能获得密码的真实内容
```

若同时配置了 enable password 和 enable secret 密码，生效的是后一种。

● 加密配置文件中的密码。

使用 service password-encryption 将配置文件中当前和将来的所有密码加密为密文，主要用于防止未授权用户查看配置文件中的密码，但很容易使用密码破解程序进行破解，如图 11-6 所示。

图 11-6　密码加密

4）设置最短密码长度。

网络管理策略应说明用于访问网络设备的密码的最小长度，最小密码长度的范围是 1～16 个字符，建议路由器密码的最小长度为 10 个字符，将影响 user password、enable secret password 和 line password 等命令。

R1(config)#**security passwords min-length** *10*　　　　　　　　//设置密码的最小长度为 10 位

5）创建本地用户数据库。

在本地数据库中维护用户和密码列表以执行本地登录验证，使用如下命令：

R1(config)#**username** *name* **secret 0** *password*|**5** *encrypted-secret*

表 11-2 为以上命令各参数的详细说明。

表 11-2　参数说明

参数	说明
name	指定用户名
0	（可选）这个选项指出明文密码被路由器用 MD5 进行散列
password	明文密码，用 MD5 进行散列运算
5	（可选）这个选项指出加密的安全密码被路由器用 MD5 进行散列
encrypted-secret	加密的安全密码，用 MD5 进行散列运算

4. 虚拟登录的安全配置

网络管理员通常会使用 Telnet 来访问交换机或路由器。但现在 SSH 正在成为企业标准，因为它对于安全性具有更为严格的要求。同样地，通过 HTTP 访问设备也正在被安全的 HTTPS 所取代。

Telnet 是一种不安全的协议，并且包含以下漏洞：

- 所有的用户名、密码和数据都是以明文的方式穿越公共网络。
- 用户使用系统中的一个账户可以获得更高的权限。
- 远程攻击者可以使 Telnet 服务瘫痪，通过发起 DoS 攻击，比如打开过多的虚假 Telnet 会话，就可以阻止合法用户使用该服务。
- 远程攻击者可能会找到启用的客户账户，而这个客户账户可能属于服务器可信域。

11 Chapter

在使用 SSH（代替 Telnet）进行登录时，整个登录会话（包括密码的传输）都是加密的，因此外部攻击者无法获取密码。SSH 版本 1 有各种安全性隐患，建议管理员使用 SSHv2 代替 SSHv1。

（1）使用 ACL 限制 Telnet 远程管理访问配置。

下面以交换机为例，讨论如何使用 ACL 限制 Telnet 远程管理访问的配置过程。

1）设置交换机的远程登录密码。

```
SW1(config)#line vty 0 4              //进入线程，0 4 表示为同时允许 5 台主机登录
SW1(config-line)#password 1234        //配置 Telnet 密码并配置本地验证
SW1(config-line)#login                //本地密码验证
SW1(config-line)#login local          //使用交换机本地的用户数据库进行远程登录验证
```

2）设置交换机的 enable 密码。

```
SW1(config)#enable password/secret 1234
//如密码设置为 1234，其中选项 password 为以明文方式存储，secret 以密文方式存储
```

3）设置交换机远程登录的 IP 地址。

```
SW1(config)#interface vlan 1          //在交换机上进入 VLAN 接口配置模式
SW1(config-if)#ip address 192.168.1.2 255.255.255.0
//配置交换机的管理 IP 地址
SW1(config)#ip default-gateway 192.168.1.1
//和管理 IP 地址在同一个子网，由核心层、汇聚层或路由器定义，实现跨网段的远程访问能力
```

4）建立交换机本地的用户数据库。

```
SW1(config)#username  deng  password  deng
```

5）限制交换机远程登录的 IP 地址范围。

```
SW1(config)#access-list 10 permit 192.168.10.0 0.0.0.255
//定义访问列表 10，设置可登录的 IP 地址访问为 192.168.10.0 网段
SW1(config)#line vty 0 4              //进入线程，0 4 表示为同时允许 5 台主机登录
SW1(config-line)#access-class 10 in
//将上面定义的访问列表应用在虚拟终端 vty 0～vty 4 上
```

6）验证 Telnet 配置。

使用命令 telnet 192.168.1.1，正确输入用户名和密码，登录成功，使用 show users 命令，查看当前登录用户及所在 IP；再输入 enable 密码，只能使用 show 命令查看。

（2）使用 SSH 远程管理访问配置。

1）SSH 的简单运行过程。

● Client 端向 Server 端发起 SSH 连接请求。

● Server 端向 Client 端发起版本协商。

● 协商结束后 Server 端发送 Host Key 公钥、Server Key 公钥、随机数等信息。到这里所有通信是不加密的。

● Client 端返回确认信息，同时附带用公钥加密过的一个随机数，用于双方计算 Session Key。

● 进入认证阶段。从此以后所有通信均加密。

● 认证成功后，进入交互阶段。

2）配置 SSH 前的准备工作。

● 检查设备 IOS 版本，以支持 SSH。

● 确保网络设备有唯一的主机名（不要使用 Router）。

● 确保路由器使用正确网络域名（必须设置）。

● 确保目标网络设备配置了本地验证或用于用户名和密码验证的 AAA 服务。

3）采用 login local 方式配置 SSH 的步骤。

```
R1(config)#ip domain-name span.com              //配置网络的 IP 域名
R1(config)#crypto key generate rsa general-keys modulus 1024
//产生单向密钥，长度为 1024 位
The name for the keys will be: R1.span.com
% The key modulus size is 1024 bits
% Generating 1024 bit RSA keys, keys will be non-exportable...[OK]
R1(config)#
*Dec 13 16:19:12.079: %SSH-5-ENABLED: SSH 1.99 has been enabled
R1(config)#username Bob secret cisco            //验证或创建一个本地用户名数据库入口
R1(config)#line vty 0 4
R1(config-line)#login local
R1(config-line)#transport input ssh             //启用 VTY 入向的 SSH 会话
R1(config-line)#exit
```

在和 R1 路由器连通的路由器上，执行命令：ssh-l Bob 192.168.2.101，输入密码 cisco，两台路由器之间便建立一个 SSH 连接，然后在 R1 路由器的特权模式下执行命令 show ssh，查看进出 R1 的 SSH 会话和用户名。

4）采用 AAA 本地认证方式配置 SSH 的步骤。

```
R1(config)#enable password/secret 1234
//如密码设置为 1234，其中选项 password 以明文方式存储，secret 以密文方式存储
R1(config)#line vty 0 4                          //0 4 表示为同时允许 5 台主机登录
R1(config-line)#transport input ssh             //只允许 SSH 登录
R1(config-line)#login local                     //本地验证
R1(config)#aaa new-model                        //启用 AAA 服务
R1(config)#enable service ssh-server            //启用 SSH 服务
R1(config)#aaa authentication login default local  //在 AAA 中设置本地认证
R1(config)#username ruijie password 1234        //添加用户名（用于稍后的 SSH 登录）
R1(config)#crypto key generate rsa              //生成一个基于 rsa 算法的超强度密码
R1(config)#ip ssh authentication 4              //设置一个认证强度
```

【注意】为了避免因交换机或路由器配置不当而导致被锁到系统之外，配置 AAA 时应当使用控制台连接。

5）采用外部服务器认证方式配置 SSH 的步骤。

```
配置 radius 服务器，添加账户，设置用户名和密码，和路由器上配置的要一致
R1(config)#aaa new-model                        //启用 AAA 服务
R1(config)#enable service ssh-server            //启用 SSH 服务
R1(config)#aaa authentication login default group radius  //在 AAA 中设置 radius 认证
R1(config)#radius-server host 192.168.10.3      //设置 radius 服务器的 IP 地址
R1(config)#radius-server key 123                //设置 radius-server 密钥
```

11.1.3　网络设备安全管理加固

在目前实际的网络运行环境中，网络设备的管理可以说是最薄弱的一个环节。其实一旦攻击者成功登录到网络设备上后，此前所做的任何安全防范措施都将化为乌有，因此必须高度重视网络设备的安全管理。

1．授权 IP 管理

通过检查来访者的 IP 地址来进行更为细致的访问控制。可以为 Telnet 或 Web 的访问方式配置一个或多个合法的访问 IP 地址/子网，只有使用这些合法 IP 地址的用户才能使用 Telnet或 Web 方式访问交换机，使用其他 IP 地址的访问都将被交换机拒绝。

```
R1(config)#services web host 192.168.0.18
//只允许 IP 地址为 192.168.0.18 的主机才能使用 Web 方式访问路由器
R1(config)#services telnet host 192.168.0.18
//只允许 IP 地址为 192.168.0.18 主机才能使用 Telnet 方式访问路由器
```

2．网络设备管理审计

网络运行中会发生很多突发情况，通过对路由器进行审计，有利于管理员分析安全事件。网络运行监视主要是配置日志服务器（log server）、时间服务及用于带内管理的 ACL 等，便于进行安全审计。

（1）syslog 日志。

日志信息通常是指 IOS 中系统所产生的报警信息，其中每一条信息都分配了一个告警级别，并携带一些说明问题或事件严重性的描述信息，如图 11-7 所示。默认情况下，IOS只发送日志信息到 Console 口，但是日志信息发送到 Console 口并不方便存储、管理日志信息，更多情况下是将日志发送至 Logging buffer、Logging file、Syslog server 或 SNMP 管理终端上去。

图 11-7　日志信息格式

IOS 规定，日志信息分为 7 个级别，每个级别都和一个严重等级相关，级别 0 为最高，级别 7 最低，如表 11-3 所示。使用 logging 命令后的参数，可以设置所记录的日志等级。需要注意的是，如果在 ACL 中使用关键字 log，则只有严重级别为 6～7 时，才会在控制台上显示输出信息。

表 11-3　日志信息的严重等级

级别	名称	描述
0	Emergencies	不可用
1	Alerts	需要立即采取行动
2	Critical	情况危急
3	Errors	错误
4	Warnings	警告
5		正常但重要的事件
6		报告性消息

日志服务的配置过程主要包括以下几个步骤：

①Router(config-t)#**logging on**　　　　　　//开启日志记录功能
②Router(config-t)#**logging** *172.16.0.10*　　//设置日志服务器的 IP 地址为 172.16.0.10
③Router(config-t)#**logg facility local6**　　　//设置捕获日志的级别

　　其中 IP 地址 172.16.0.10 是以 Windows Server 2003 版的服务器作为网络设备日志服务器，在其上安装 3csyslog 软件。选择 anybody 即可用 3csyslog 看路由器或交换机日志信息。
　　（2）NTP 服务器。
　　如果没有合适的时间戳，系统日志消息就无法在安全审计和排除故障中发挥作用。为了确保路由器或交换机的事件消息显示正确时间，可以设置路由器或交换机的 NTP 服务器。NTP 服务配置主要包括以下几个步骤：

①Router(Config)#**clock timezone PST-8**　　　　　//设置时区
②Router(Config)#**ntp authenticate**　　　　　　　//启用 NTP 认证
③Router(Config)#**ntp authentication-key** *1* **md5** *uadsf*
//设置 NTP 认证用的密码，使用 MD5 加密。需要和 ntp server 一致
④Router(Config)#**ntp trusted-key** *1*　　　　　　//可以信任的 Key
⑤Router(Config)#**ntp acess-group peer** *98*
//设置 ntp 服务，只允许对端为符合 access-list 98 条件的主机
⑥Router(Config)#**ntp server** *192.168.0.1* **key** *1*
//配置 ntp server，server 为 192.168.0.1，使用 1 号 key 作为密码
⑦Router(Config)#**ntp source loopback** *0*
//网络设备应通过统一的 NTP 服务器同步设备时钟
⑧Router(Config)#**ntp server** *192.168.0.1*
//192.168.0.1 是时钟服务器 IP 地址

　　（3）管理 HTTP 服务。
　　尽管为了方便管理，IOS 提供了一个集成的 HTTP 服务器，但仍建议管理员禁用这个特性，尤其是在多层交换网络中不要使用这种方法进行管理。否则，未授权用户可能会通过 Web 界面获得访问权限并随意更改配置。用户也可以向交换机或路由器发送大量 HTTP 请求，这会导致 CPU 利用率升高，最终在系统上产生 DoS 类型的攻击。no ip http server 可以禁用 HTTP 服务，如果必须启用 HTTP 服务，则需要对其进行安全配置：设置用户名和密码；采用访问列表

进行控制，如：

```
R1(Config)#username BluShin password sjdiee$7            //建立本地用户数据库
R1(Config)#ip http auth local                            //开启 HTTP 本地认证
R1(Config)#access-list 10 permit 192.168.0.1             //创建访问列表
R1(Config)#access-list 10 deny any                       //拒绝 192.168.0.1 以外的主机使用 HTTP 服务
R1(Config)#ip http access-class 10                       //将 ACL 应用到 HTTP 服务
R1(Config)#ip http server                                //开启 HTTP 服务
R1(Config)#ip http port 8080                             //开启 HTTP 服务的 8080 端口
```

（4）配置 SNMP。

SNMP（Simple Network Management Protocol，简单网络管理协议）的前身是简单网关监控协议（SGMP），用来对通信线路进行管理。简单网络管理协议，由一组网络管理的标准组成，包含一个应用层协议、数据库模型和一组资料物件，该协议用以监测连接到网络上的设备是否有任何引起管理上关注的情况。SNMP 是广泛用作网络管理的协议，直到第 3 版都还没有真正的安全选项。

SNMPv2 认证是由简单的文本字符串组成的，并且在设备之间以明文且未加密的形式进行通信。Read-Only（只读）团体字符串能满足多数案例的需求。要想以安全的方式使用 SNMP，就要使用 SNMPv3 和加密密码，并使用 ACL 来限制可信工作站和可信子网，如：

```
R1(config)#snmp-server community crnet@aia!nf0 RW 10
R1(config)#snmp-server community bjcrnet RO 10
//设置 SNMP 只读或读写串口令，10 为 Access-list 号
R1(config)#access-list 10 permit 210.82.8.65 0.0.0.0
R1(config)#access-list 10 permit 210.82.8.69 0.0.0.0
//只让 210.82.8.65 和 210.82.8.69 两台主机可以通过 snmp 采集路由器数据
```

11.1.4　交换机端口安全

1. 交换机端口安全概述

在有些情况下，必须控制哪些工作站能够访问网络，以确保网络的安全。如果用户的工作站不会挪动，则连接到交换机端口的工作站的 MAC 地址将保持不变。如果工作站是移动的，就可动态获悉它们的 MAC 地址，或将其加入到交换机端口的预期地址列表中。交换机端口安全主要有两类：一是限制交换机端口下连接的主机数，以限制用户恶意的 ARP 攻击，二是针对交换机端口进行 MAC 地址、IP 地址的绑定，其安全接入规则如表 11-4 所示。

表 11-4　端口安全接入规则

端口安全规则	处理规则
MAC 最大数量 MAC 绑定 MAC+VLAN 绑定	如果 MAC 最大数量>MAC 绑定：自动学习"MAC 最大数量-MAC 绑定"个 MAC 作为 IP/MAC 过滤项 如果 MAC 最大数量=MAC 绑定：只有被绑定的 MAC 才能合法接入网络
IP 绑定	主机符合被绑定的 IP 才能合法接入网络
IP+MAC+VLAN	主机符合被绑定的 IP+MAC+VLAN 才能合法接入网络

2. 交换机端口安全默认配置

端口安全能够基于主机 MAC 地址来控制流量通过。单个端口能够允许若干个 MAC 地址流量通过。根据交换机型号的不同，允许的最大 MAC 地址数也不相同，表 11-5 是 Cisco 2960 交换机端口安全默认配置。

表 11-5　交换机端口安全默认配置

内容	默认设置
端口安全开关	关闭
最大安全地址过滤项个数（MAC）	128
安全地址过滤项	无
违例处理方式	保护（protect）

3. 交换机端口安全配置步骤

（1）在端口上启用端口安全（端口安全属性默认是关闭的）。

```
Switch(config)#interface fastethernet 0/1        //进入要设置的端口
Switch(config-if)#switchport mode access         //设置端口模式
Switch(config-if)#switchport port-security       //启用端口安全
```

（2）绑定 MAC 地址。

MAC 地址与交换机端口绑定其实就是交换机端口安全功能的核心，可以配置一个端口只允许一台或者几台确定的设备访问交换机，可以根据 MAC 地址确定哪些设备可以访问交换机。允许访问交换机的设备的 MAC 地址可以手工配置，也可以从交换机自动学习到。当一个未批准的 MAC 地址试图访问安全端口时，交换机采取措施禁止访问。具体绑定 MAC 地址时可以采用三种模式。

1）静态可靠的 MAC 地址：这种模式是在交换机模式下手动配置，这个配置会被保存在交换机 MAC 地址表和运行配置文件中，保存配置以后交换机重新启动数据不丢失，配置命令如下：

```
Switch(config-if)#switchport port-security mac-address mac 地址
```

2）动态可靠的 MAC 地址：这种模式是交换机默认的方式。交换机动态学习 MAC 地址，但是这个配置只会保存在 MAC 地址表中，不会保存在运行配置文件中，交换机重新启动后，这些 MAC 地址表中的 MAC 地址会自动被清除。

3）粘性可靠的 MAC 地址：这种类型下，可以手动配置 MAC 地址和端口的绑定，也可以让交换机自动学习来绑定。这个配置会被保存在 MAC 地址表和运行的配置文件中。如果保存配置，交换机重启动后不用再重新自动学习 MAC 地址，配置命令如下：

```
Switch(config-if)#switchport port-security mac-address sticky
```

【注意】在上面这条命令配置完成并且该端口学习到 MAC 地址后，会自动生成一条命令：

```
Switch(config-if)#switchport port-security mac-address mac-address
```

（3）设置安全端口最大连接数。

通过 MAC 地址来限制端口流量，此配置允许一个安全端口最多通过若干个 MAC 地址的流量，超过限定的数值时，来自新的主机的数据帧将丢失。

如果将最大端口连接数设为1，并且为该端口配置一个安全地址，则连接到这个端口的工作站（其地址为配置的安全地址）将独享该端口的全部带宽。设置了安全端口上安全地址的最大连接数以后，可以用以下方式加满端口上的安全地址：

● 手工配置安全端口的所有安全地址。

● 端口自动学习地址，这些自动学习到的地址将变成该端口上的安全地址，直到达到最大数。

安全端口最大连接数配置命令实例如下：

Switch(config-if)#**switchport port-security maximum** *1*　　　//指定最大连接数为1

（4）指定安全违例行为（默认行为是永久性地关闭端口）。

配置命令如下：

Switch(config-if)#**switchport port-security violation protect | restrict | shutdown**

当超过设定MAC地址数量的最大值，或访问该端口的设备MAC地址不是这个端口绑定的MAC地址，或同一个VLAN中的一个MAC地址被配置在几个端口上时，就会引发违反MAC地址安全，这个时候采取的措施有三种：

● Protect：当安全MAC地址数量达到了端口所允许的最大MAC地址数时，交换机会继续工作，但将把来自新主机的数据帧丢弃，直到删除足够数量的MAC地址使其低于最大值。

● Restrict：交换机继续工作，向网络管理站（SNMP）发出一个陷阱Trap通告。

● Shutdown：交换机将永久性或在特定的时间周期内关闭端口，端口进入"err-disable"状态，并发送SNMP的Trap陷阱通告。

【注意】如果端口进入"err-disable"状态后，要恢复正常必须在全局模式下输入命令"errdisable recovery cause psecure-violation"开启，或者可以手动地输入shutdown命令关闭端口，再输入no shutdown命令。

4. 交换机端口安全配置总结

在交换机上可以配置单个端口能够允许一个以上到某个特定数目的MAC地址，如上面讨论的端口安全；交换机能够丢弃源自所配置MAC地址的流量，防止未授权主机向网络发送流量，因此也可以在交换机上使用命令：R1(config)#mac-address-table static 001a.a900.0001 vlan vlan-id drop，配置基于主机MAC地址限制流量。端口安全技术不能配置在Trunk端口、Aggregate Port口、交换式端口分析器SPAN等；端口安全和802.1x认证端口是互不兼容的，不能同时启用。

5. 验证端口的安全性

（1）显示端口的安全配置信息。

Switch#show port-security interface type mod/num

（2）检查MAC地址表。

Switch#show mac-address-table

11.1.5　路由协议运行安全

路由器上可以配置静态路由、动态路由和默认路由三种路由。一般地，路由器查找路由的顺序为静态路由→动态路由，如果以上路由表中都没有合适的路由，则通过默认路由将数据包传输出去。只有保证协议的有效性和正确性，网络通信才能正常进行；为保证路由协议的正常运行，需要使用协议认证，路由协议安全配置主要是指动态路由协议的安全配置，如 RIP、OSPF 协议等。

1. IP 协议安全

IP 安全配置主要是为网络通信配置某种安全策略，它适用于任何启用 TCP/IP 的连接。

（1）禁止 IP 源路由。

除非在特别要求的情况下，应禁用 IP 源路由（IP Source Routing），防止路由欺骗，采用如下命令：

```
Router(Config)#no ip source-route
```

（2）禁止 IP 直接广播。

明确地禁止 IP 直接广播（IP Directed Broadcast），以防止来自外网的 ICMP-flooding 攻击和 smurf 攻击，采用如下命令：

```
Router(config-if)#no ip directed-broadcast
```

（3）禁止超网路由。

超网路由（Classless routing）默认是打开的。应该禁止超网路由，而使用默认路由，采用如下命令禁止超网路由：

```
Router(Config)#no ip classless
```

2. RIPv2 协议认证安全配置

RIP 协议只有版本 2 支持协议认证，建议使用 RIPv2。RIPv2 支持明文认证和 MD5 认证两种。默认方式为明文认证，在传输过程中使用明文，建议使用 MD5 认证。在 RIPv2 中，MD5 是单向认证，由被认证方发送最低 ID 值的密钥，携带密钥的 ID 值；认证方收到密钥后，在密钥链中查找是否具有相同密钥 ID 值的密钥，如果有且密钥相同，就通过认证，否则拒绝通过认证。可以在密钥链上定义多个密钥，路由器在不同时间内使用不同密钥（可选）。RIPv2协议认证配置步骤如下：

（1）启用设置密钥链。

在全局配置模式下，定义一个密钥链，一个密钥链可以包含多个密钥，命令如下：

```
R1(Config)#key chain mykeychainname
```

（2）配置密钥编号。

配置密钥编号的目的是，通过密钥编号找到真正的密钥，命令如下：

```
R1(Config-keychain)#key 1
```

（3）设置密钥字串。

定义密钥命令如下：

```
R1(Config-keychain-key)#key-string MyFirstKeyString
```

（4）声明验证模式。

在接口配置模式下，使用如下命令声明协议认证的类型：text 或 MD5。

R1(Config-if)#**ip rip authentication mode text|md5**

（5）在接口上应用已配置的密钥链。

在需要执行路由信息协议验证更新的接口上应用密钥链，命令如下：

R1(Config-if)#**ip rip authentication key-chain** *mykeychainname*

【注意】在配置 RIPv2 协议认证时，首先要确保互联路由器的接口 IP 地址和协议正常工作；并且两边的 key id 和密钥必须匹配，密钥链名字可以不一样；若在配置明文后，要配置 MD5 验证，必须先删除明文认证配置（使用命令 no ip rip authentication）。

3．OSPF 协议认证安全配置

OSPF 定义了三种认证类型：0 表示不进行认证，是默认的类型；1 表示采用简单的口令认证；2 表示采用 MD5 认证。OSPF 协议认证按作用范围分为区域认证和接口认证，如图 11-8 所示。区域认证相当于开启了运行 OSPF 协议的所有接口都要认证，接口认证只是针对某个链路开启认证，OSPF 接口认证要优于区域认证。OSPF 协议认证配置步骤如下：

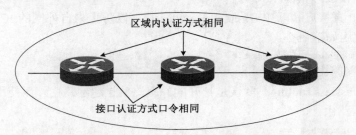

图 11-8　OSPF 协议认证类型

（1）区域范围认证配置步骤。

1）启用认证方式。

在路由模式下，使用如下命令启用区域认证方式：简单口令或 MD5。

R1(config-router)#**area** *area-number* **authentication** [message-digest]

2）设置认证口令。

在接口配置模式下，配置认证密码，命令如下：

R1(config-if)#**ip ospf authentication-key** *key*　　//配置简单口令认证密码
R1(config-if)#**ip ospf message-digest-key** *key-id* **MD5** *key*　　//配置 MD5 认证密码

（2）接口范围认证配置步骤。

1）启用认证方式。

在接口配置模式下，使用如下命令启用接口认证方式：简单口令或 MD5。

R1(config-if)i#**ip ospf authentication** [message-digest]

2）设置认证口令。

在接口配置模式下，配置认证密码，命令如下：

R1(config-if)#**ip ospf authentication-key** *key*　　　　//配置简单口令认证密码

R1(config-if)#**ip ospf message-digest-key** *key-id* **MD5** *key*　　　　//配置 MD5 认证密码

4. 协议消声方案

可以禁用一些不需要接收和转发路由信息的端口。建议对于不需要路由的端口，启用 passive-interface。但是，在 RIP 协议中只是禁止转发路由信息，并没有禁止接收。在 OSPF 协议中则禁止转发和接收路由信息。

11.2　项目实施

11.2.1　任务 1：配置交换机端口安全

1. 任务描述

ABC 公司基于信息安全的考虑，希望加强网络管理，实行严格的网络接入控制，只允许特定数量的网络设备接入网络，防止过多的或非法的设备接入网络。

2. 任务要求

为了在网络安全系统集成实训室中模拟本任务的实施，搭建如图 11-9 所示的网络实训环境。一般管理型交换机具有端口安全功能，可以实现网络接入安全。本任务在接入层交换机 SW2-1 上完成如下配置任务：

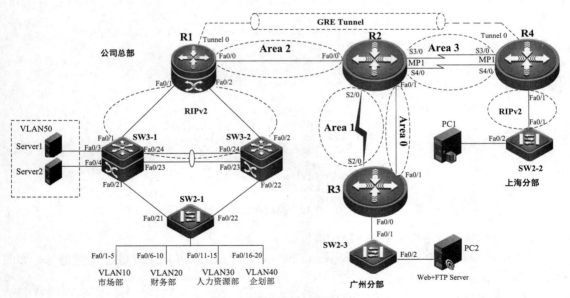

图 11-9　端口安全配置拓扑

（1）限制交换机端口最大连接数。

（2）将主机 MAC 地址和交换机端口绑定。

（3）将主机 IP 地址与交换机端口绑定。

（4）验证交换机端口安全功能。

（5）使用 MyBase 软件对配置脚本进行管理，归纳并总结项目成果。

3. 任务实施步骤

为了能验证网络安全系统集成项目的整体实施效果，在本任务实施前，按图 11-9 建立好物理连接，清空所有设备配置，将项目 2～10 整理的配置代码灌入交换机和路由器设备后，按以下步骤做相应的配置。

（1）配置交换机端口的最大连接数。

SW2-1(config)#**interface range FastEthernet** *0/1-20*	//批量指定端口
SW2-1(config-if-range)#**switchport mode access**	//必须将端口设置为 access 模式
SW2-1(config-if-range)#**switchport port-security maximum** *3*	//定义最大连接数

（2）配置交换机端口的地址绑定。

SW2-1(config)#**interface FastEthernet** *0/1*	//指定端口
SW2-1(config-if)#**switchport port-security mac-address** *001a.a900.0001*	//绑定 MAC 地址

（3）配置安全违例处理方式。

SW2-1(config-if)#**switchport port-security violation shutdown**	//定义违例处理方式为关闭模式

（4）查看交换机端口安全配置信息。

在交换机 SW2-1 上使用 show port-security interface FastEthernet 0/1，显示端口 Fa0/1 安全配置信息，如图 11-10 所示。请读者分析输出的结果信息。

```
SW2-1#show port-security interface fastEthernet 0/1
Port Security           : Enabled
Port Status             : Secure-up
Violation Mode          : Shutdown
Aging Time              : 0 mins
Aging Type              : Absolute
SecureStatic Address Aging : Disabled
Maximum MAC Addresses       : 3
Total MAC Addresses         : 2
Configured MAC Addresses   : 1
Sticky MAC Addresses        : 0
Last Source Address:Vlan    : 0060.4784.2201:1
Security Violation Count    : 0
```

图 11-10 查看交换机端口安全配置

（5）查看接入网络计算机的 MAC 地址。

在交换机 SW2-1 上使用 show port-security address，显示端口 Fa0/1 安全配置信息，如图 11-11 所示。请读者分析输出的结果信息。

（6）测试交换机端口安全配置。

本任务中交换机配置的端口最大连接数为 3，在交换机通过集线器 Hub 或交换机连接多台计算机，观察端口的状态，如图 11-12 所示。

```
SW2-1#show port-security address
              Secure Mac Address Table

-------------------------------------------------------------------------------
Vlan   Mac Address     Type            Ports             Remaining Age
1      001A.A900.0001  Secure Configured  FastEthernet 0/1   ----
1      001A.A900.0002  Secure Configured  FastEthernet 0/1   ----
                                       (mins)
-------------------------------------------------------------------------------
Total Addresses in System (excluding one mac per port)     : 1
Max Addresses limit in System (excluding one mac per port) : 1024
```

图 11-11　查看交换机安全地址绑定

```
SW2-1#show interface fa0/1 status
Interface    Status    VLAN   Duplex   Speed      Type
FastEthernet disabled  10     Full     100        Copper
```

图 11-12　查看交换机安全端口状态

11.2.2　任务 2：配置路由协议认证安全

1. **任务描述**

ABC 公司总部通过出口路由器的以太网接口接入 Internet，并运行 OSPF 动态路由协议。为了避免路由信息外泄或者对 OSPF 路由器进行恶意攻击，可能导致路由信息学习不到或者链路振荡，需要保障路由协议更新的安全。

2. **任务要求**

为了在网络安全系统集成实训室中模拟本任务的实施，搭建如图 11-13 所示的网络实训环境。OSPF 作为路由协议，它并不保护通过网络的数据报文，仅仅对协议进行保护。OSPF 报文支持验证功能，只有通过验证的 OSPF 报文才能被接收并正常检测邻居关系。本任务在路由器 R1 和 R2 上完成如下配置任务：

（1）配置基于接口的 MD5 认证方式，口令为 cqjnd。

（2）验证协议认证配置。

（3）使用 MyBase 软件对配置脚本进行管理，归纳并总结项目成果。

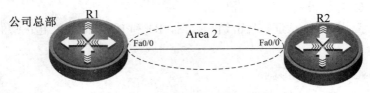

图 11-13　OSPF 协议认证配置拓扑

3. **任务实施步骤**

本任务在任务 1 的基础上进行，已完成了 IP 地址和 OSPF 路由的基本配置，R1 和 R2 之间已建立了正常的邻居关系，如图 11-14 所示。

```
R1#show ip ospf neighbor

OSPF process 1, 1 Neighbors, 1 is Full:
Neighbor ID     Pri  State                Dead Time   Address     Interface
2.2.2.2          1   Full/DR              00:00:40    19.1.1.2    FastEther
net 0/0


R2#show ip ospf neighbor

OSPF process 1, 3 Neighbors, 3 is Full:
Neighbor ID     Pri  State        BFD State  Dead Time   Address
  Interface
1.1.1.1          1   Full/BDR        -        00:00:35    19.1.1.1
  FastEthernet 0/0
3.3.3.3          1   Full/DR         -        00:00:30    19.1.1.6
  FastEthernet 0/1
4.4.4.4          1   Full/ -         -        00:00:39    19.1.1.10
```

图 11-14 查看路由器之间的邻居关系

（1）在 R1 接口上启用 OSPF 密文认证。

由于 OSPF 有区域的概念，所以其认证比较灵活，既可以在区域进行认证，也可以在接口上进行认证，以下为在 R1 的 Fa0/0 接口配置 MD5 认证的方法。

R1(config)#**interface FastEthernet** *0/0*	//选定接口
R1(config-if)#**ip ospf authentication message-digest**	//接口启用 MD5 认证
R1(config-if)#**ip ospf message-digest-key 1 md5 cqjnd**	//配置认证 key-id 和密钥

在配置认证的过程中，一旦在接口上启用认证，控制台会不断出现如下提示信息，请读者分析原因。

```
*Mar 18 01:30:02: %OSPF-5-ADJCHG: Process 1, Nbr 2.2.2.2-FastEthernet 0/0 from F
ull to Down, InactivityTimer.
*Mar 18 01:30:02: %OSPF-4-AUTH_ERR: Received [Hello] packet from 2.2.2.2 via Fas
tEthernet 0/0:19.1.1.1: Authentication type mismatch.
```

（2）查看 R1 的邻居关系。

在 R1 上使用 show ip ospf neighbor 命令查看邻居关系。在 R1 上执行此命令后，无任何输出，这是因为路由器 R2 上并未配置 OSPF 认证，所以这里不会出现 OSPF 邻居表。

（3）在 R2 接口上启用 OSPF 密文认证。

配置过程与 R1 上接口启用 OSPF 密文认证的配置过程相同，请读者自行完成。

（4）查看 R1 的邻居关系。

R1 和 R2 上启用 MD5 认证，且密钥一致后，R1 和 R2 之间建立起正常的邻居关系，如图 11-15 所示。

```
R1#show ip ospf neighbor

OSPF process 1, 1 Neighbors, 1 is Full:
Neighbor ID     Pri  State                Dead Time   Address     Interface
2.2.2.2          1   Full/DR              00:00:40    19.1.1.2    FastEther
net 0/0
```

图 11-15 查看路由器之间的邻居关系

（5）全网设备联调，验证项目实施效果。

通过 11 个项目的学习和训练，读者已掌握网络安全系统集成相关知识和技能及综合调试步骤和方法，并实现了所有的工作任务。为了验证项目实施的整体实施效果，读者需要将 MyBase 软件管理的配置脚本导入所有的网络设备中，使用 ping、show 等命令进行全网连通性和功能性测试，并完成一份项目竣工报告，包含如下具体内容：

- 项目概述。
- 项目设计思路。
- 网络设备选型。
- 项目实施过程。
- 项目测试结果。
- 项目存在问题。
- 优化的解决方案。

11.3　项目小结

本书选取的教学案例是从工程实践真实案例中经整理、提炼形成的 11 个项目，涉及的知识面宽、技术全面、有一定的深度，是学习网络安全系统集成项目实践的好素材。在实施设备配置前，必须清楚整个网络的 IP 地址规划、交换网的 VLAN 规划；然后，根据网络配置一般步骤，先配置交换网的 VLAN、MSTP 和链路聚合，再配置接口 IP 地址、整个网络的路由协议。在完成整个网络的路由配置后，必须进行网络连通性测试，在确保整个网络连通后，再配置网络的安全功能。

在配置过程中，可以使用 show、ping、tracert 命令，对每项配置功能进行单独测试，但在完成整个网络的综合配置后，必须根据配置方案要求，对每项配置功能逐项测试，以确保综合配置的正确性和完整性。因此，读者在学习过程中应注重掌握项目综合调试方法及步骤，理解工程项目调试精髓。

11.4　过关训练

11.4.1　知识储备检验

1．填空题

（1）交换网络环境中常见的攻击方式有（　　）、（　　）和（　　）。

（2）交换机或路由器上支持常见的登录验证方式主要有（　　）、（　　）和（　　）。

（3）监视网络运行的主要措施有（　　）、（　　）和（　　）。

2．选择题

（1）访问路由器的第一个关口，也是防御攻击的第一道防线（　　）。

    A．VTY 登录端口   B．Console 口

    C．根端口   D．AUX 口

（2）如果字符"cisco"经过 service password-encryption 加密后生成的密文为：0822455D0A16，那么将路由器的控制台密码设置为 cisco，路由器的配置为

Router(config)#line console 0

Router(config-line)#password 7　?

Router(config-line)#login

Router(config-line)#exit

则在"?"处应输入（　　）。

    A．cisco   B．cisco0822455D0A16

    C．0822455D0A16   D．0822455D0A16cisco

（3）service password-encryption 和 enable secret 设置的两种加密密文，（　　）更安全。

    A．service password-encryption

    B．enable secret

    C．由于他们都采用 MD5 单向散列算法，所以安全性相同

    D．无法比较，因为他们采用的算法不同

（4）需输入（　　）线路配置模式命令，防止由于休眠而造成的线路（如控制台、aux 或 vty 线路）连接超时。

    A．no service timeout   B．timeout-line none

    C．exec-timeout 0 0   D．service timeout default

3．简答题

（1）简述使用安全 ACL 方式限制 Telnet 远程管理网络设备的配置步骤。

（2）如何在网络设备上配置健壮的密码系统？

（3）写出在交换机上配置基于 MAC 地址阻止和允许流量的关键配置命令。

（4）简述 RIPv2 和 OSPF 动态路由器协议认证的类型。

11.4.2　实践操作检验

根据图 11-16，在路由器和测试主机完成 IP 地址的基本配置，在路由器上启用 RIPv2 或 OSPF 协议，配置基于接口的 MD5 认证，确保路由更新条目的安全性。

11.4.3　挑战性问题

根据拓扑图 11-17，在路由器和测试主机上完成 IP 地址的基本配置，在路由器上启用 RIPv2 或 OSPF 协议，组建网络实施环境。在路由器上配置路由协议的认证，可以有效地防止有人对

路由条目的攻击。为了禁止 OSPF 路由接口向主机所在的子网发送 OSPF 报文，可以将路由器连接主机的接口配置为 OSPF 被动接口。同时为了禁止运行 RIPv2 协议的路由器向主机发送不必要的 RIP 报文，应该将路由器连接主机的接口配置为 RIP 被动接口。

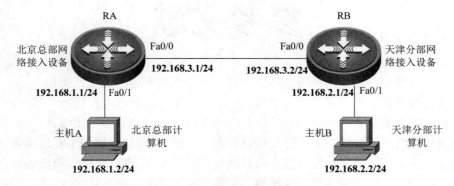

图 11-16　动态路由协议认证配置拓扑

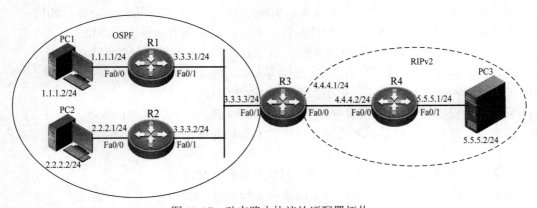

图 11-17　动态路由协议认证配置拓扑

参考文献

[1] 唐继勇，林婧等．计算机网络基础．北京：中国水利水电出版社，2010．

[2] 唐继勇，刘明等．局域网组建项目教程．北京：中国水利水电出版社，2011．

[3] 唐继勇，张选波．无线网络组建项目教程．北京：中国水利水电出版社，2009．

[4] 张选波．企业网络构建与安全管理项目教程（上册）．北京：机械工业出版社，2012．

[5] 张选波．企业网络构建与安全管理项目教程（下册）．北京：机械工业出版社，2012．

[6] 谭亮，何绍华．构建中小型企业网络．北京：电子工业出版社，2012．

[7] 梁广民，王隆杰．CCNP（路由技术）实验指南．北京：电子工业出版社，2012．

[8] 梁广民，王隆杰．CCNP（交换技术）实验指南．北京：电子工业出版社，2012．

[9] 丁喜纲．网络安全管理技术项目化教程．北京：北京大学出版社，2012．

[10] 卓伟，李俊锋等．网络工程实用教程．北京：机械工业出版社，2013．

[11] 刘彦舫，褚建立等．网络工程方案设计与实施．北京：中国铁道出版社，2011．

[12] 陈国浪．网络工程．北京：电子工业出版社，2011．

[13] 易建勋，姜腊林等．计算机网络设计．第 2 版．北京：人民邮电出版社，2011．

[14] 黎连业，黎萍等．计算机网络系统集成技术基础与解决方案．北京：机械工业出版社，2013．

[15] 刘晓晓．网络系统集成．北京：清华大学出版社，2012．

[16] 秦智．网络系统集成．北京：北京邮电大学出版社，2010．

[17] 斯桃枝，李战国．计算机网络系统集成．北京：北京大学出版社，2010．

[18] 杨威，王云等．网络工程设计与系统集成．第 2 版．北京：人民邮电出版社，2010．